清洁生产审核与节能减排实践

主　编　李景龙　马　云
副主编　王　龙　尚艳红　孙杨平

中国建材工业出版社

图书在版编目(CIP)数据

清洁生产审核与节能减排实践/李景龙，马云主编.
北京：中国建材工业出版社，2009.9
ISBN 978-7-80227-594-2

Ⅰ.清… Ⅱ.①李…②马… Ⅲ.①无污染工艺—审核
②节能—研究 Ⅳ.X383 TK01

中国版本图书馆CIP数据核字（2009）第145983号

内 容 简 介

本书共分五篇，第一篇清洁生产概述及原理，主要介绍清洁生产概念，推行清洁生产的主要措施和意义等；第二篇清洁生产审核报告编制；第三篇清洁生产案例，提供了一家企业完整的清洁生产案例；第四篇清洁生产与节能减排，介绍了啤酒、水泥、发电、焦化和机械加工五个企业通过清洁生产而达到的节能减排效果；第五篇清洁生产法律法规。

本书力求理论与实践相结合，可作为政府部门从事清洁生产及节能减排管理的工作人员、企业管理人员，从事清洁生产咨询的工作人员以及从事清洁生产教学和培训的大专院校、咨询机构等培训教师及学员的参考用书。

清洁生产审核与节能减排实践
主编 李景龙 马 云

出版发行：中国建材工业出版社
地 址：北京市西城区车公庄大街6号
邮 编：100044
经 销：全国各地新华书店
印 刷：北京鑫正大印刷有限公司
开 本：710mm×1000mm 1/16
印 张：20
字 数：374千字
版 次：2009年9月第1版
印 次：2009年9月第1次
书 号：ISBN 978-7-80227-594-2
定 价：36.00元

本社网址：www.jccbs.com.cn
本书如出现印装质量问题，由我社发行部负责调换。联系电话：（010）88386906

编　委　会

主　　编：李景龙　马　云
副 主 编：王　龙　尚艳红　孙杨平
参编人员（以姓氏笔画为序）：
刘　妍　刘元海　李冬茹　李宏伟
陈丽春　陈家厚　张　强　张万峰
姜　兵　柏丽梅　高艳玲

前　言

清洁生产的概念是西方国家在总结工业污染治理经验教训后提出来的，从上世纪70—80年代开始，西方就逐步提出了废物最小化、变末端治理为源头削减的污染控制策略，以及污染预防、清洁生产等观念，并逐步为人们所接受，已成为世界各国推进可持续发展所采用的一项基本策略。清洁生产一经提出后，在世界范围内得到许多国家和组织的积极推进和实践，其最大的生命力在于可取得环境效益和经济效益的“双赢”，它是实现经济与环境协调发展的重要途径。清洁生产审核是企业实行清洁生产的前提和基础，是企业落实清洁生产战略的具体行动，是衡量企业实施清洁生产及其水平的重要标志之一，也是评价各项环保措施实施效果的工具。

清洁生产是污染物减排最直接、最有效和最经济的方法，是落实节能减排的一个重要手段和保证措施，特别是对降低主要污染物指标来说，清洁生产起着至关重要的作用，污染物减排重要的一点在于源头减排、全过程减排，清洁生产在节能减排过程中的重要作用是不可替代的。

在企业清洁生产审核及节能减排实践过程中，我们一直觉得需要这样一本书，能对审核中的具体技术问题提出要求及解决方案，能了解各行业通过清洁生产实践而达到的节能减排效果，真正把清洁生产及节能减排工作落到实处，使从事清洁生产的同行们在实践工作中能用到书中的相关内容并得到认可，这就是我们写这本书的初衷。

从事清洁生产实践工作十几年来，越发感觉这是一项具有深远意义的工作，是造福社会和后代子孙并值得为之付出努力的事业，我们深为自己是一个从事清洁生产的环保人而骄傲。在清洁生产审核实践中，我们不断地提高认识、总结经验，本书对这些实际经验进行了归纳和总结，希望与各位同行交流探讨。在书稿编写及出版过程中得到了许多同仁的支持和帮助，北京城市学院的高艳玲老师不但参与本书的编写，还根据她本人的工作实际提出了许多宝贵意见；佟令玫编辑不但在书稿编辑方面给予指导，而且在书稿内容的全面性及与大环境相结合方面提出了专业性建议，使本书更趋于完善，在此一并对所有为本书做出贡献的人们表示衷心的感谢！

编者

2009年7月

目　录

第一篇　清洁生产概述及原理

第二篇　清洁生产审核报告编制

第三篇　清洁生产案例

第四篇 清洁生产与节能减排

第五篇 清洁生产相关法规和标准

第一篇　清洁生产概述及原理

第1章　清洁生产概述

1.1　清洁生产的内涵

1.1.1　清洁生产的定义

《清洁生产促进法》中所称的清洁生产，是指不断采取改进设计、使用清洁的能源和原料、采用先进的工艺技术与设备、改善管理、综合利用等措施，从源头削减污染，提高资源利用效率，减少或者避免生产、服务和产品使用过程中污染物的产生和排放，以减轻或者消除对人类健康和环境的危害。

联合国环境署（UNEP）关于清洁生产的定义如下：清洁生产是一种新的创造性的思想，该思想将整体预防的环境战略持续应用于生产过程、产品和服务中，以增加生态效率和减少人类及环境的风险。

对生产过程，要求节约原材料和能源，淘汰有毒原材料，减少和降低所有废物的数量和毒性。

对产品，要求减少从原材料提炼到产品最终处置的全生命周期的不利影响。

对服务，要求将环境因素纳入设计和所提供的服务中。

清洁生产一经提出，在世界范围内得到许多国家和组织的积极推进和实践，其最大的生命力在于可取得环境效益和经济效益的“双赢”，它是实现经济与环境协调发展的重要途径。

1.1.2　清洁生产概念的扩展和深化

清洁生产是循环经济的基石，循环经济是清洁生产的扩展。在理念上，它们有共同的时代背景和理论基础；在实践中，它们有相通的实施途径，应相互结合。20 世纪末，资源与环境问题日益成为威胁人类可持续发展的主要问题，世界各国日益重视清洁生产，并且开始将视角延伸到整个社会行为，“3R”（reduce：减量；reuse：重复利用；recycle：再生利用）的理念开始成为社会形态重建的重要指针，由此逐渐形成了影响更为广泛和深远的循环经济（recycle economy 或 circular economy）的理念。在一些发达国家，建设“循环型社会”成为社会发展的重要目标，并从法律上确立了其重要地位。

循环经济融资源综合利用、清洁生产、生态设计和可持续消费等为一体，把经济活动重组为“资源利用—产品资源再生”的封闭流程和“低开采、高利用、低排放”的循环模式，强调经济系统与自然生态系统和谐共生，并非仅属于经济学范畴，而是集经济、技术和社会于一体的系统工程，包括大、中、小三个层面，即企业、区域和社会。

近年来，循环经济在我国受到了广泛关注。根据国家发展和改革委员会的规划，到 2010 年，中国将建立起比较完善的循环经济法律法规体系、政策支持体系，技术创新体系和有效的约束激励机制。（2004 年，经国务院同意，国家发展与改革委员会发布了《节能中长期专项规划》，这是改革开放以来，我国制定的第一个在节能方面的中长期规划。随着《节约和替代石油规划》、《节水专项规划》、《海水利用专项规划》、《资源综合利用专项规划》的发布，不仅优化了资源结构，而且标志着我国节能工作又进入了新的阶段。）发展循环经济将成为政府投资的重点领域，并成为中央和各地制定“十一五”规划的重要指导方针。

由此可见，可持续发展、清洁生产等人类为了解决自身面临的环境和资源问题所提出的理念和方法已经逐渐发展成为具有法律地位的、综合性的社会行为。在不远的将来，随着循环经济体系的不断发展和完善，清洁生产有可能从指导性方针向强制性方针发展。在全球化的经济体系下，清洁生产必将日益成为企业不得不选择的发展之路。

1.2 清洁生产的产生背景和发展历程

1.2.1 产生背景

发达国家在其工业化进程中，由于忽略了环境污染和资源衰竭问题，当通过剥削环境和掠夺资源获取了大量财富之后，才发现原来环境容量是极有限的，地球的大部分资源是不可再生的。从 1900 年到 2000 年，人类的总耗水量增加了 7.5 倍，其中工业用水增加了 62.3 倍。近 100 年来，世界能源消耗增长了 20 倍。从 20 世纪 50 ~ 80 年代，世界能源年消耗量从 2.6Gt 标准煤增加到 10Gt 标准煤，其中，石油消耗量从 1953 年的 6.5 亿吨增加数量到 1986 年的 38 亿吨。工业化时代人口的迅速增长也加剧了人类对环境以及资源的压力。地球人口数量增加到第一个 10 亿人，共花费了 300 多万年，到 1930 年再增加 10 亿人所花费的时间是 130 年，增加第三个 10 亿人却只花费了约 50 年，而以现在的增长速度，增加 10 亿人仅仅需要 12 年。

面对日益凸显的资源与环境问题，人们开始反思人类的行为准则。1970 年以来，人们开始注意到，末端治理虽在一定时期内或局部地区起到了一定作用，但并未从根本上解决工业污染问题，其原因在于以下几个方面。

一是企业开销大，治理费用高。随着生产的发展和产品品种的不断增加，以及人们环境意识的提高，对工业生产所排污染物的种类检测也越来越多，规定控制的污染物（特别是有毒、有害污染物）的排放标准也越来越严格，从而对污染治理与控制的要求也越来越高。为达到排放的要求，企业要花费大量的资金，大大提高了治理费用，即使如此，一些要求还是难以达到。

二是由于末端污染治理技术有限，治理污染实质上很难达到彻底消除污染的目的，因为一般末端治理污染的办法是先通过必要的预处理，再进行生化处理后排放。而有些污染物是不能被生物降解的污染物，只是稀释排放，不仅污染环境，甚至有的治理不当还会造成二次污染；有的治理只是将污染物转移，废气变废水，废水变废渣，废渣堆放填埋，污染土壤和地下水，形成恶性循环，破坏生态环境。

三是只着眼于末端处理的办法不仅需要投资，而且使一些可以回收的资源（包含未反应的原料）得不到有效的回收利用而流失，致使企业原材料消耗增高，产品成本增加，经济效益下降，从而影响企业治理污染的积极性和主动性。

四是实践已经证明，预防优于治理。澳大利亚一家最大的生产纱线的企业，原工艺每生产 1kg 纱线需要使用 250L 的水和 3kg 化学药剂，必须支付高额的排污费。该企业自 1992 年开始进行了清洁生产技术的调查，通过新技术的应用，投资 15 万美元对原工艺进行了 50 项改良，其后 3 年所获得的总回报达到 110 万美元。

因此，发达国家通过治理污染的实践，逐步认识到防治工业污染不能只依靠治理排污口（末端）的污染，要从根本上解决工业污染问题，必须“预防为主”，将污染物消除在生产过程之中，实行工业生产全过程控制。20 世纪 70 年代末以来，不少发达国家的政府和各大企业集团（公司）都纷纷研究开发和采用清洁工艺（少废、无废技术），开辟污染预防的新途径，把推行清洁生产作为经济和环境协调发展的一项战略举措。

1.2.2 发展历程

清洁生产的概念最早可追溯到1976年。这一年，欧共体在巴黎举行了“无废工艺和无废生产国际研讨会”，会上提出“消除造成污染的根源”的思想。经过20多年的发展，清洁生产逐渐趋于成熟，并为各国政府和企业所普遍认可（见表1-1）。到20世纪90年代末期，一部分企业接受了清洁生产的理念并在技术和信息支持下开展了一些实践，大量的实践表明，清洁生产可以达到环境效益和经济效益的统一。

表1-1 部分国家和组织对确立清洁生产理念的贡献

时间	国家或组织	内容
1976年	欧共体	召开了“无废工艺和无废生产国际研讨会”，提出了“消除造成污染的根源”的思想
1977年	欧共体	制定了关于“清洁工艺”的政策
1979年	欧共体	宣布推行清洁生产政策
20世纪80年代初	联合国工业发展组织	成立了“国际清洁工艺协会”
1980年	法国	设立污染工厂的奥斯卡奖
1984年	欧共体	出台促进“清洁生产”的法规
1986年	德国	制定了避免废物和废物管理的法案
1988年	荷兰	对荷兰国内的公司进行了防止废物产生和排放的大规模清查研究
1990年	荷兰	实行“污染预防项目”（PRISMA），给予采用少废、无废（清洁生产）技术的工厂提供新设备费用补贴（15%～40%）
1990年	美国	通过了污染预防法，并将其作为美国的国家政策
1990年	UNEP	召开第一次清洁生产研讨会，正式开始实施清洁生产计划。会中提出的清洁生产理念获得了各国的响应
1991年	丹麦	颁布新的丹麦环境保护法（污染预防法），其中包含了清洁工艺和废物循环利用的章节，规定了政府资助的具体办法
1992年	联合国环发大会	正式将清洁生产写入《21世纪议程》
1992年	UNEP	召开了巴黎清洁生产部长级会议和高级研讨会
1996年	亚太经合组织	将清洁生产列为推动区域合作的重点工作之一
1994年	UNEP	陆续在26个国家成立了国家清洁生产中心
1998年	UNEP	67个发起国家和组织发表了《国际清洁生产宣言》

中国的工业化过程起步较晚，但发展迅猛。为了应对环境质量的急剧恶化和资源的大量消耗状况，中国政府自1980年起就开始关注资源节约和污染预防问题，并成为清洁生产的积极推动者（见表1-2）。

表1-2　我国清洁生产发展历程

时间	部门或机构	内　容
1983年	国务院	批转国家经委《关于结合技术改造防治工业污染的几项规定》（国发［1983］20号）
1985年	国务院	批转国家经委《关于开展资源综合利用若干问题的暂行规定》（国发［1985］117号）
1989年		清洁生产的理念和方法开始引入我国
1992年	国家环保总局	与UNEP共同举办了中国第一次清洁生产研讨会
1992年	中共中央	批准了《环境与发展十大对策》，其中包含了“新建、改建、扩建项目时，技术起点要高，尽量采用能物耗小、污染物排放量少的清洁生产工艺”等内容
1993年	国家环保总局、国家经贸委	召开了第二次全国工业污染防治工作会议
1994年	国务院	在《中国21世纪议程》中将清洁生产作为实现可持续发展的优先领域
1996年	国务院	发布了《关于环境保护若干问题的决议》，重申了实行清洁生产的政策
1999年	全国人大	《中华人民共和国清洁生产促进法》进入立法程序
2002年	全国人大	审议并通过了《中华人民共和国清洁生产促进法》
2003年	发展改革委、环保总局、科技部、财政部、建设部、农业部、水利部、教育部、国土资源部、税务总局、质检总局	联合发布了《关于加快推行清洁生产的意见》
2004年	国家发改委、国家环保总局	发布了16号令《清洁生产审核暂行办法》
2005年	国家环保总局	发布了《重点企业清洁生产审核程序的规定》（环发［2005］151号）
2008年	全国人大	通过《中华人民共和国循环经济促进法》
2008年	环境保护部	发布了《关于进一步加强重点企业清洁生产审核工作的通知》（环发［2008］60号）

国家环保总局分别于2001年、2005年先后启动了两批共55个行业（产品）的清洁生产标准编制工作，至今已经发布了40余项清洁生产标准，其他行业的清洁生产标准正在编制中。

我国政府积极督促、引导和鼓励企业实施清洁生产，不仅取得了良好的经济效益、社会效益和环境效益，而且促使企业自觉履行社会责任，达到了“节能、降耗、减污、增效”的目的。近年来，我国采取企业自愿审核和强制审核相结合的办法，迄今已建立了205家清洁生产咨询服务机构，培训了近5万名清洁生产审核与管理人员，审核了近7 000家企业。实施清洁生产对推动我国节能减排工作发挥了关键作用，已累计削减COD排放量407万t、BOD排放量450万t、氨氮排放量508万t，削减烟尘排放量1.7万t、SO_2排放量1.6万t。

1.3 清洁生产发展的未来趋势

在发达国家，清洁生产已经普遍成为企业的自觉行为和自身需求。各国都十分重视清洁生产技术的开发与应用，企业生产方面几乎所有成功的案例都与应用清洁生产新技术有关，并且在实施全过程中不断推进技术进步，对污染物产生进行控制。

例如，日本在相当长的一段时期内SO_2排放量居高不下，但在之后，其SO_2排放量逐年稳步下降。1975～1996年，日本的GDP翻了一番，其SO_2排放量反而下降了160万t。在这其中，技术进步的贡献率最大。1996年，日本SO_2减排量中，末端治理贡献率为8%，结构调整贡献率为26%，技术进步贡献率为66%。

我国研究生产过程中减少污染物产生的科学技术水平与国外的差距较大。在国外尤其是发达国家，环保科研单位把很多的精力放在减少生产过程中的产污量和废物循环利用等科学技术的研究上，而我国由于没有形成这种机制，在主动研究等方面的力量很薄弱。我国清洁生产发展的趋势之一就是要出台相关政策，加大扶持“硬”工程的队伍，在立项建立和经费方面有意识地给予支持，推动清洁生产技术、物质循环利用技术的研发和应用。

发达国家的另一个发展趋势是，不仅将清洁生产的理念作为企业内部行为，而且扩展到全社会。其表现形式主要有两个方面：一是循环经济的理念在通过政府的立法行为而逐渐成为全社会的行为准则，如法国制定法令规定，到2003年必须有8.5%的包装废物得到循环使用；荷兰和丹麦提出废物循环使用率到2000年分别达到60%和50%的目标；奥地利的法规要求对80%回收包装材料必须进行循环处理或再利用。

21世纪头20年，我国将处于工业化和城镇化加速发展阶段，面临的资源和环境形势十分严峻。为抓住重要战略机遇，实现全面建设小康社会的战略目标，必须大力发展循环经济，按照“减量化、再利用、资源化”的原则，采取各种有效措施，以尽可能少的资源消耗和尽可能小的环境代价，取得最大的经济产出和最少的废物排放，实现经济、环境和社会效益相统一，建设资源节约型和环境友好型社会；力争到2010年建立比较完善的发展循环经济法律法规体系、政策支持体系、体制与技术创新体系和激励约束机制；资源利用效率大幅度提高，废物最终处置量明显减少，建成大批符合循环经济发展要求的典型企业；推进绿色消费，完善再生资源回收利用体系；建设一批符合循环经济发展要求的工业（农业）园区和资源节约型、环境友好型城市。

1.4 推行清洁生产的必要性

我国人口多，资源的人均占有量较少，资源相对不足，而且经济增长快，环境承载力低。现在我国总体上已进入工业化中期阶段，发达国家上百年中陆续出现、分阶段解决的环境问题，在我国快速发展的20多年中集中表现了出来，并呈现复合型、压缩型的特点，进一步加大了我国治理污染的难度。发达国家在其实现工业化的100年左右的历程中基本上是在不受资源环境的约束下完成的，而我国的重工业化与发达国家有很大的区别，资源和环境问题已经明显成为制约经济发展的瓶颈。我国已不可能像发达国家那样靠大量消耗资源进行工业化，要实现跨越式发展，就必须改变“两高一低”的经济发展模式，必须实施清洁生产。

1.4.1 清洁生产是实现节能减排的有效途径

近年来，我国投入清洁生产方案的实施资金达118亿元，使清洁生产在节约能源、资源方面取得了明显效果。仅2006年，全国就节电804万kW·h、节煤122万t、节油近7万t。截至2006年，因实施清洁生产方案减排污染物所取得的经济效益达44亿元，因节能降耗产生的直接经济效益达55亿元。

2007年国务院下发了《关于节能减排综合性工作方案》，明确提出单位GDP节能20%、主要污染物下降10%的硬性目标，要求在“十一五”期间必须完成。环保总局也提出了“结构减排、工程减排和管理减排”这样的理念和要求。“结构减排、工程减排和管理减排”源自于“节能工程”的一个指导思想。通过实践，证明了清洁生产实际上是一种源头减排、工艺减排和过程减排；节能的结构减排、工程减排是一种外部手段，它是指提高能效、改善燃烧方式，是外部工程性的减排手段。而对于环境保护，对于污染物减排，更重要的在于源头减排和全过程减排。所以清洁生产在节能减排过程中的重要作用是不可替代的。清洁生产是落实节能减排的一个重要手段和保证措施，特别是对完成降低主要污染物10%的任务来说，清洁生产起着至关重要的作用。

1.4.2 开展清洁生产可有效提高企业的市场竞争力

清洁生产帮助企业以最小的成本达到污染控制标准，而且清洁生产可复制，能为行业提供一种科学的方法。按清洁生产标准改造和优化工艺流程，对企业节能减排帮助很大。清洁生产不是把注意力放在末端，而是把压力消解在生产全过程中。通过清洁生产标准规定的定量和定性指标，一个企业可以与国际同行进行比较，找出企业自身的差距，从而找到努力的方向。

清洁生产是一个系统工程。一方面它提倡通过工艺改造、设备更新、废物回收利用等途径，实现“节能、降耗、减污、增效”，从而降低生产成本，提高企业的综合效益；另一方面它强调提高企业的管理水平，提高包括管理人员、工程技术人员、操作工人在内的所有员工在经济观念、环境意识、参与管理意识、技术水平、职业道德等方面的素质。同时，清洁生产还可有效改善操作工人的劳动环境和操作条件，减轻生产过程对员工健康的影响，为企业树立良好的社会形象，促使公众对其产品的支持，从而提高企业的市场竞争力。

1.4.3 开展清洁生产是实现循环经济发展战略的需要

清洁生产和循环经济都是为了协调经济发展和环境资源之间的矛盾而产生的。我国的生态脆弱性远在世界平均水平之上，人口趋向高峰，耕地减少、用水紧张、粮食缺口、能源短缺、大气污染加剧、矿产资源不足等不可持续因素造成的压力将进一步增加，其中有些因素将逼近极限值。面对名副其实的生存威胁，推行清洁生产和循环经济是克服我国可持续发展“瓶颈”的唯一选择。

虽然清洁生产在产生初始时，着重的是预防污染，在其内涵中包括了实现不同层次上的物料再循环外，还包括减少有毒、有害原材料的使用，削减废料及污染物的生成和排放以及节约能源、能源脱碳等要求，与循环经济主要着眼于实现自然资源特别是不可再生资源的再循环的目标是完全一致的。

从实现途径来看，循环经济和清洁生产也有很多相通之处。清洁生产的实现途径可以归纳为两大类，即能源削减和再循环，包括减少资源和能源的消耗，重复使用原料、中间产品和产品，对物料和产品进行再循环，尽可能利用可再生资源，采用对环境无害的替代技术等。循环经济的3R原则就源出于此。

循环经济和清洁生产两者最大的区别是在实施的层次上。在企业层次实施清洁生产就是小循环的循环经济，一个产品、一台装置、一条生产线都可采用清洁生产的方案，在园区、行业或城市的层次上，同样可以实施清洁生产。而广义的循环经济是需要相当大的范围和区域的，如日本称要努力建设“循环型社会”。由于推行循环经济覆盖的范围较大、关联的部门较广、涉及的因素较多、见效的周期较长，不论是哪个单独的部门恐怕都难以独立担当这项筹划和组织的工作。

就实际运作而言，在推行循环经济的过程中，需要解决一系列技术问题，清洁生产为此提供了必要的技术基础。特别应该指出的是，推行循环经济技术的前提是产品的生态设计，没有产品的生态设计，循环经济只能是一个口号，无法变成现实。

1.5 推行清洁生产的主要措施

1.5.1 我国推行清洁生产的政策措施

我国早在20世纪80年代初就召开了第一次全国工业污染防治会议。1983年，第二次全国环境保护会议明确提出了经济、社会、环境效益三统一的指导方针。同年国务院发布了技术改造结合工业污染防治的有关规定，提出要把工业污染防治作为技术改造的重要内容，通过采用先进技术，提高资源、能源利用率，把污染消除在生产过程之中，并提出开发资源转化率高的少废无废工艺和设备，替代有毒有害原料，研制少污染、无污染的新产品等要求。20世纪80年代中期，全国举行过两次少废无废工艺研讨会，不少工业部门和企业在开发应用少废无废工艺方面取得了一定成绩。

1992年5月，中国国家环保局与联合国环境署工业与环境办公室联合组织了在我国举办的第一次国际清洁生产研讨会，会上中方首次提出“中国清洁生产行动计划（草案）”。

1993年10月在上海召开的第二次全国工业污染防治会议上，国务院、国家经贸委及国家环保总局的领导提出清洁生产的重要意义和作用，明确了清洁生产在我国工业污染防治中的地位。

1994年3月，国务院常务会议讨论通过了《中国21世纪议程——中国21世纪人口、环境与发展白皮书》，专门开辟了“开展清洁生产和生产绿色产品”这一领域。1996年8月，国务院颁布了《关于环境保护若干问题的决定》，明确规定所有大、中、小型新建、扩建、改建和技术改造项目，要提高技术起点，采用能耗物耗小、污染物排放量少的清洁生产工艺。1997年4月，国家环保总局制定并发布了《关于推行清洁生产的若干意见》，要求地方环境保护主管部门将清洁生产纳入已有的环境管理政策中，以便更深入地促进清洁生产。为指导企业开展清洁生产工作，国家环保总局还会同有关工业部门编制了《企业清洁生产审计手册》以及啤酒、造纸、钢铁、水泥、食品等行业的清洁生产审核指南。

1999 年 5 月，国家经贸委发布了《关于实施清洁生产示范试点的通知》，选择北京、上海等 10 个试点城市和石化、冶金等 5 个试点行业开展清洁生产示范和试点。

2002 年 6 月 29 日，全国人大第九届常务委员会第二十八次会议审议通过了《中华人民共和国清洁生产促进法》，并于 2003 年 1 月 1 日起正式施行。

2003 年，国家发展改革委、环保总局、科技部、财政部、建设部、农业部、水利部、教育部、国土资源部、税务总局、质检总局等部门联合发布了《关于加快推行清洁生产的意见》。

2004 年，国家发改委、国家环保总局联合发布《清洁生产审核暂行办法》，办法中明确了开展强制性审核的划分依据。

2005 年，国家环保总局以“环发［2005］151 号文”的形式，发布了《重点企业清洁生产审核程序的规定》。该文件的实施，拉开了新一轮在重点企业中实施清洁生产审核工作的序幕。

2008 年，环境保护部以“环发［2008］60 号文”的形式，发布了《关于进一步加强重点企业清洁生产审核工作的通知》，通知的附件中公布了重点企业清洁生产审核评估和验收管理办法。该办法的出台，为进一步规范重点企业清洁生产审核工作提供了强有力的政策保障。

2008 年，环境保护部、国家清洁生产中心结合多年来开展清洁生产工作的实际，为进一步推进重点企业清洁生产审核工作的开展，提出了构建国家清洁生产三级体系这一工作思路，并在全国选定了 4 家省级清洁生产中心作为第一批试点单位，这为完善清洁生产工作体系打下了坚实的基础。

1.5.2 各地清洁生产工作开展情况

为了更好地推进清洁生产工作，各地根据自身的情况和特点，纷纷出台了有关鼓励和规范清洁生产工作的政策、办法，并采取了适合本地区实际情况的具体措施。下面以黑龙江省为例作以介绍。

1. 组织实施及制定相关政策

为推动清洁生产工作的开展，1997 年黑龙江省环境保护局转发了国家环保总局《关于推行清洁生产的若干意见》。各地市为了推动本地清洁生产工作的开展，也先后制订了适合本地区开展清洁生产工作的实施方案，如哈尔滨市在其方案中详细制定了试点的原则、目标和任务、主要措施、拟取得的成果等内容，同时也举办了各种形式的清洁生产培训及开展了清洁生产审核工作；通过清洁生产审核的成功推广和实践，使人们对清洁生产的认识不断提高。黑龙江省环境保护局不断加大工作力度，并在 1997 年度将推行清洁生产工作列入市长目标责任制。

从2006年开始，按照原国家环保总局［2005］151号文的要求，黑龙江省环境保护局已连续3年定期公布强制清洁生产审核的重点企业名单。为更好地规范审核咨询机构，提高审核咨询机构的工作质量，原黑龙江省环保局于2006年和2007年先后发布了《黑龙江省清洁生产审核咨询机构备案管理暂行办法》和《黑龙江省重点企业清洁生产审核评审及验收管理办法》，这两个办法的公布实施，为全省更好地开展清洁生产工作提供了政策保障。

2. 开展宣传培训

为了更好地宣传清洁生产，推动此项工作的进一步开展，黑龙江省清洁生产中心已先后举办了11期企业清洁生产培训班，近200人获得了黑龙江省清洁生产审核师证书。为配合全省清洁生产审核师培训工作，中心组织编写了《清洁生产审核培训资料汇编》，该教材已被黑龙江省环境保护局指定为全省清洁生产审核师培训班的培训教材。并已编辑发行了5期《黑龙江省清洁生产简报》。充分利用“世界水日”（3·22）、“世界地球日”（4·22）、“世界环境日”（6·5）、节能周、科技周等活动向企业宣传清洁生产内容及实施清洁生产可取得的经济、环境效益，并通过新闻媒体向社会广泛宣传清洁生产，使清洁生产在全省范围内得到更快更广泛的认知，得到有关政府部门、行业及社会的共识。

为了更好地宣传清洁生产，推动此项工作的进一步开展，黑龙江省清洁生产中心创建了黑龙江省第一个专业清洁生产网站——黑龙江省清洁生产网（www. hljcpc. com）。网站主要面向政府管理部门、工业企业、清洁生产审核咨询机构、行业专家、各大科研机构和高等院校。网站共设政策法规、清洁生产动态、清洁生产技术、清洁生产机构等9个板块。网站的建设和开通为全省清洁生产工作的开展提供了一个很好的信息交流平台。

3. 开展试点示范

1997年，联合国在黑龙江省选取啤酒行业的一面坡啤酒厂、齐齐哈尔啤酒厂、牡丹江啤酒厂、鸡西啤酒厂等4家企业列入援助发展中国家清洁生产B4子项目，作为开展清洁生产的试点示范企业。黑龙江省清洁生产中心与国家清洁生产中心一同对其进行了清洁生产审核。这4个项目的开展拉开了黑龙江省企业开展清洁生产审核的序幕。2002年，黑龙江省环境保护局会同省经贸委共同发文制定了《黑龙江省清洁生产试点方案》，在电力、石化、乳品、化工、啤酒等5个行业选择了15家大中型企业，通过试点示范，以点带线、以线带面推行清洁生产审核和项目建设，同时组织示范企业开展了清洁生产审核及培训工作。哈尔滨、大庆、齐齐哈尔、牡丹江等市也相继开展了清洁生产审核试点工作。

第 2 章 清洁生产审核原理

2.1 清洁生产审核的概念

2.1.1 清洁生产审核的定义

《清洁生产审核暂行办法》所称的清洁生产审核，是指按照一定程序，对生产和服务过程进行调查和诊断，找出能耗高、物耗高、污染重的原因，提出减少有毒有害物料的使用、产生，降低能耗、物耗以及废物产生的方案，进行选定技术经济及环境可行的清洁生产方案的过程。

开展清洁生产审核的目标如下：

1）核对有关单元操作、原材料、产品、用水、能源和废物的资料；

2）确定废物的来源、数量以及类型，确定废物削减的目标，制定经济有效的削减废物产生的对策；

3）提高企业对由削减废物获得效益的认识和知识；

4）判定企业效率低的瓶颈部位和管理不善的地方；

5）提高企业经济效益、产品质量和服务质量。

2.1.2 清洁生产审核对象

企业实施清洁生产审核的最终目的是减少污染，保护环境，节约资源，降低费用，增强企业和全社会的福利。清洁生产审核对象是企业，其目的有两个：一是判定出企业中不符合清洁生产的方面和做法；二是提出方案并解决这些问题，从而实现清洁生产。

清洁生产审核适用于第一、二、三产业和所有类型的组织。

第一产业：农业。农业的迅猛发展，在为人们丰富了餐桌的同时，也带来了农业生态方面的污染，尤其是近年来农业面源污染呈现上升趋势。例如，随着畜禽养殖业的快速发展，其环境污染总量、污染程度和分布区域都发生了极大的变化。目前我国畜禽养殖业正逐步向集约化、专业化方向发展，不仅污染物量大幅度增加，而且污染呈集中趋势，出现了许多大型污染源；畜禽养殖业正逐渐向城郊地区集中，加大了对城镇环境的压力。由于畜禽养殖业多样化经营的特点，使得这种污染在许多地方以面源的形式出现，呈现出“面上开花”的状况。同时，养殖业和种植业日益分离，畜禽粪便用于农田肥料的比重大幅度下降；畜禽粪便乱排乱堆的现象越来越普遍，对环境污染日渐加重。农业方面的环境问题还表现在水资源的极大浪费、化肥污染、杀虫剂的污染等许多方面。

第二产业：工业。工业企业是推进清洁生产的重中之重，中心任务是“节能、降耗、减污、增效”。

第三产业：服务业。如餐饮业、酒店、洗浴业等，在水污染、大气污染和噪声扰民问题上已越来越引起人们的关注。相当一部分城市餐饮业造成的大气污染、洗浴业造成的水资源过度消耗，已到了不容忽视的地步；相当一部分学校、银行等组织，对于资源的浪费问题也十分突出。这些行业节能、降耗潜力巨大。

2.1.3 清洁生产审核的类型及标准

1. 清洁生产审核的类型

清洁生产审核分为自愿性审核和强制性审核。

1）自愿性审核。污染物排放达到国家或者地方排放标准的企业，可以自愿组织实施清洁生产审核，提出进一步节约资源、削减污染物排放的目标。

2）强制性审核。有下列情况之一的，应当实施强制性清洁生产审核：

一是污染物排放超过国家和地方排放标准，或者污染物排放总量超过地方人民政府核定的排放总量控制指标的污染严重的企业。

二是使用有毒、有害原料进行生产或者在生产中排放有毒、有害物质的企业。

（有毒、有害原料或者物质主要指《危险货物品名表》（GB 12268）、《危险化学品名录》、《国家危险废物名录》和《剧毒化学品目录》中列为剧毒、强腐蚀性、强刺激性、放射性的物质（不包括核电设施和军工核设施、致癌、致畸等物质）。

2. 清洁生产标准

清洁生产标准是在达到国家和地方环境标准的基础上，根据当前行业技术、装备水平和管理水平，由行业技术主管部门或行业协会指定的工艺技术、原辅材料消耗、能耗、综合利用、单位产品污染物产生量、排放量等阶段性先进指标体系，经环境保护行政主管部门和有关经济行政主管部门备案后发布的阶段性先进指标体系。阶段性先进指标体系将指标分为三级：一级代表国际清洁生产先进水平，二级代表国内清洁生产先进水平，三级代表国内清洁生产基本水平。

2.2 清洁生产审核的思路

清洁生产审核思路可以用3个英文单词概括：where（哪里），why（为什么），how（如何）。具体来说就是查明废物产生的位置、分析废物产生的原因以及如何减少或消除这些废物。图 1-1 所示为清洁生产的审核思路。

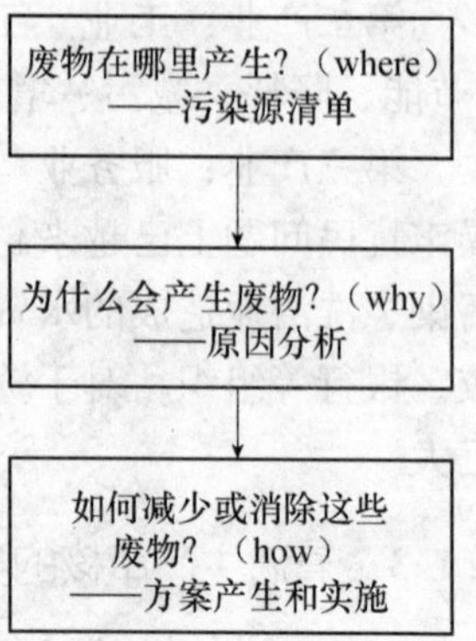

图 1-1　清洁生产审核思路

1）废物在哪里产生？可以通过现场调查和物料平衡找出废物的产生部位并确定其产生量。

2）为什么会产生废物？这要求分析产品生产过程的每一个环节。

3）如何消除这些废物？针对每一个废物产生的原因，设计相应的清洁生产方案，包括无/低费方案和中/高费方案，通过实施这些清洁生产方案来消除这些废物产生的原因，达到减少废物产生的目的。

审核思路中提出要分析污染物产生的原因和提出预防或减少污染产生的方案。这两项工作该如何去做呢？可用生产过程框图（见图 1-2）概括如下。

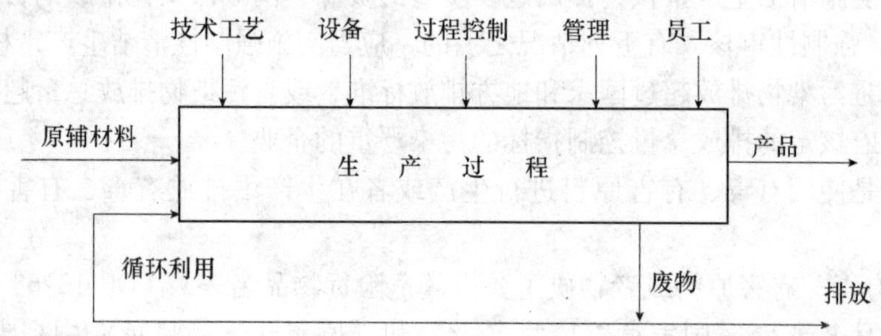

图 1-2　生产过程框图

从图 2-2 可以看出，一个生产和服务过程可抽象成 8 个方面，即原辅材料和能源、技术工艺、设备、过程控制、管理、员工等 6 个方面的输入，得出产品和废物 2 个方面的输出。不得不产生的废物，要优先采用回收和循环使用措施，剩余部分才向外界环境排放。

清洁生产审核的思路也可用图 1-3 所示的鱼刺图的形式形象的表示。

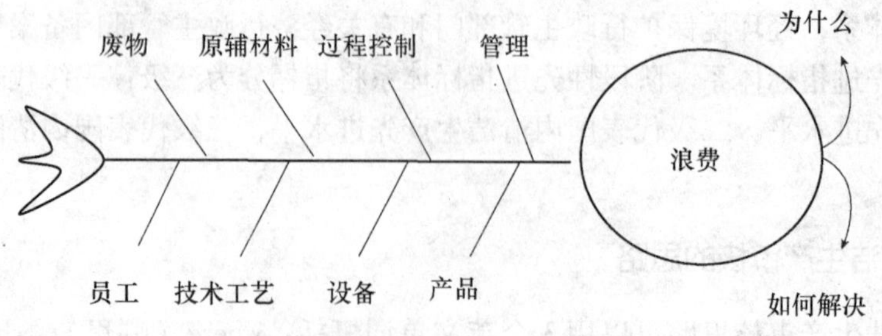

图 1-3　清洁生产审核思路鱼刺图

2.3 清洁生产审核的主要程序

基于我国清洁生产审核示范项目的经验，并根据国外有关废物最小化评价和废物排放审核方法与实施的经验，国家清洁生产中心开发了我国的清洁生产的审核程序，共7个阶段、35个步骤。其中第二阶段预评估、第三阶段评估、第四阶段方案产生和筛选以及第六阶段方案实施是整个审核过程中的重点阶段。

整个清洁生产审核过程分为两个时段审核，即第一时段审核和第二时段审核。

第一时段审核包括筹划与组织、预评估、评估和方案产生与筛选等4个阶段。第一时段审核完成后应总结阶段性成果，提供清洁生产审核中期报告，以利于清洁生产审核的深入进行。

第二时段审核包括方案的可行性分析、方案实施和持续清洁生产等3个阶段。第二时段审核完成后应对清洁生产审核全过程进行总结，提交清洁生产审核（最终）报告，并展开下一阶段清洁生产（审核）工作。

2.4 清洁生产审核程序的基本原理

清洁生产审核是一套科学的、系统的和操作性很强的程序。如前所述，这套程序由3个层次（废物在哪里产生、为什么会产生废物、如何消除这些废物）、8条途径（原辅材料、技术工艺、设备、过程控制、产品、废物、管理、员工）、7个阶段和35个步骤组成。

这套程序的原理可概括为逐步深入原理、分层嵌入原理、反复迭代原理、物质守恒原理、穷尽枚举原理等5个原理。

1. 逐步深入原理

清洁生产审核要逐步深入，即要由粗而细、从大至小。审核开始时，即在审核准备阶段，组织机构的成立、宣传教育的对象等都是在整个组织范围的基础上进行的。预审核阶段同样是在整个组织的大范围中进行的，相对于后几个阶段而言，这一阶段收集的资料一般是比较粗略的，定性的比较多，有时不一定十分准确，而且主要是现成的资料。从审核开始阶段到方案实施阶段，审核工作都在审核重点范围内进行。这4个阶段工作的范围比前两个阶段要小得多，但二者工作的深度和细致程度不同。这4个阶段要求的资料要全面、翔实，并以定量为主，许多数据和方案要靠通过调查研究和创造性的工作之后才能开发出来。最后一个阶段“持续清洁生产”则既有相当一部分工作要做又要返回整个组织的大范围中进行，还有一部分工作仍集中在审核重点部位，对前4个阶段的工作进行进一步的深化、细化和规范化。

2. 分层嵌入原理

分层嵌入原理是指审核中在废物在哪里产生、为什么会产生废物、如何消除这些废物这3个层次的每一个层次，都要嵌入原辅材料、技术工艺、设备、过程控制、管理、员工、产品、废物这8条途径。

以预审核为例，预审核共有6个步骤，不论是进行现状调查、现场考察、评价产污排污状况，还是确定审核重点、设置清洁生产目标、提出和实施无/低费方案，都应该在这3个层次上展开，每一个层次都要从8条途径着手进行工作。

第一个层次是进行现状调研时，首要的问题应是弄清楚废物在哪里产生，要回答这一问题，则首先要对组织的原辅材料进行调研，包括其种类、数量和性质，以及收购、运输、储存等多个环节，其次分析研究组织的技术工艺，再分析研究组织的设备，接着对组织的过程控制、管理、员工、产品、废物等方面一一进行初步的分析研究。从这8条途径入手，弄清其废物在哪里产生。

第二个层次是问为什么会产生废物。要回答这个问题，仍然要嵌入图2-2所示的8条途径。仍以预审核中的现状调研为例，其要点是在大致摸清废物产生源之后，按顺序依次分析组织的原辅材料、技术工艺、设备、过程控制、管理、员工、产品、废物等。在这个层次嵌入8条途径的目的与第一层次不同，这一层次是从以上8条途径分析为什么会产生废物。

要注意污染源与污染成因具有异同性，即二者有时一致，有时不一致。如生产过程中的产污，污染源的部位在生产设备，但其成因可能是原材料的收购、储存或运输过程出了问题或操作人员的责任心、操作技能不佳等造成的。

第三个层次是为了减少或消除这些废物。在这一层次分析和研究对策时，仍应从图2-2的8条途径入手，即仍应嵌入这8条途径。换句话说，解决污染问题的方案，或者说清洁生产方案，仍要从这8条途径入手按顺序寻找。还是以预审核中的现状调研为例，这一步骤并不明显地要求审核人员寻找或研发清洁生产方案，但一位优秀的清洁生产审核人员在这一步骤的这一时刻，显然应该开始考虑针对已初步查明的污染源和污染成因的清洁生产方案，虽然这些方案暂时还是粗略的和不够成熟的。

3. 反复迭代原理

清洁生产审核的过程是一个反复迭代的过程，即在审核7个阶段相当多的步骤中要反复使用上述的分层嵌入原理。

前面已经比较详细地解释了在进行现状调研时分层嵌入原理的具体应用方法，这一方法不仅要应用于现状调研步骤，还要应用于现场考察步骤以及应用于审核阶段、方案产生和筛选阶段、方案可行性分析阶段、方案实施阶段等相当多的步骤中。当然，有的步骤应进行3个层次的完整迭代，有的步骤只进行一个或两个层次的迭代。

在审核阶段分析废物产生原因这一步骤里，一般只进行废物在哪里产生及为什么会产生这些废物这两个层次的迭代。顺序上首先应从原辅材料、技术工艺、设备等8条途径入手找到污染物产生的准确部位，然后同样依次循着这8条途径研究为什么会产生这些废物。在审核阶段的下一个步骤即提出和实施无/低费方案时，往往仅停留在如何减少或消除这些废物的这个层次上，依次考虑原辅材料的清洁生产方案、技术工艺的清洁生产方案、设备的清洁生产方案、过程控制的清洁生产方案和废物的清洁生产方案。

4. 物质守恒原理

物质守恒这一大自然普遍遵循的原理，也是清洁生产审核中的一条重要原理。

预审核阶段在对现有资料进行分析评估时、对组织现场进行考察研究时以及评价产污排污状况时都要应用物质守恒原理。虽然此时获得的资料不一定很全面、很准确，但大致估算一下组织的各种原辅材料的投入、产品的产量、污染物的种类和数量、未知去向的物质等，在其间建立一种粗略的平衡，则将大大有助于弄清楚组织的经营管理水平及其物质和能源的流动去向。在上述工作基础之上，再利用各班记录等数据粗略计算审核重点的物料平衡状况，此时物质守恒原理显然是一种有用的工具。

审核阶段的一项重要工作是建立审核重点的物料平衡，这一工作当然必须遵循物质守恒原理，而且这一阶段使用或产生的数据已经相当准确，因而此时的物质守恒原理的应用将是相当准确和严格的。

5. 穷尽枚举原理

穷尽枚举原理的重点：一是穷尽，二是枚举。

所谓穷尽，是指图2-2所示的8条途径实际上构成了一个组织清洁生产方案的充分必要集合。换言之，一个组织从这8条途径入手，一定能发现自身的清洁生产方案；一个组织发现的任何一个清洁生产方案，必然是循着这8条途径中的一条或者几条找到的。因此，从理论上讲，从这8条途径入手可以识别出该组织现阶段所有的清洁生产方案。

所谓枚举，即不连续地、一个一个地列举出来。因此，穷尽枚举原理意味着在每一个步骤的每一个层次的迭代中，都要将8条途径当作这一步骤的切入点，由此深化和做好该步骤的工作，既不可合并，也不可跳跃，因为如果将8条途径中的若干条合为一条，或从原辅材料直接跳跃到过程控制，则污染源的数量和部位、污染成因及清洁生产方案均可能无法完全找到，即没有穷尽。

虽然不可能做到在每一个层次每一个步骤的每一个切入点上能够识别污染源或找到污染成因，或找到清洁生产方案，但严格地遵循穷尽枚举原理是清洁生产审核成功的重要前提之一。学习和掌握穷尽枚举原理，并结合上述的逐步深入原理、分层嵌入原理、反复迭代原理和物质守恒原理，将极大程度地提高清洁生产审核人员的工作质量。

第二篇　清洁生产审核报告编制

清洁生产审核报告是衡量企业实施清洁生产及其水平的重要标志之一。规范地编写清洁生产审核报告，全面、完整和准确地反映企业实施清洁生产的情况和成效，是一项关系到企业能否健康发展的重要工作。本书提出清洁生产审核报告编制应注意的问题，就是为了指导和帮助有关单位和人员做好这项工作。

清洁生产审核报告的编制从 7 个方面提出了编写报告的具体意见，并采用了一些清洁生产的实际例子加以说明，希望有关单位和人员在编写清洁生产审核报告前，认真学习和掌握清洁生产审核报告的编写要求，尽量少走弯路。

本书推荐的清洁生产审核报告的编写程序包括 7 个阶段、35 个步骤，其工作程序如图 2-1 所示。

图 2-1　企业清洁生产审核工作程序

第1章　筹划与组织

筹划与组织阶段的工作目的是通过宣传教育使组织的领导和职工对清洁生产有一个初步的、比较正确的认识，消除思想上和观念上的障碍，了解组织清洁生产审核的内容、要求及工作程序。该阶段是进行清洁生产审核的第一步，包括宣传动员和培训、获得企业领导的支持、建立清洁生产审核队伍、制订清洁生产审核计划等工作内容。本阶段的工作内容和工作程序如图2-2所示。

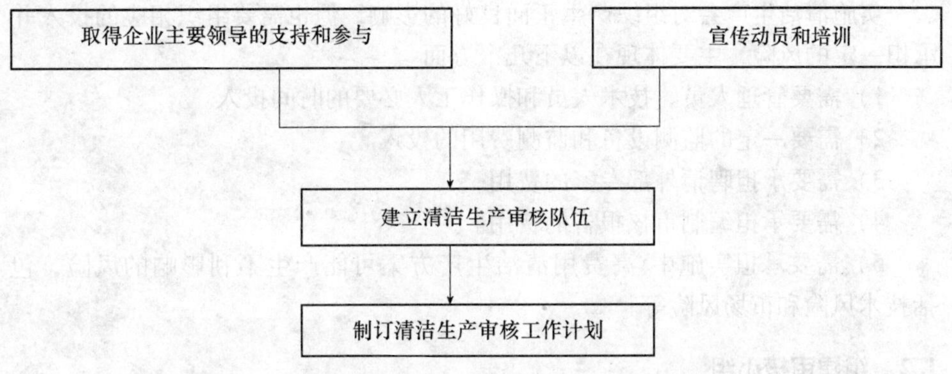

图2-2　筹划与组织阶段的工作内容和工作程序

1.1　取得领导支持

清洁生产审核是一件综合性很强的工作，涉及组织的各个部门。随着审核工作的不断深入，审核的工作重点也会发生变化，主要参与审核的工作部门和人员也需及时调整。因此，高层领导的支持和参与是保证审核工作顺利进行不可缺少的前提条件。同时，高层领导的支持和参与直接决定了审核过程中清洁生产方案是否符合实际、是否能够得到实施。

使组织高层领导了解清洁生产审核可能给企业带来的巨大好处，是企业高层领导支持和参与清洁生产审核的动力和重要前提。清洁生产审核可能给企业带来经济效益、环境效益、增加无形资产和推动技术进步等多方面的好处，从而增强企业的市场竞争能力。

1.1.1　清洁生产审核可能给组织带来的利益

总的说来，通过清洁生产审核、实施清洁生产将对组织产生良好的效果，主要体现在以下几个方面。

1）提高组织环境管理水平。

2）提高原材料、水、能源的使用效率，降低成本。

3）减少污染物的产生量和排放量，保护环境，减少污染处理、处置费用。

4）促进组织技术进步。

5）提高职工素质。

6）改善操作环境，提高生产效率。

7）树立组织形象，扩大组织影响。

1.1.2 清洁生产审核所需组织的投入及承担的风险

实施清洁生产会对组织产生正面良好的影响，但也需要组织相应的投入并承担一定的风险，主要体现在以下几个方面。

1）需要管理人员、技术人员和操作工人必要的时间投入。

2）需要一定的监测设备和监测费用的投入。

3）需要承担聘请外部专家的费用。

4）需要承担编制审核报告的费用。

5）需要承担实施中/高费用清洁生产方案可能产生不利影响的风险，包括技术风险和市场风险等。

1.2 组建审核小组

开展清洁生产审核，首先要在组织内部组建一个权威的清洁生产审核小组。作为骨干力量，该小组对清洁生产审核的有效实施起着至关重要的作用。审核小组中应至少有一位成员来自组织的财务部门。

1.2.1 审核小组组长

审核小组组长是审核小组的核心，应由组织主要领导人（厂长或负责生产或环保的副厂长、总工程师）兼任组长，或由组织领导任命一位资深的、具有如下条件的人员担任：

1）具备生产、工艺、管理与新技术的知识和经验；

2）掌握污染防治的原则和技术，并熟悉有关的环保法规；

3）了解审核工作程序，熟悉审核小组成员情况，具备领导和组织工作的才能并善于和其他部门合作等。

1.2.2 审核小组成员

审核小组成员的组成应根据组织的实际情况确定，通常需要有 3 ~ 5 位全时从事审核工作的人员。审核小组成员至少应具备以下 3 个条件之一：

1）具备清洁生产审核的知识或工作经验；

2）掌握组织的生产、工艺、管理等方面的情况及新技术信息；

3）熟悉组织的废物产生、治理和管理情况以及国家和地区的环保法规和政策等。

视组织的具体情况，审核工作组还可分为领导小组和工作小组。审核工作小组中还应包括一些非全时制的人员，视实际需要，人数可由几人到十几人不等，也可随着审核的不断深入，及时补充所需的各类人员。例如，当组织内部缺乏必要的技术力量时，可聘请外部专家以顾问的形式加入审核小组；到了评估阶段进行物料平衡时，审核重点的管理人员和技术人员应及时介入，以利于工作的深入开展。表 2-1 和表 2-2 分别列出了某化肥企业的清洁生产审核领导小组和工作小组的成员组成情况。

表 2-1　某化肥厂清洁生产审核领导小组

<table>
<tr><th>成员</th><th>职　务</th><th>职　责</th></tr>
<tr><td>组长</td><td>总经理</td><td>对清洁生产审核工作作出决策</td></tr>
<tr><td rowspan="3">副组长</td><td>副总经理</td><td rowspan="3">策划与组织、协调各部门，落实审核具体工作安排与实施</td></tr>
<tr><td>总工程师</td></tr>
<tr><td>财务总监</td></tr>
</table>

表 2-2　某化肥厂清洁生产审核工作小组

<table>
<tr><th>成员</th><th>职　务</th><th>职　责</th></tr>
<tr><td>组长</td><td>副总经理</td><td>主持全面工作并协调各部门工作</td></tr>
<tr><td rowspan="2">副组长</td><td>副总工程师</td><td rowspan="2">负责审核工作小组具体工作安排</td></tr>
<tr><td>生产部部长</td></tr>
<tr><td rowspan="7">组员</td><td>生产部副部长</td><td rowspan="6">现场调查，提供相关部门工艺流程的简介；进行物料平衡的相关数据的统计分析以及无/低费和中/高费方案的产生和征集；进行清洁生产方案的技术、环境可行性研究</td></tr>
<tr><td>生产部工艺员</td></tr>
<tr><td>生产部设备员</td></tr>
<tr><td>安环部部长</td></tr>
<tr><td>安环部环保专工</td></tr>
<tr><td>动力车间主任</td></tr>
<tr><td>财务部部长</td><td>方案的财务可行性分析，资金投入</td></tr>
</table>

在组建审核小组时，各企业可按自身的工作管理惯例和实际需要灵活选择其形式。

1.3 制订工作计划

审核小组成立后，需及时编制清洁生产审核工作计划，使得清洁生产审核工作按一定的程序和步骤进行。清洁生产审核工作计划包括审核过程的所有主要工作，如工作内容、进度、参与部门、负责人、产出等。表 2-3 为某啤酒厂清洁生产审核工作计划表。

表 2-3 某啤酒厂清洁生产审核工作计划表

阶段	工作内容	完成时间	责任部门
筹划和组织	中层干部会议、学习清洁生产的意义、内容等、成立审核小组、资料收集	2006 年 3 月末	厂长室 审核小组
预评估	现场考察；确定审核重点；研究措施；物质储备	2006 年 4 月 1 日 ~15 日	审核小组
评估	实测输入、输出；物料平衡；评估与分析废物产生的原因	2006 年 4 月 16 日 ~30 日	审核小组
方案的产生与筛选	面向全厂职工宣传动员、提方案；方案的分析与筛选	2006 年 5 月 1 日 ~10 日	审核小组 生产车间
中期报告	通过以上工作，研究编写审核报告（中期）	2006 年 5 月 11 日 ~15 日	审核小组
可行性分析	对备选方案进行技术、环境、经济评估，推荐可实施方案	2006 年 7 月 25 日 ~9 月 20 日	审核小组
方案实施	对所推荐的可实施方案进行组织、计划、实施	2006 年 10 月	厂长室 审核小组
持续清洁生产	制定长期污染防治规划和编写报告	2006 年 10 月 ~11 月	审核小组

1.4 开展宣传教育

广泛开展宣传教育活动，争取企业内各部门和广大职工的支持尤其是现场操作人员的积极参与，是清洁生产审核工作顺利进行和取得更大成效的保证。表 2-4 为某酒精厂清洁生产障碍及解决办法。

表 2-4 某酒精厂清洁生产障碍及解决办法

障碍	表现	解决办法
观念障碍	认为环保是末端治理问题，对生产过程中的污染预防认识不足，认为环保不会产生经济效益	宣传清洁生产和清洁生产审核的知识，提供实施清洁生产审核所取得的成功经验

续表

障碍	表现	解决办法
生产技术障碍	担心由于缺乏足够的分析测试人员、仪表设备，对生产过程的物耗和废物排放无法获得确切的数字，担心无实现预防污染的可行技术	组织和调配各部门分析测试人员和设备，联系当地有条件的单位到厂里实测或安装测试仪表；在正常生产条件下实测各种数据，并尽可能运用原始记录数据；向有关的技术支持或服务部门进行咨询，通过这些机构获取国内外污染预防技术
经济障碍	缺乏实施清洁生产方案的资金	从组织内部挖潜积累资金，寻找各种渠道筹措资金(包括世界银行贷款)
管理障碍	部门独立性强，协调困难	由最高层领导直接参与，由各主要部门领导与技术骨干组成审核小组，同时赋予清洁生产审核小组相应的职权
其他	无论如何宣传和教育，还有部分职工认为清洁生产审核过于复杂和严格，会影响生产	保留反对意见，坚持开展工作，随着审核工作的不断深入，真正找出生产、经营、管理中存在的问题，及时地实施无低费方案，以收到明显的环境和经济效益，以此来说明审核不仅没有影响生产，反而取得了效益，用事实从根本上消除各种顾虑

1.5 本阶段报告的编写

本阶段报告的编写应包括以下几个方面的内容。

前言

第 1 章　筹划和组织

1.1　取得领导的支持

1.2　审核领导小组和工作小组

1.3　审核工作计划

1.4　宣传和教育

本章要求有以下图表：

1）审核小组成员表；

2）审核工作计划表；

3）克服障碍及解决办法表。

在编写筹划和组织这一篇章过程中须注意以下几个问题。

1）在这一阶段企业应有启动这项工作的红头文件。

2）企业主要领导的支持和参与。简述企业领导对实施清洁生产的认识、支持和所作出的努力。

3）组建清洁生产审核小组。简述企业组建“清洁生产审核小组”的时间和所做的工作；列表分别说明企业“清洁生产领导小组”和“清洁生产审核小组”组成人员的名单、职务、职责、工作内容和安排投入的时间等。

4）制订工作计划。简述制订工作计划的过程（负责制订的部门、谁批准、如何进行阶段检查等）；制订工作计划（包括工作阶段、主要工作内容、负责单位、负责人、完成时间等）。

5）开展宣传教育，克服障碍。叙述企业实施清洁生产，在宣传、教育和培训方面主要做了哪些工作？开展了哪些活动？在树立员工清洁生产观念、提高员工对实施清洁生产的认识和主动性方面采取了哪些措施？有何体会？针对本企业的实际情况，存在哪些问题和阻力？如何克服观念上、机构上的障碍，解决好技术方面和经济方面的问题？同时附上开展宣传培训的效果资料（如培训时的照片等）。

第 2 章　预评估

预评估是清洁生产审核的初始阶段，是发现问题和解决问题的起点。在对企业基本情况进行全面调查了解的基础上，从清洁生产审核的 8 个方面着手，通过定性和定量的分析，寻找企业活动、服务和产品中最明显的废物和废物流失点，能耗和物耗最多的环节和数量，原料的输入和产出，物料管理状况，生产量、成品率、损失率，管线、仪表、设备的维护与清洗等，从而确定审核重点并根据审核重点设置清洁生产目标，同时对发现的问题找出对策，实施明显的简单易行的无/低费废物削减方案。该阶段工作程序图见图 2-3。

2.1　预评估阶段的主要工作内容

该阶段主要工作内容如下：

1）企业的现状调查和分析；

2）评价产污排污状况；

3）确定审核重点；

4）设置清洁生产目标；

5）提出和实施无/低费清洁生产方案。

2.2　企业的现状调查和分析

企业的现状调查和分析包括收集企业有关基础数据和资料，实际考察企业生产现场，绘制全厂生产工艺流程图、设备流程图等，以便确定污染物产生部位和了解污染物产生的原因。

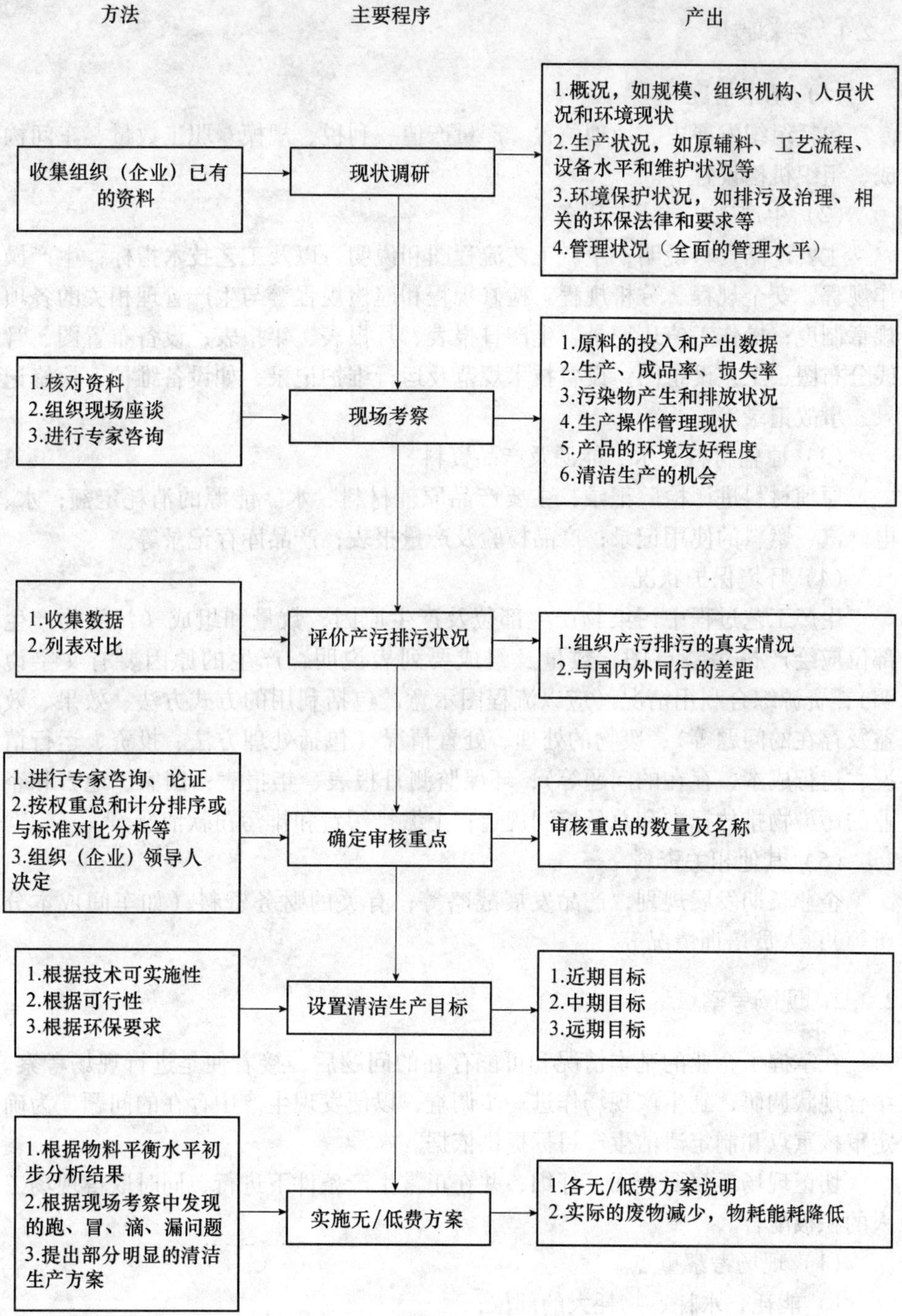

方法	主要程序	产出
收集组织（企业）已有的资料	现状调研	1.概况，如规模、组织机构、人员状况和环境现状 2.生产状况，如原辅料、工艺流程、设备水平和维护状况等 3.环境保护状况，如排污及治理、相关的环保法律和要求等 4.管理状况（全面的管理水平）
1.核对资料 2.组织现场座谈 3.进行专家咨询	现场考察	1.原料的投入和产出数据 2.生产、成品率、损失率 3.污染物产生和排放状况 4.生产操作管理现状 5.产品的环境友好程度 6.清洁生产的机会
1.收集数据 2.列表对比	评价产污排污状况	1.组织产污排污的真实情况 2.与国内外同行的差距
1.进行专家咨询、论证 2.按权重总和计分排序或与标准对比分析等 3.组织（企业）领导人决定	确定审核重点	审核重点的数量及名称
1.根据技术可实施性 2.根据可行性 3.根据环保要求	设置清洁生产目标	1.近期目标 2.中期目标 3.远期目标
1.根据物料平衡水平初步分析结果 2.根据现场考察中发现的跑、冒、滴、漏问题 3.提出部分明显的清洁生产方案	实施无/低费方案	1.各无/低费方案说明 2.实际的废物减少，物耗能耗降低

图 2-3 预评估阶段工作程序

2.2.1 资料收集

（1）基本情况

包括组织发展史、地理位置、产量产值、利税、规模、职工数量、车间构成、组织机构设置等。

（2）生产工艺技术与设备

主要产品资料说明；生产工艺流程图和说明，以及工艺技术指标；生产操作规程、安全规程、分析规程、检修规程和巡检规程等与生产管理相关的各项规章制度；操作工值班记录、生产日报表、月报表、年报表；设备布置图、管线分布图、工艺设备图；设备技术规范及运行维护记录，如设备维护、检修记录、事故记录等。

（3）原辅材料、水、能源及产品资料

原辅材料进厂检验记录；主要产品原辅材料、水、能源的消耗定额；水、电、汽、燃料的使用记录；产品检验及产量报表；产品库存记录等。

（4）环境保护状况

生产工艺过程中污染物产生部位及产生原因、数量和组成（污染物产生部位应绘产排污节点图，数量及组成要列表说明，产生的原因要有文字说明）；资源综合利用情况（应以流程图示意，包括利用的方式方法、效果、效益及存在的问题等）；废物的处理、处置情况（包括处理方法、投资、运行情况、运行成本、存在的问题等）；环保监测月报表、年报表；国家、地方和企业的污染物排放标准和总量控制规定；上缴排污费和排污罚款情况等。

（5）其他相关资料

企业长期发展规划，产品发展战略等；有关的财务资料（如车间成本分析等）；人员培训情况等。

2.2.2 现场考察

在掌握了企业的基本情况和可能存在的问题后，接着便是进行现场考察。结合现状调研，到生产现场作进一步调查，以便发现生产中存在的问题，为确定审核重点和制定清洁生产目标提供依据。

切记现场考察要全面、仔细，并在正常生产条件下进行，同时取得现场工人的积极配合。

（1）现场考察重点

1）能耗、水耗、物耗大的部位；

2）污染物产生与排放多、毒性大、处理处置难的部位；

3）操作困难、易引起生产波动的部位；

4）物料的进出处；

5）设备陈旧、技术落后的部位；

6）事故多发处；

7）设备维护情况。

（2）现场考察的主要内容

企业、车间及生产线周围的环境状况；岗位操作规程的执行情况；操作程序对污染物的产生的影响；操作过程中污染物的产生情况；设备管理、运行、维修情况及存在的问题（如跑、冒、滴、漏现象等）；废物收集、回用和循环利用情况；环保设备运行情况；生产线投入和产出的数据；产品产量、成品率、损失率、原料收率和转化率的数据等。

（3）现场考察的方法

1）将图纸、设计资料等带到现场，一一对应地分析核对有关参数和信息，如物料进出（含水、能量）、温度、压力，管网的布局等，并记录有关变化。

2）查阅岗位记录，如：

①生产报表；

②原料购置与消耗表；

③理化检验报告单（包括实验室情况）；

④废物产生与排放；

⑤财务报表；

⑥事故记录与报告表；

⑦检修记录；

⑧公众反应情况；

……

3）检查岗位操作规程的执行情况，如：

①是否准时准量添加物料；

②是否做好了记录；

……

4）与实际操作工人座谈，以了解生产运行的实际情况，抓住关键部位、关键问题。

5）行业专家咨询，了解国内外同行业生产情况及与本行业的清洁生产标准进行对标，分析对比企业生产存在的问题和差距。

（4）绘制生产工艺流程图

通过资料收集和实地调查，初步了解企业生产情况与产品生产过程，绘制出全厂生产工艺流程图（绘制工艺流程图时，可将单元操作用方框图表示），有些企业可直接利用原有的工艺流程图。在工艺流程图中应标明原辅材料、水、能源的投入及产品、半成品和废物的产生部位。

在企业的产品很多、工艺复杂、产品之间又没有直接内在联系的情况下，工艺流程图可以分别按产品、车间或生产线来绘制。图 2-4 和图 2-5 为热电厂和啤酒厂的全厂生产工艺流程方框图。

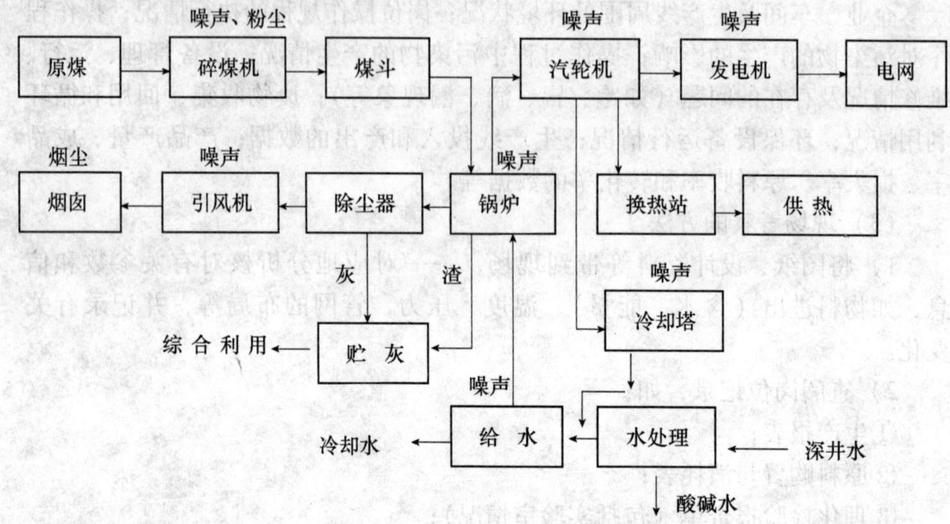

图 2-4 热电厂生产工艺流程

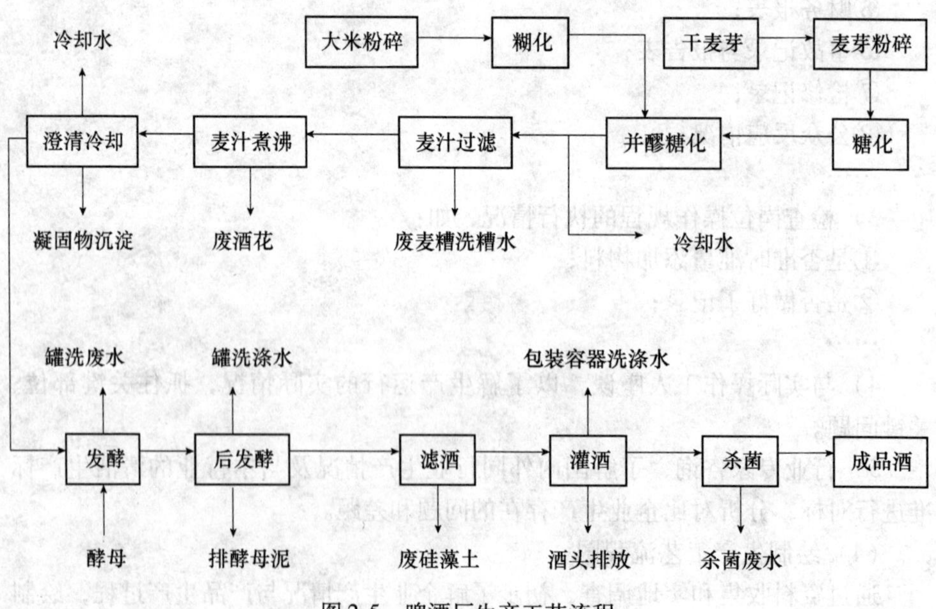

图 2-5 啤酒厂生产工艺流程

对于化工和石油化工等企业，由于生产工艺较为复杂且流程较长，还应画出进行清洁生产审核的装置流程图，并标出排污节点。图2-6和图2-7为化工厂生产工艺流程方框图。

氨
丙烯
稀硫铵溶液
粗乙腈溶液
氢氰酸
反应器
急冷塔
吸收塔
回收塔
脱氰塔
成品塔
成品贮罐
空气
废水
重组分贫水
四效蒸发
凝液
动力污水处理场

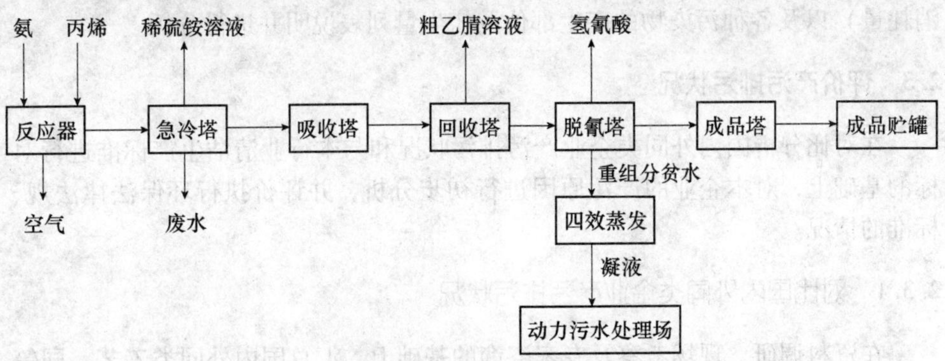

图2-6　丙烯腈生产工艺流程

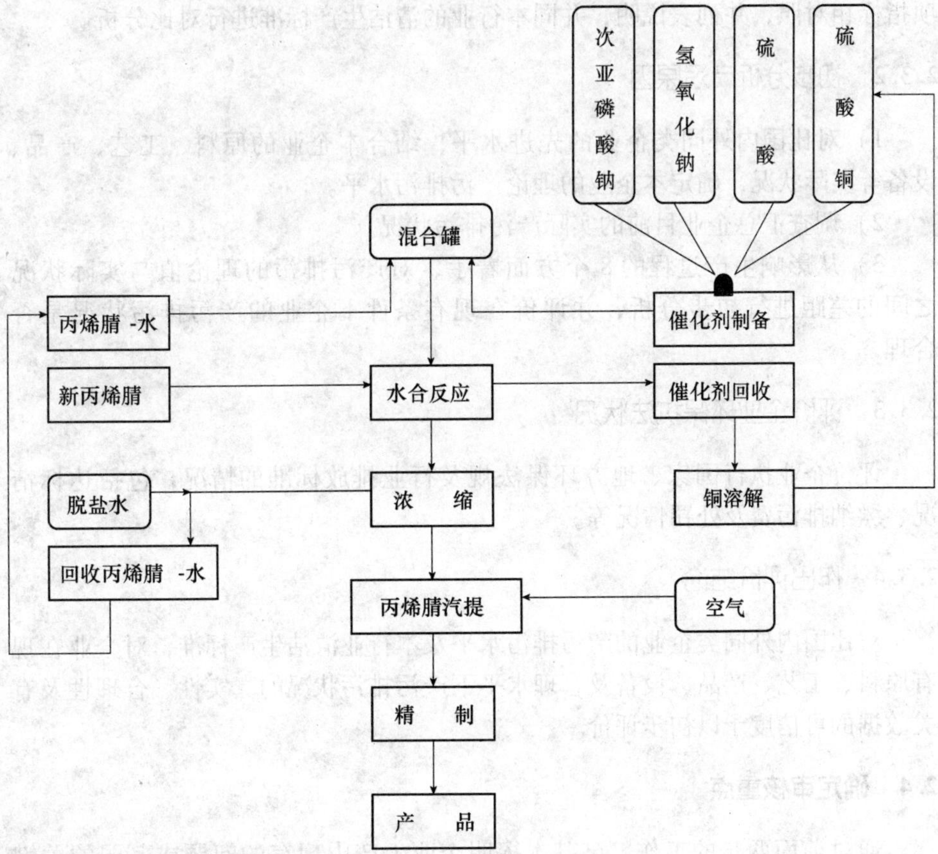

次亚磷酸钠
氢氧化钠
硫酸
硫酸铜
混合罐
催化剂制备
丙烯腈 -水
新丙烯腈
水合反应
催化剂回收
脱盐水
浓　缩
铜溶解
回收丙烯腈 -水
丙烯腈汽提
空气
精　制
产　品

图2-7　丙烯酰胺生产工艺流程图

（5）确定企业生产过程的各种物料消耗及污染物产生量

在完成现场调查资料和数据的收集，并绘制全厂生产工艺流程图后，应对主要产品生产过程中原辅材料、水和能源的消耗（近3年消耗总量和单位产品消耗量）以及各种污染物的产生部位及产生量列表说明并进行分析。

2.3 评价产污排污状况

在对比分析国内外同类企业产污排污状况和与本行业清洁生产标准进行对标的基础上，对本企业的产污原因进行初步分析，并评价执行环保法律法规、标准的情况。

2.3.1 对比国内外同类企业产污排污状况

在资料调研、现场考察及专家咨询的基础上，汇总国内外同类工艺、同等装备、同类产品先进企业的生产、消耗、产污排污及管理水平，与本企业的各项指标相对照，并列表说明，并同本行业的清洁生产标准进行对比分析。

2.3.2 初步分析产污原因

1）对比国内外同类企业的先进水平，结合本企业的原料、工艺、产品、设备等实际状况，确定本企业的理论产污排污水平。

2）调查汇总企业目前的实际产污排污状况。

3）从影响生产过程的8个方面着手，对产污排污的理论值与实际状况之间的差距进行初步分析，并评价在现有条件下企业的产污排污状况是否合理。

2.3.3 评价企业环保执法状况

评价企业执行国家、地方环保法规及行业排放标准的情况，包括达标情况、缴纳排污费及处罚情况等。

2.3.4 作出评价结论

对比国内外同类企业的产污排污水平及本行业清洁生产标准，对企业在现有原料、工艺、产品、设备及管理水平下产污排污状况的真实性、合理性及有关数据的可信度予以初步评价。

2.4 确定审核重点

通过前面两步的工作，已基本探明企业生产中现存的问题或薄弱的关键环节，可以确定出企业的审核重点。审核重点的确定应符合企业的实际，对于工艺复杂、生产单元多、生产规模大的大中型企业，可先选出几个备选的审核重点，然后按一定的方法再确定出审核重点。对于某些工艺简单、产品单一、生产规模小的组织可不进行备选审核重点的确定而直接确定出审核重点。

审核重点既可以是某一个分厂、某一个车间、某一个工段、某一个操作单元，也可是某一种物质（如污染物）、某一种资源（如水）、某一种能源（如蒸汽、电）等。

2.4.1 确定备选审核重点

确定备选审核重点的原则或应考虑的因素包括：

1）污染物产生量大、排放量大、超标严重的环节；

2）严重影响或威胁正常生产、构成生产“瓶颈”的环节；

3）一旦采取措施，容易产生显著环境效益与经济效益的环节；

4）物料进出口多、量大、控制较难的环节；

5）组织多年存在的“老大难”问题；

6）污染物毒性大，投诉最多的问题；

7）公众反应强烈，投诉最多的问题；

8）在区域环境质量改善中起重大作用的环节。

2.4.2 确定审核重点的方法

从备选审核重点中确定审核重点有多种方法，如与标准对比分析的方法、权重总和计分排序法（简称权重总和法）、头脑风暴法、打分法和投票法等。

下面重点介绍与清洁生产标准对比分析的方法和权重总和计分排序法两种方法。

1. 与清洁生产标准对比分析的方法

国家环境保护部组织编写的各行业的清洁生产标准，是指导企业实施清洁生产审核、判断清洁生产机会、评定清洁生产绩效的权威性工具。

清洁生产标准中的指标主要包括6类，即生产工艺与装备要求、资源能源利用指标、产品指标、污染物产生指标、废物综合利用指标和环境管理要求。根据不同行业的特点，这6类指标下又分成若干个具体的考核指标。

这6大类指标根据当前的行业技术、装备水平和管理水平的不同又分为3级：一级代表国际清洁生产先进水平，二级代表国内清洁生产先进水平，三级代表国内清洁生产基本水平。

有了这些标准，在确定审核重点的时候就有了对比的依据，可根据企业的实际情况，将通过现状调研和现场考察获得的企业生产和污染排放水平的相关数据与标准中所列的各项指标值进行对比分析，从而发现企业存在的问题，并将这些问题作为审核重点，在审核过程中予以关注。

表2-5所示为某啤酒厂2007年各项单位产品消耗指标与《清洁生产标准——啤酒制造业》进行对比分析的情况。

表2-5　某啤酒厂2007年各项单位产品消耗指标

序号	指标	单位	公司现状	清洁生产标准数值		
				一级	二级	三级
1	单位产品取水量	m^3/kL	8.55	<6.0	<8.0	<9.5
2	单位产品耗粮*	kg/kL	165	≤158	≤161	≤165
3	单位产品耗标煤量	kg/kL	130	≤80	≤110	≤130
4	单位产品综合能耗	kg/kL	160	≤115	≤145	≤170
5	啤酒总损失率	%	6.2	≤4.7	≤6.0	≤7.5

*标准浓度11°P啤酒耗粮。

从表2-5中的对比可知，该啤酒厂2007年单位产品取水量和单位产品耗标煤量和单位产品综合能耗3项指标介于标准的二级和三级指标之间，单位产品耗粮仅达到国内一般水平，酒损接近于标准的二级指标。

根据表2-5中的对比分析，并结合企业的实际情况，就可很容易地确定出本次清洁生产审核的审核重点。

2. 权重总和计分排序法

（1）什么是权重总和计分排序法

权重总和计分排序法是通过综合考虑各因素的权重及其得分，得出每一个因素的加权得分值，然后将这些加权得分值进行叠加，以求出权重总和，再比较各权重总和值来作出选择的方法。

（2）什么是权重

权重是指对各个因素具有权衡轻重作用的数值，统计学中又称“权数”。某因素的权重值代表了该因素的重要程度。

（3）如何确定权重因素

确定权重因素时应考虑下述原则：

1）重点突出，主要为实现企业清洁生产、污染预防目标服务；

2）因素之间避免相互交叉；

3）因素含义明了，易于打分；

4）数量适当（5个左右）。

（4）权重因素的种类

1）基本因素。

①环境方面：减少废物、有毒有害物的排放量或使其改变组分，易降解，易处理，减小有害性（如毒性、易燃性、反应性、腐蚀性等）；减小对工人安全和健康的危害，以及其他不利环境的影响；遵循环境法规，达到环境标准。

②经济方面：减少投资；降低加工成本；降低工艺运行费用；降低环境责任费用（排污费、污染罚款、事故赔偿费）；物料或废物可循环利用或回收利用；产品质量提高。

③技术方面：技术成熟，技术水平先进；可找到具有经验的技术人员；国内同行业有成功的例子；运行维修容易。

④实施方面：对工厂当前正常生产以及其他生产部门影响小；施工容易，周期短，占空间小；工人易于接受。

2）附加因素。

①前景方面：符合国家产业政策，符合行业结构调整和发展，符合市场需求。

②能源方面：水、电、汽、热的消耗减小或水、汽、热可循环利用或回收利用。

（5）权重值的确定

根据各因素的重要程度，将权重值简单分为3个层次：高重要性（权重值为8~10）；中等重要性（权重值为为4~7）；低重要性（权重值为1~3）。从已进行的清洁生产工作来看，对各权重因素值（W）规定以下范围较为适合：

①废物量 W=10；

②环境代价 W=8~9；

③废物的毒性 W=7~8；

④清洁生产潜力 W=4~6；

⑤车间的关心与合作程度 W=1~3；

⑥发展前景 W=1~3。

（6）方案或各备选审核重点的得分

根据污染预防目标（如水、汽、渣、能耗等）和确定的审核重点所能达到的程度，由审核小组成员或有关专家（企业的工艺技术专家、环保专家和聘请的清洁生产方法学专家等）集体讨论进行评分（R=1~10），满分为10，其他依次类推。在评分过程中如果出现分歧意见时，由专家各自评分，然后取其平均值。

（7）权重总和计分排序

权重总和计分排序法确定审核重点的具体内容见表2-6。

表 2-6　权重总和计分排序法确定审核重点

因素	权重（W）（1～10）	方案得分（R）（1～10）			
		备选审核重点 1	备选审核重点 2	备选审核重点 3	…
废物量	10				
环境代价	9～8				
废物毒性	8～7				
清洁生产潜力	7～4				
车间的关心合作	3～1				
发展前景	1～3				
总分∑R·W					
排序					

注：1. 环境代价的含义包括：

①内部环境代价：能耗、水耗、原材料消耗，废物回收费用，末端处理处置费用，产品质量下降费用。

②外部环境代价：排污费、罚款。

2. 清洁生产潜力可从产品更新、原材料替代、加强内部管理、技术改造和现场循环利用等 5 个方面考虑。

3. 某一因素又可分为若干小因素，如废物可细分水、气、渣等。

（8）注意事项

1）附加因素的选择视具体情况而定；

2）权重的具体数值在给定的权重范围内视实际情况而定；

3）打分时，不要预先带有优劣的主观倾向；

4）打分时，不要受权重的影响；

5）考虑各因素之间的关系：相互排斥、相互包容、相互关联；

6）可结合经验判断计分排序的结果的合理性。

表 2-7 所示为某酒精厂以权重总和计分排序法确定审核重点的计算过程。

表 2-7　某酒精厂权重总和计分排序法确定审核重点

因素	权重	方案得分（1～10）					
		酒精车间	酿酒一	酿酒二	酿酒三	锅炉车间	包装车间
废物量	7	70	35	42	42	56	21
环境代价	10	10	50	70	70	80	40
清洁生产潜力	8	80	32	40	48	48	64
车间的关心合作	3	24	18	15	15	21	24
总分		184	135	167	175	205	149
排序		2	5	4	3	1	5

从计算排序结果可以看出，锅炉车间得分最高，因而锅炉车间被确定为酒精厂本次清洁生产审核的重点。

另外根据环境保护部对重点企业（超标超总量使用有毒有害和排放有毒有害物质的企业）开展清洁生产审核的要求——达标排放及减少甚至替代有毒有害物质的使用和排放这一硬性要求，也可把企业污染物排放不达标的项目和减少有毒有害物质直接作为审核重点，以满足重点企业清洁生产审核的基本要求。

2.5 设置清洁生产目标

当审核重点确定后，要对清洁生产审核的最终结果有一个预先的估计，提出削减污染物排放量指标和相关的经济效益指标，作为本次清洁生产审核的目标。企业设置清洁生产目标包括以下内容：

1）降低原材料、资源和能源的消耗；

2）提高产品收率，降低生产成本；

3）减少废物产生量，达标排放。

表2-8所示为某啤酒厂设置的清洁生产目标。

表2-8 某啤酒厂的清洁生产目标

序号	项 目	现状（2007年）	中期目标（2008年年底）	远期目标（2009年年底）
1	SO_2 排放量（t/年）	27.4	≤26.0	≤10.0
2	烟尘排放量（t/年）	41.05	≤37.0	≤20.0
3	COD 排放浓度（mg/L）	619	—	≤80
4	COD 排放量（t/年）	47.7	—	≤10.0
5	取水量（m^3/kL）	8.5～8.6	≤8	≤7.5
6	耗标煤量（kg/kL）	130	≤110	≤100
7	综合能耗（kg/kL）	200	190	185
8	啤酒总损失率（%）	6.5	6.3	6.1

2.6 提出和实施无/低费方案

在确定审核重点和设置清洁生产目标的过程中，可以发现很多清洁生产的机会和存在的问题，通过发动群众提出解决方案。这些方案分为两类：一类为技术性较强，投资相对较高，需要进行技术经济比较的中/高费方案；另一类为基本不需要投资或只需要少量投资的无/低费方案。无/低费方案多是由于企业生产管理上出现的问题而引起的，如水、汽阀门关闭不严，水损耗量大，物料不合理堆放与贮存，计量设备不准确或损坏，等等。这些问题一般不需要论证，在领导和有关部门的支持下会很容易得到解决，而且环境效益与经济效益也较为明显。这些问题在预评估阶段就可以解决，以后随时遇到随时解决，而且贯穿于整个清洁生产审核过程中。无/低费方案的分类汇总见表2-9。

表2-9　无/低费清洁生产方案汇总表

编号	方案名称	投资（万元）	清洁生产方案内容	方案预计实施效果

2.7　本阶段报告的编写要求及应注意的问题

本阶段报告的编写应包括以下几个方面的内容。

第2章　预评估

2.1　组织概况

包括产品、生产、人员及环保等概况。

2.2　企业生产状况分析

包括生产工艺过程、原辅材料消耗、设备、产品等。

2.3　产污排污现状分析

包括国内外情况对比，产污原因初步分析以及组织的环保执法情况等，并予以初步评价。

2.4　确定审核重点

2.5　清洁生产目标

本章要求有以下图表：

1）企业平面布置简图；

2）企业的组织机构图；

3）企业主要工艺流程图；

4）企业输入物料汇总表；

5）企业产品汇总表；

6）企业主要废物特性表；

7）企业历年废物流向情况表；

8）企业废物产生原因分析表；

9）清洁生产目标一览表。

在编写预评估这一篇章过程中须注意以下几个问题。

1）对企业能源、资源消耗现状，各主要产品生产工艺和设备运行状况，企业污染物的产生和排放状况，特别是企业超标、超总量污染物的种类、数量、产生环节进行调查并作全面的分析（最好用表格和图相结合的形式），并得出相应的结论。

2）企业的能耗、物耗和污染物产生及排放指标应与已颁布实施的本行业的清洁生产标准或同行业先进水平进行比较，并有详细的分析和说明。

3）审核重点的确定和清洁生产目标的设置是否合理、可行，设置的依据是否充分。

4）要有企业所在地环保部门出具的该企业污染物排放所执行标准的确认函。

5）要明确该企业为什么是清洁生产审核的重点企业（第一类还是第二类）。

第3章　评　　估

本阶段是对企业审核重点的原材料、生产过程以及废物的产生进行评估。评估是通过对审核重点的物料平衡、水平衡及能量衡算，分析物料和能量流失的环节，找出污染物产生的原因。查找材料储存、生产运行与管理和过程控制等方面存在的问题，以及与国内外先进水平的差距，以确定清洁生产方案。评估阶段审核程序见图2-8。

评估与预评估的区别在于，预评估需要了解企业所有生产过程，而评估仅仅关心预评估阶段确定的审核重点。

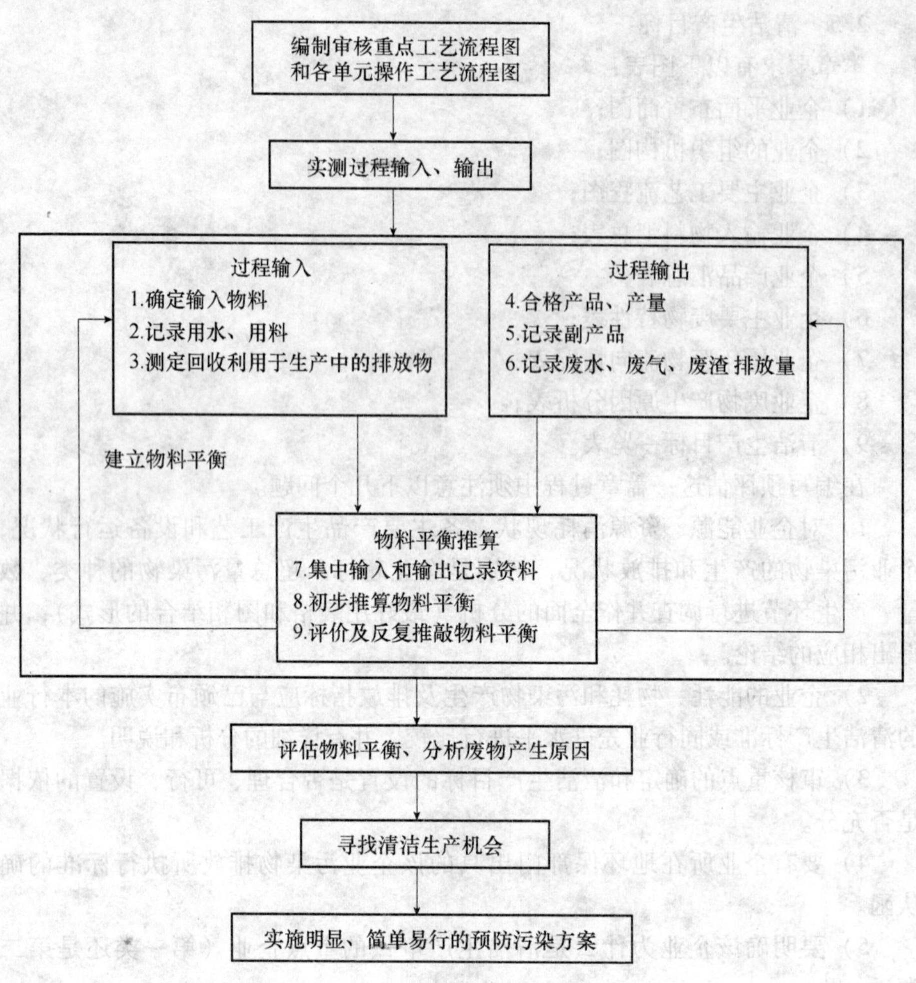

图 2-8　评估阶段审核程序

3.1　审核重点资料准备

3.1.1　收集数据

收集审核重点及其相关工序或工段的有关数据。

1. 历史资料的收集

（1）工艺资料

1）工艺流程图。

2）工艺设计的物料、热量平衡数据。

3）工艺操作手册和说明。

4）设备技术规范和运行维护记录。

5）管道系统布局图。

6）车间内平面布置图。

（2）原材料、产品资料

1）产品的组成及月度、年度产量表。

2）物料消耗统计表。

3）产品和原材料库存记录。

4）原料进厂检验记录。

（3）管理资料

1）年度废物排放报告。

2）废水、废物和废气分析报告。

3）废物管理、处理和处置费用。

4）水费和排污费。

5）废物处理设施运行和维护费。

6）能源费用。

7）车间成本费用报告。

8）生产进度表。

2. 现场调查

1）补充与验证已有数据。

①确定调查日期与周期。

②编制现场调查计划。

③不同操作周期的取样、化验。

④现场提问。

⑤现场考察、记录。

a. 追踪所有物流。

b. 建立以下物流的记录：主要产品、原料及添加剂、废物流。

2）现场调查要求：

①调查时间应与生产周期相协调（如溶液配制、正常生产运行情况、加料、设备清理、溶液处理过程等）；

②同一周期内应不同班次取样；

③现场调查应有组织内外专家、顾问参加，以充分发现问题；

④现场调查越充分，清洁生产的机会就越不易丢失。

3）现场调查典型问题：

①车间产生的废物流主要成分是什么？

②废物流是在哪些环节产生的？
③废物流的数量是多少？
④如何将它们分开？
⑤工厂如何处理这些废物流？
⑥处理这些废物流的费用是多少？
⑦怎样才能防止或减少废物流？
⑧企业实施了哪些措施以提高原材料转化率？
⑨企业有哪些预防污染的措施？
⑩你认为清洁生产的机会是什么？

3.1.2 编制审核重点的工艺流程图

为了全面充分地对清洁生产审核重点进行实测和分析，首先应掌握审核重点的工艺过程和输入、输出物流的情况，并画出清洁生产审核重点的生产工艺流程图。工艺流程图应以方框和箭头的方式，完整地标出工艺过程进入系统的各种物料和产出的产品、副产品、废水、废气、废渣、残渣以及它们的去向等。审核重点可以是一个生产单元，也可以是几个单元或某种物质。审核重点工艺流程如图 2-9 所示。

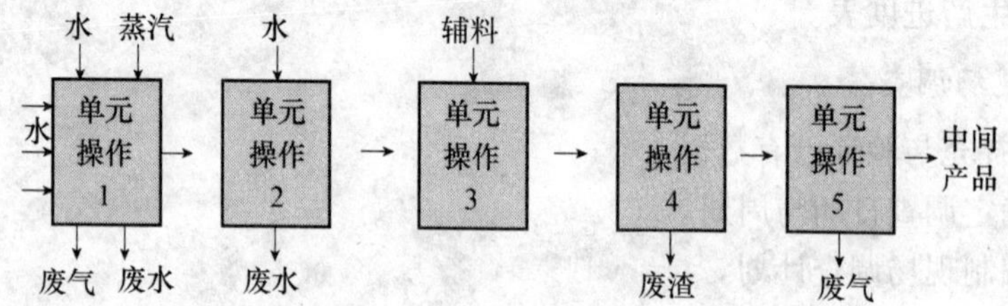

图 2-9 审核重点工艺流程

不同行业可根据行业特点绘制审核重点工艺流程图，如某酒精厂确定的审核重点为酒精生产系统，其工艺、物料流程见图 2-10。

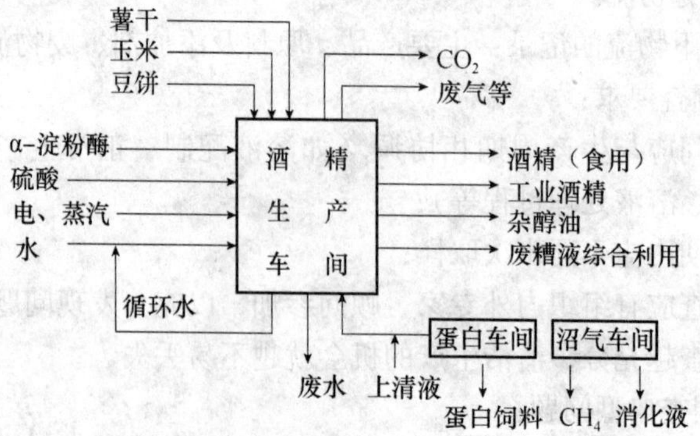

图 2-10 某酒精厂确定的审核重点工艺流程

3.1.3 编制单元操作工艺流程图和功能说明表

当审核重点包含较多的单元操作，而一张审核重点流程图难以反映各单元操作的具体情况时，应在审核重点工艺流程图的基础上，分别编制各单元操作的工艺流程图（标明进出单元操作的输入、输出物流）和功能说明表。图2-11为对应图2-9中单元操作1的工艺流程示意图。表2-10为某啤酒厂审核重点（酿造车间）各单元操作功能说明。

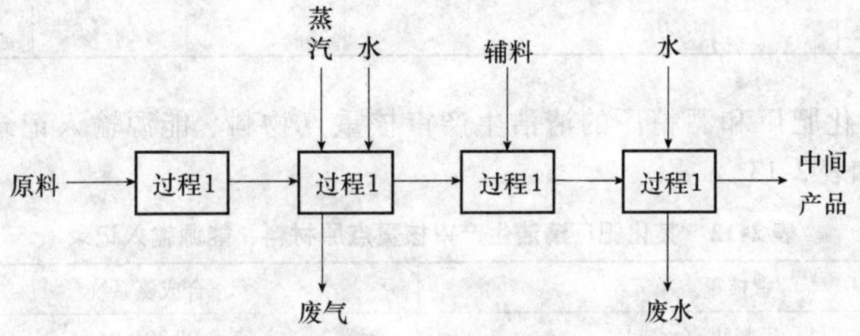

图2-11 图2-9中单元操作1的详细工艺流程

表2-10 某啤酒厂审核重点各单元操作功能说明

单元操作名称	功能简介
粉碎	将原辅料粉碎成粉、粒，以利于糖化过程物质分解
糖化	利用麦芽所含的酶，将原料中高分子物质分解制成麦汁
麦汁过滤	将糖化醪中原料溶出物质与麦糖分开，得到澄清麦汁
麦汁煮沸	灭菌、灭酶、蒸出多余水分，使麦汁浓缩至要求浓度
旋流澄清	使麦汁静置，分离出热凝固物
冷却	析出冷凝固物，使麦汁吸氧、降到发酵所需温度
麦汁发酵	添加酵母，发酵麦汁成酒液
过滤	去除残存酵母及杂质，得到清亮透明的酒液

3.2 确定物料输入输出

3.2.1 物料输入

清洁生产审核重点的原辅材料及能源消耗等数据的获得，对产品生产相对稳定的企业（如化工、石油化工、冶金等企业），可以采取从月报表经核实取其平均值的方法。对产品生产变化较大的企业（如印染企业），应选择生产量相对较大的具有代表性的产品的数据。如数据不完整应进行实测，实测要在生产周期内生产正常的情况下进行，数据要有代表性。通常物料输入量的记录方式如表2-11所示。

表2-11　审核重点物料、能源输入记录

生产操作单元名称	原料用量（t/年）				水（t/年）	电（kW·h/年）	汽（t/年）
	原料1	原料2	原料3	原料4			

如某化肥厂和酒精厂的清洁生产审核重点物料、能源输入记录分别见表2-12和表2-13。

表2-12　某化肥厂清洁生产审核重点原材料、能源输入记录

审核重点单元	合成氨系统
原料煤（t/年）	98 391.94
燃料煤（t/年）	35 491.0
合成催化剂（t/年）	16
中变催化剂（t/年）	10
低变催化剂（t/年）	37
脱硫剂（t/年）	307.7
活性炭（t/年）	259.8
水处理药剂（t/年）	4.56
工艺用电（kW·h/年）	100 392 455

表2-13　某酒精厂清洁生产审核重点原材料、能源输入记录（kg/t 酒精）

单元操作	原料用量				水	电(kW·h)	蒸汽	其他
	物料	数量	物料	数量				
破碎	红苄片	2 950	—	—	—	81.8	—	—
供料	瓜干粉	2 932	淀粉酶	1.1	10 262	17.6	—	—
蒸煮	料浆	13 195.1	蒸汽	1 852	—	16.1	1 852	—
糖化	蒸煮醪	14 105.1	液体曲	261.1	—	12.4	—	—
发酵	糖化醪	13 364.9	酒母	1 003.7	351	0.6	125	青霉素
蒸馏	发酵醪	13 471.8	蒸汽	3 756	—	18.8	3 756	—
酒母	糖化醪	1 001.3	硫酸	2.4	—	0.5	1 875	—
液体曲	玉米	13.3	豆饼	4.8	243	1.3	201	—
空压机	空气	120m^3	—	—	67.2	—	—	—

水是许多生产过程中的输入物料，主要用于反应、冷却、清洗、洗涤等各个生产环节，可按用途将用水量列出，见表2-14。

表2-14　清洁生产审核重点用水情况

审核重点单元名称	用水分配（t/年）				小计	总计
	工艺	清洗	冷却	配料		

如某酒精厂清洁生产审核重点用水情况见表2-15。

表2-15　某酒精厂清洁生产审核重点用水情况　　（kg/t 酒精）

序号	单元操作	清洗	蒸汽	配料	冷却	其他
1	破碎					
2	供料	64		10 262		
3	蒸煮	28	1 852		34 413	
4	糖化	46			31 320	
5	发酵	143. 2	125		43 782	罐底冲洗水 351
6	蒸馏		3 756		42 288	
7	酒母	42	187. 5		8 154	
8	液体曲	83. 3	201	243	2 414	
9	空压机				1 820	

3. 2. 2　物料输出

由清洁生产审核重点输出的物料中有产品、副产品或中间产品，根据生产报表统计或实际测定，可将收集的数据填入表2-16。

表2-16　审核重点物料输出　　（t/年）

操作单元名称	产品			副产品		中间产品	
	产品1	产品2	…	副产品1	…	中间产品1	…

清洁生产审核重点还会产生废水、废气、废渣等废物，有关数据可分别记录在表2-17、表2-18、表2-19 中。

表 2-17　审核重点废水排放情况汇总

操作单元名称	废水名称	废水排放量（m^3/h）	废水组分及排放量		去向
			组分	排放量（kg/年）	

表 2-18　审核重点废气排放情况汇总

操作单元名称	废气名称	废气排放量（m^3/h）	废气组分及排放量		去向
			组分	排放量（kg/h）	

表 2-19　审核重点废渣排放情况汇总

操作单元名称	废渣名称	产生量（t/年）	主要成分	回用量（t/年）	贮存量（t/年）	运离现场量（t/年）	备注

对于废渣，除记录排放量和污染物主要组分以外，还应记录综合利用或处理（处置）量，对于毒性比较大又难以处理的废渣要特别加以注明。

物料的输入和输出亦可在审核重点的流程图中标出，如纺织印染企业可在工艺流程图中标出染色工序物料的输入和输出如图 2-12 所示。

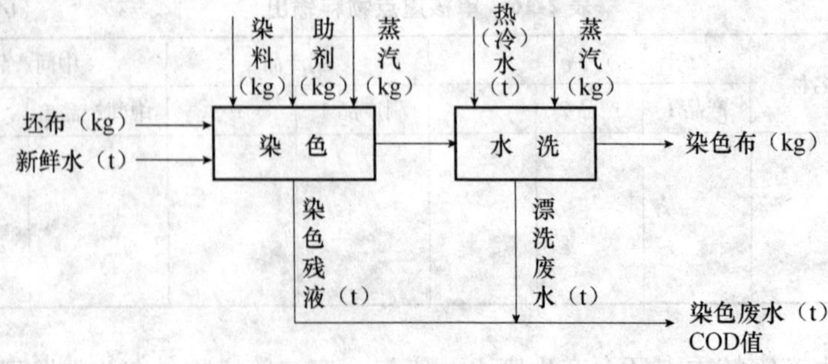

图 2-12　某纺织印染厂染色工艺流程

3.3 建立物料平衡和主要污染因子平衡

建立物料平衡是为了准确地判断审核重点的物流量，定量地确定产品和废物的数量、成分以及去向，分析减少废物的产生量和排放量的可能性，为制订清洁生产方案提供科学的依据。

3.3.1 进行预平衡测算

根据实测或核算的输入、输出的数据，首先按图 2-13 的形式进行生产单元的预平衡测算。通过预平衡测算，可以核对出物料的投入、产出量。

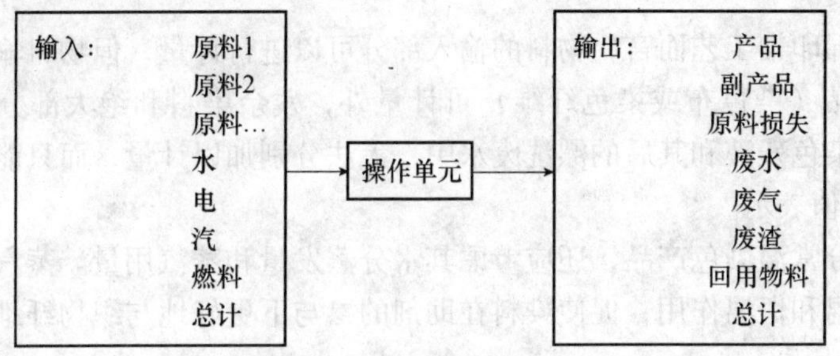

图 2-13 审核重点物料输入和输出汇总

1）如果输入大于输出，就要寻找潜在的物料损失量或废物排放量（如蒸发、泄漏等）。

2）如果输出大于输入，就要考虑是否忽略了某些输入量。

3）在考虑了以上两步后，如果输入与输出总量相差仍在 5% 以上，则必须检查造成较大误差的原因，重新进行实测和物料平衡。

行业不同，确定审核重点物料输入和输出的方式亦不相同。如对纺织行业，不论是棉纺织产品还是毛纺织产品，根据市场的要求，当使用不同的染料和助剂时，在同一设备中可生产出不同颜色和品种的产品。因此，确定物料的输入和输出时，应选择有一定生产数量、有一定代表性的产品，作为物料衡算对象。如在棉纺织染色工艺中，其物料输入与输出可进行如下选择。

1）物料输入：①经处理后的坯布；

②多种染料（通常由不同染料拼色而成）；

③多种助剂（包括匀染剂、缓染剂、渗透剂、固色剂、表面活性剂等）；

④新鲜水（包括染液配制及各种漂洗水）；

⑤蒸汽（染色过程加热或漂洗加热等）。

2）物料输出：①染色后的染色布；

②染色残液（COD 值）；

③漂洗水量（COD 值）。

同时按表 2-20 进行记录。

表 2-20　审核重点物料输入输出

物料输入		物料输出	
名称	数量	名称	数量

对于棉印染工艺而言，物料的输入部分可以进行计量，但物料输出部分除了染色产品（染色布或染色纤维）可计量外，残余染料和绝大部分染色助剂均残留在染色残液和其后的漂洗废水中，无法分别加以计量，而只能以废水量和其 COD 值表示。

对部分常温染色产品，还应考虑其水分蒸发量和蒸汽用量。蒸汽在染色过程中起加温和恒温作用，促使染料在助剂的参与下更好地与织物纤维产生物理化学反应。

如某化肥企业合成氨系统的物料输入和输出汇总见表 2-21。

表 2-21　合成氨系统物料的输入和输出汇总

输入			输出		
物料名称	单位	数量	物料名称	单位	数量
原料煤	t/年	98 391.9	合成氨	t/年	68 387
燃料煤	t/年	35 491.0	炉渣	t/年	22 500
合成催化剂	t/年	16	废催化剂	t/年	63
中低变催化剂	t/年	37	废气	t/年	1 849 470
甲醇催化剂	t/年	10	废水	t/年	3 419 350
空气	t/年	1 087 700	—	—	—
水	t/年	4 238 125	—	—	—
合计	t/年	5 459 770.9	合计	t/年	5 359 770

3.3.2　建立物料平衡图

在预平衡测算的基础上，根据生产工艺流程图绘出物料平衡图。当每个工序都有物料输入输出，而且产品是由多个工序陆续完成时，其物料平衡图如图 2-14所示。物料平衡图可直观地反映出生产过程中的投入、产出。

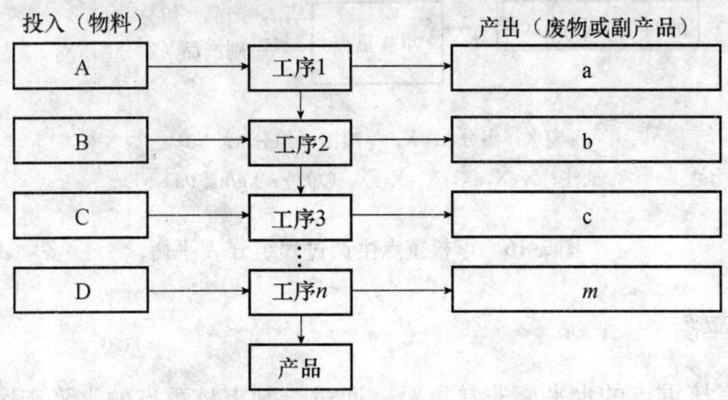

图 2-14　清洁生产审核重点物料平衡

某石油化工厂乙醛氨化法醋酸生产装置的物料平衡如图 2-15 所示。

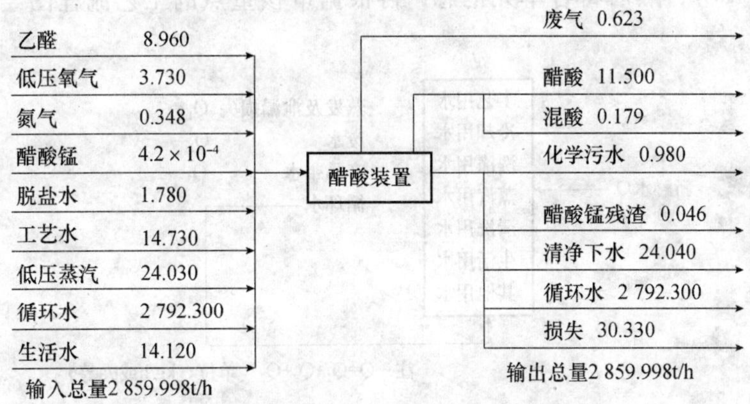

图 2-15　某石油化工厂乙醛氨化法醋酸生产装置物料平衡

3. 3. 3　主要组分平衡

通过绘制物料流程图和清洁生产审核重点物料输入输出汇总表，可以对物料利用和废物产生情况有一个比较详细的了解。有时为了弄清楚物料中主要组分的利用和流失情况，在数据比较完整的情况下，可以专门对主要组分作物料衡算，如冶金行业的金属平衡图和氮肥行业的氨平衡图等。主要组分平衡图还有助于了解物料收率和分配情况。如审核重点生产过程组分 A 的物料平衡如图 2-16 所示。

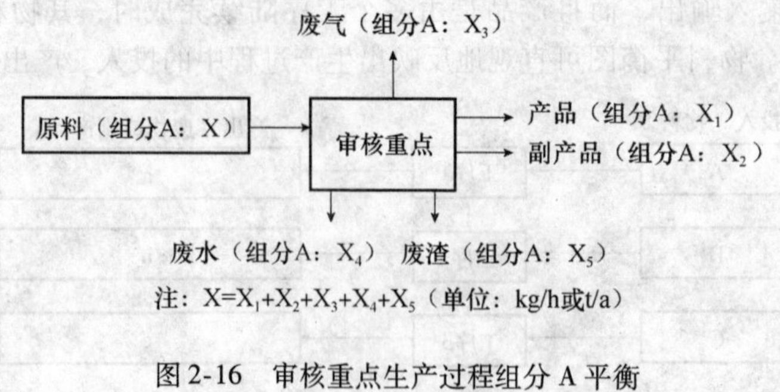

图 2-16　审核重点生产过程组分 A 平衡

3.3.4　水平衡

做好审核重点的水平衡非常重要，通过绘制审核重点的水平衡图，可以查找生产过程中不合理的用水情况。如果审核重点流程简单，可直接根据工艺流程图绘出水平衡图；但如果审核重点流程复杂，则可先绘制各单元水预平衡图（见图 2-17），然后将各单元汇总，再根据审核重点的工艺流程图绘出水平衡图。

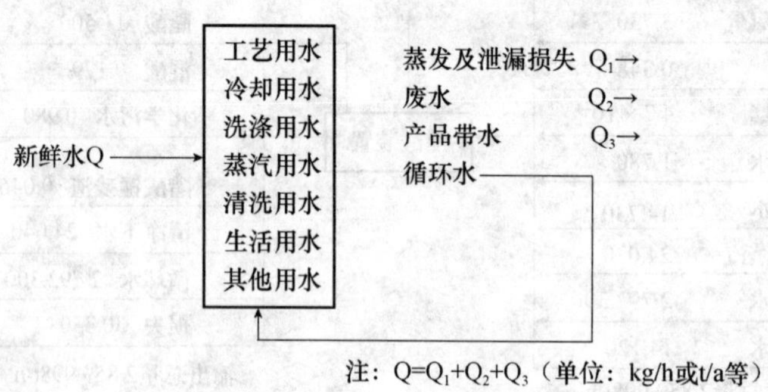

图 2-17　审核重点水预平衡测算

不同行业的水平衡图绘制方法有所不同。例如，冶金行业某冷轧薄板厂水平衡如图 2-18 所示。

纺织印染行业是耗水量较大的工业部门之一。各类织物在前处理工艺或印染工艺过程中虽有少量纤维损失，但其数值很小，属于正常损耗。因此，在物料平衡图中不作织物原料的平衡图，而作水量平衡图。因为印染工艺主要是以水为媒介的湿法生产工艺，排放的印染废水是主要污染源，减少废水排放量和污染物排放量是印染行业实施清洁生产的主要目标。如某印染厂审核重点染色工艺过程水量平衡如图 2-19 所示。

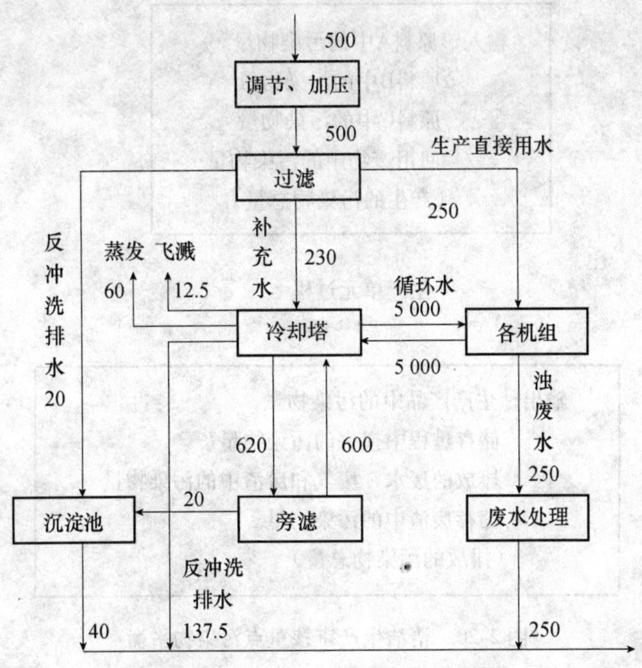

图 2-18　某冷轧薄板厂水量平衡　（m^3/h）

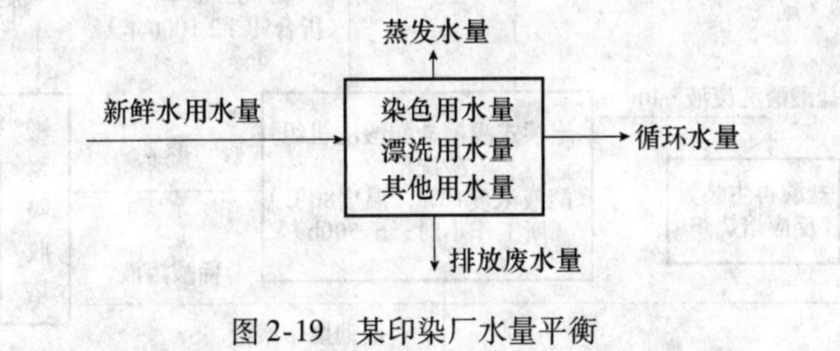

图 2-19　某印染厂水量平衡

（图中循环水量是指一些企业在漂洗工序中采用逆流漂洗工艺的用水量）

3.3.5　主要污染因子平衡

在完成物料平衡和水平衡的基础上，在监测数据比较完整的情况下，可以对主要污染物作物料平衡，尤其是那些在处理费用、环境影响及安全与健康等方面存在较大问题的污染物。生产单元污染因子平衡可以按图 2-20 所示的形式进行。当污染物排入大气或在生产过程中又发生了化学反应时，应在图上注明。

冶金行业某冷轧薄板厂酸洗机组和盐酸再生装置的盐酸平衡如图 2-21 所示。

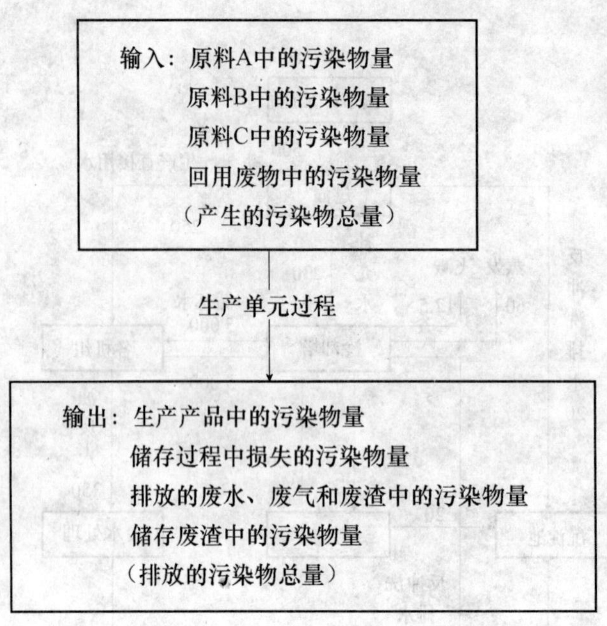

图 2-20　清洁生产审核重点污染物平衡

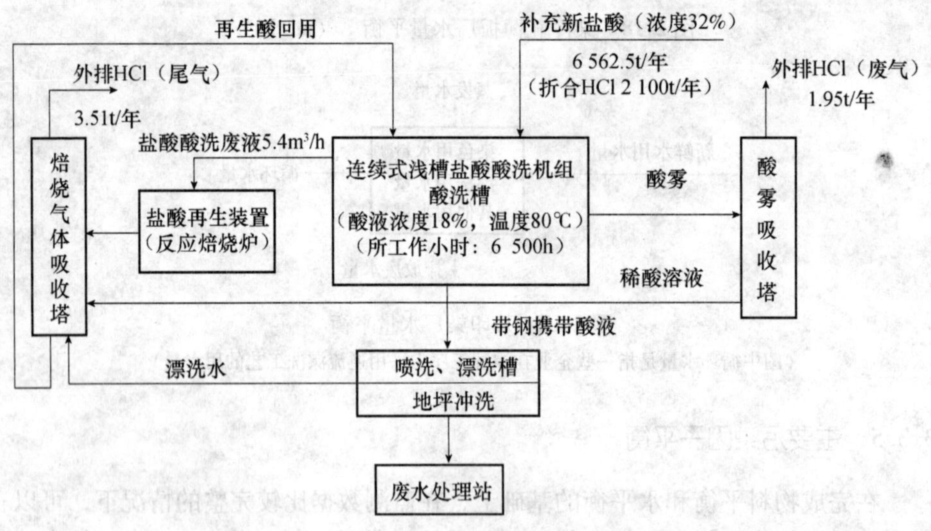

图 2-21　某冷轧薄板厂酸洗机组和盐酸再生装置的盐酸平衡

3. 3. 6　能量平衡

当某些行业某些生产过程的能耗与节能降耗成为主要问题时，应根据审核需要建立能量平衡图，以找出能源利用的不合理之处。某石油化工厂苯二甲酸车间乙醛装置能量平衡如图 2-22 所示。

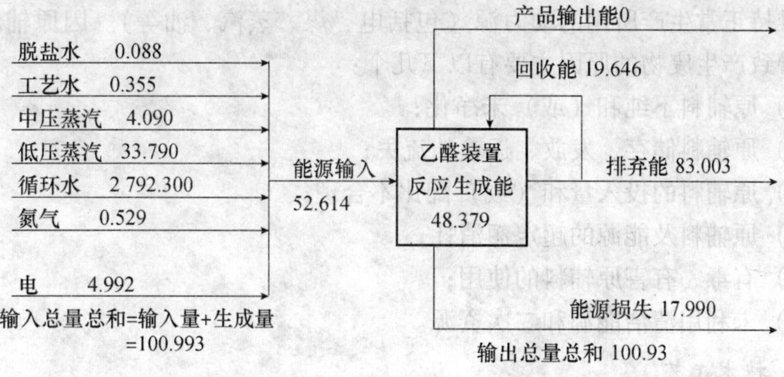

图 2-22 某石油化工厂苯二甲酸车间乙醛装置能量平衡 (kJ/h)

3.4 废物产生原因分析

3.4.1 对物料平衡的评估

1）实测的数据质量是否可靠，数量是否充足。

2）输入总量是否等于输出总量，误差有多大。一般说来，如果输入总量与输出总量之间的误差在5%以内，则可以用物料平衡的结果进行随后的有关评估与分析；反之，则须检查造成较大误差的原因，重新进行实测和物料平衡。

3）分析影响物料平衡的各种因素，寻找主要的、关键性的问题和废物流产生的环节及部位。

3.4.2 生产过程评估

生产过程评估如图 2-23 所示。

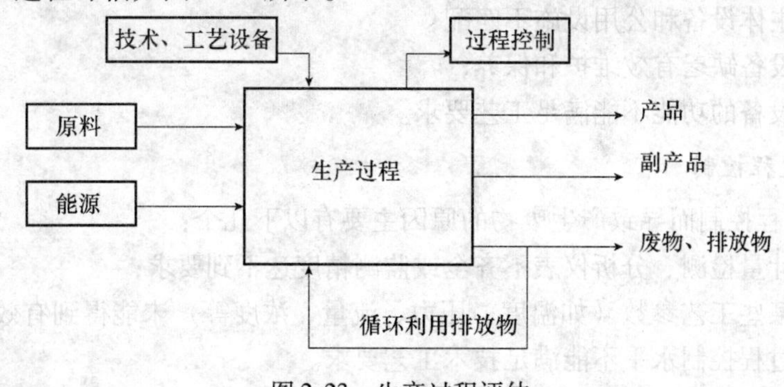

图 2-23 生产过程评估

1. 原辅料和能源

原辅料指生产中主要原料和辅助用料（包括添加剂、催化剂、水等）；能源指维持正常生产所用的动力源（包括电、煤、蒸汽、油等）。因原辅料及能源而导致产生废物的原因主要有以下几个：

1）原辅料不纯和（或）未净化；

2）原辅料储存、发放、运输的流失；

3）原辅料的投入量和（或）配比不合理；

4）原辅料及能源的超定额消耗；

5）有毒、有害原辅料的使用；

6）未利用清洁能源和二次资源。

2. 技术工艺

因技术工艺而导致产生废物的原因主要有以下几个：

1）技术工艺落后，原料转化率低；

2）设备布置不合理，无效传输线路过长；

3）反应及转化步骤过长；

4）连续生产能力差；

5）工艺条件要求过严；

6）生产稳定性差；

7）需使用对环境有害的物料。

3. 设备

因设备而导致产生废物的原因主要有以下几个：

1）设备破旧、漏损；

2）设备自动化控制水平低；

3）有关设备之间配置不合理；

4）主体设备和公用设施不匹配；

5）设备缺乏有效维护和保养；

6）设备的功能不能满足工艺要求。

4. 过程控制

因过程控制而导致产生废物的原因主要有以下几个：

1）计量检测、分析仪表不齐全或监测精度达不到要求；

2）某些工艺参数（如温度、压力、流量、浓度等）未能得到有效控制；

3）过程控制水平不能满足技术工艺要求。

5. 产品

产品包括审核重点内生产的产品、中间产品、副产品和循环利用物。因产品而导致废物产生的原因主要有以下几个：

1）产品储存和搬运中的破损、漏失；
2）产品的转化率低于国内外先进水平；
3）不利于环境的产品规格和包装。

6. 废物

因废物本身具有的特性而未加利用导致产生废物的原因主要有以下几个：
1）对可利用废物未进行再利用和循环使用；
2）废物的物理化学性状不利于后续的处理和处置；
3）单位产品废物产生量高于国内外先进水平。

7. 管理

因管理而导致产生废物的原因主要有以下几个：
1）有利于清洁生产的管理条例、岗位操作规程等未能得到有效执行；
2）现行的管理制度不能满足清洁生产的需要；
①岗位操作规程不够严格；
②生产记录（包括原料、产品和废物记录）不完整；
③信息交换不畅；
④缺乏有效的奖惩办法。

8. 员工

因员工而导致废物产生的原因主要有以下几个：
1）员工的素质不能满足生产需求。
①缺乏优秀管理人员；
②缺乏专业技术人员；
③缺乏熟练操作人员；
④员工的技能不能满足本岗位的要求。
2）缺乏对员工主动参与清洁生产的激励措施。

3.5 提出与实施无/低费方案

主要针对审核重点提出并实施明显的、简单易行的清洁生产无/低费方案。

3.6 本阶段报告的编写要求及应注意的问题

本阶段报告的编写应包括以下几个方面的内容。

第3章 评估

3.1 审核重点概况

包括审核重点的工艺流程图、工艺设备流程图和各单元操作流程图。

3.2 输入输出物流的测定

3.3 物料平衡

3.4 废物产生原因分析

本章要求有如下图表：

1）审核重点平面布置图；

2）审核重点组织机构图；

3）审核重点工艺流程图；

4）审核重点各单元操作工艺流程图；

5）审核重点单元操作功能说明表；

6）审核重点工艺设备流程图；

7）审核重点物料实测准备表；

8）审核重点物料实测数据表；

9）审核重点物料流程图；

10）审核重点物料平衡图；

11）审核重点废物产生原因分析表。

在编写评估这一篇章过程中须注意以下几个问题。

1）审核重点要介绍清楚（工艺流程、单元操作、产排污节点、组织机构等相关信息）。

2）应对审核重点建立相应的物料平衡、水平衡、热平衡等，如是第二类企业，还应有有毒有害元素的平衡。各项平衡应与企业实际生产过程、污染物的产生和排放情况相一致，数据可靠、有效。

3）对废物的产生原因要进行充分的分析和说明。

第4章 方案产生和筛选

本阶段的任务是根据审核重点的物料平衡和废物产生原因分析结果，制定污染物控制中、高费用清洁生产方案，并对其进行初步筛选，确定出3个以上最有可能实施的方案，供下一阶段进行可行性分析。本阶段工作内容和工作程序如图2-24所示。

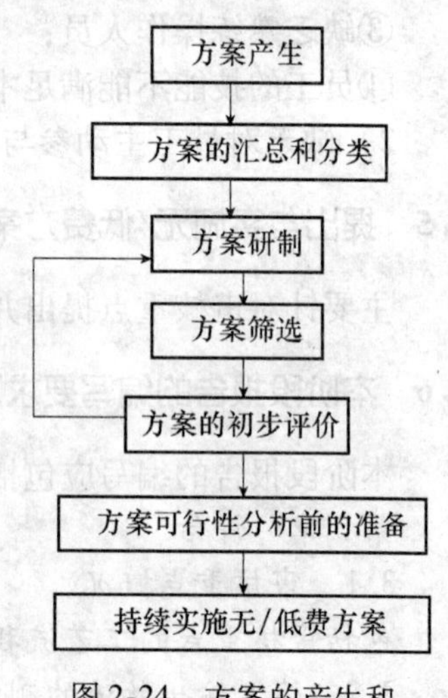

图2-24 方案的产生和筛选工作程序

4.1 方案产生

清洁生产方案的数量、质量和可实施性直接关系到组织清洁生产审核的成效，是审核过程的一个关键环节，因而应广泛发动群众征集、产生各类方案。

4.1.1 广泛采集，创新思路

在全组织范围内利用各种渠道和多种形式进行宣传动员，鼓励全体员工提出清洁生产方案或合理化建议。通过实例教育，克服思想障碍，制定奖励措施以鼓励创造性思想和方案的产生。

4.1.2 根据物料平衡和废物产生原因分析产生方案

进行物料平衡和废物产生原因分析的目的就是要为清洁生产方案的产生提供依据，因而方案的产生要紧密结合分析结果，只有这样才能使产生的方案具有针对性。

4.1.3 广泛收集国内外同行业先进技术

类比是产生方案的一种快捷、有效的方法。应组织工程技术人员广泛收集国内外同行业的先进技术，并以此为基础，结合本组织的实际情况，制订清洁生产方案。

4.1.4 组织行业专家进行技术咨询

当组织利用本身的力量难以完成某些方案时，可以借助外部力量，组织行业专家进行技术咨询，这对启发思路、畅通信息将会很有帮助。

4.1.5 全面系统地产生方案

清洁生产涉及组织生产和管理的各个方面，虽然物料平衡和废物产生的原因分析将大大有助于方案的产生，但是在其他方面可能也存在着一些清洁生产机会，因而可从影响生产过程的8个方面全面系统地产生方案。

4.1.6 常见备选方案

本章所述的中/高费用清洁生产备选方案的制订是在评估阶段已经完成、无/低费方案已经实施或即将实施的基础上进行，一般可从以下几个方面考虑。

（1）原材料替代备选方案（影响生产工艺流程和设备的选型）

1）无毒无害。

2）重复利用或综合利用。

（2）技术改造备选方案

1）减少工艺流程中的单元操作（工序）和所用设备（烦琐的工艺往往会增加“废物”的排放）。

2）实现连续操作，减少开车、停车的不稳定状态，提高自动化水平（不

稳定的情况会造成不合格的产品，增加废料的排放）。

3）提高单元操作设备的生产能力，强化生产过程。

4）更换设备。

(3) 产品更换备选方案

1）更换产品及其包装（减少物料、能源的消耗）。

2）改进产品设计，增强产品的使用寿命和稳定性（防火、防爆、防毒、防高温、耐高压、防冲击、防潮、防湿、需冷藏等特性）。

(4) 废物回收利用备选方案

1）实现物料的闭路循环利用。

2）增加废料转化为资源的机会（使废料以副产品的形式出厂或成为另一个组织的原材料）。

4.2 分类汇总方案

对所有的清洁生产方案，不论是已实施的还是未实施的，不论是属于审核重点的还是不属于审核重点的，均按原辅材料和能源替代、技术工艺改造、设备维护和更新、过程优化控制、产品更换或改进、废物回收利用和循环使用、加强管理、员工素质的提高以及积极性的激励等 8 个方面列表简述其原理和实施后的预期效果。

将方案汇总后分类，可列表予以说明（见表 2-22），包括方案的内容、预计投资费用及可能取得的效果等。

表 2-22　清洁生产方案汇总

方案类型	方案编号	方案名称	方案内容简介	预计投资	预计效益	
					环境效益	经济效益
原辅材料和能源						
工艺技术改造						
过程优化						
设备维护和更新						
废物回收利用和循环使用						
员工素质的提高						
加强管理						
产品更换或改进						

由于这些清洁生产方案投资不同，效益也不同，一般情况下，企业不可能同时实施所有方案，为此，审核小组成员还要对这些方案按投资大小和实施难易程度进行分类。

从投资大小和实施难易程度角度来看，清洁生产方案可分无/低费方案、中费方案和高费方案。

（1）无/低费方案

这是明显、简单易行、经济合理的方案。此类方案主要针对管理方面的问题，可以通过加强生产管理、资源节约、设备维修及注意贮运过程中的物料损失等来实现。这类方案一般不需要很多的投资，时间短、见效快。而且无/低费方案从预评估阶段开始可以持续发现并实施，可以很快获得明显的经济和环境效益。此类方案投资一般在3万元以下。

（2）中费方案

相对无/低费方案而言，此类方案比较复杂，需要一定的投入，如设备革新、工艺过程中某个环节的技术改造、工艺过程优化、增加某些辅助设备和资源综合利用等。这类方案通常是对生产工艺过程中的局部环节进行改造，需要一定的时间和投入才能完成。此类方案一般投资在3万~30万元。

（3）高费方案

此类方案是需要较高的投资和较长时间才能完成的方案，如重点或关键设备的购置、整个生产工艺的改进、原辅材料的替代和产品的改变等。这类方案投资高，涉及范围较广，投资偿还期较长，必须进行技术、环境、经济可行性分析后再作决定。此类方案一般投资在30万元以上。

4.3 方案的筛选

是否采用一项需较大投资的工程技术方案，往往要作可行性研究才能确定。由于可行性研究花费较大，不可能对所有清洁生产方案都进行可行性分析，应先进行初步筛选后，再从中推荐3个以上可行性比较明显的方案供下一阶段可行性分析。

4.3.1 筛选方法

（1）简易的初步筛选方法

由组织领导人、技术人员和现场操作工人以及厂内外工艺技术专家共同根据技术可行、环境效果、经费投资与效益等条件进行择优排序，如表2-23所示。

表 2-23　简易的初步筛选结果

筛选因素	备选方案						
	F1	F2	F3	F4	F5	F6	F7
环境可行性	√	√	×	√	√	√	×
经济可行性	√	√	√	√	√	×	√
技术可行性	×	√	√	√	√	×	×
可实施性	×	√	×	√	√	√	√
结论	×	√	×	√	√	×	×

注：√可以入选可行性分析的方案；×不能入选可行性分析的方案。

从表 2-23 可以看出，F2、F4、F5 三个方案从技术、环境、经济等三个方面都是可行的，因此这三个方案经初步评价排序后，可进入可行性分析。

（2）权重总和计分排序筛选方法

这里的权重总和计分排序法与确定审核重点时所用的方法相同，其权重因素和权重（W）值可参照以下标准设定。

1）环境可行性：减少废物，有毒有害物的排放量；或使其改变组分，易降解、易处理，减小有害性（如毒性、易燃性、反应性、腐蚀性等）；减小对工人安全和健康的危害，以及其他不利环境影响；遵循环境法规，达到环境标准；$W=8\sim10$。

2）经济可行性：减少投资，降低加工成本，降低工艺运行费用，降低环境责任费用（排污费、污染罚款、事故赔偿费）；物料或废物可循环利用或回用，产品质量提高；$W=7\sim10$。

3）技术可行性：技术成熟，技术水平先进，可找到有经验的技术人员；国内同行业有成功的例子，运行维修容易；$W=6\sim8$。

4）可实施性：对组织当前正常生产以及其他生产部门影响小，施工易，周期短，占空间小，工人易于接受；$W=4\sim6$。

用权重总和计分排序法筛选结果如表 2-24 所示。

表 2-24　方案的权重总和计分排序

权重因素	权重（W）	方案得分								
		方案 1		方案 2		方案 3		…	方案 n	
		R	$R\cdot W$	R	$R\cdot W$	R	$R\cdot W$		R	$R\cdot W$
环境效果										
经济可行性										
技术可行性										
总分（$\sum R\cdot W$）										
排序										

4.3.2　汇总筛选结果

按可行的无/低费方案、初步可行的中/高费方案和不可行方案列表汇总方案的筛选结果。

4.4　继续实施无/低费方案

在方案筛选过程中，对于那些投资较少、见效较快的无/低费方案要继续实施，同时将自开展预评估阶段以来提出的所有无/低费方案实施效果进行统计分析，还可与末端治理效果进行列表比较，向企业职工进行宣传，使他们认识到审核重点污染物的削减不仅有明显的环境效益，而且也有明显的经济效益，与单纯消耗资源的末端治理方法有根本不同，以调动他们参与企业清洁生产工作的积极性。

实施无/低费方案效果统计见表2-25。

表2-25　实施无/低费方案效果统计

方案序号	方案名称	投资（I）（万元）	运行费（R）（万元）	削减污染物量（W）					节约和回收物料（含水和能源）的效益（E）（万元/a）
				W_1	W_2	W_3	…	W_n	
1									
2									
3									
…									
n									

注：W_1，W_2，W_3，…为实际的某污染物种类的削减量。

表2-26是几个企业清洁生产和末端治理污染物的削减费用对比。

表2-26　几个企业清洁生产和末端治理污染物的削减费用对比

组织名称	清洁生产无/低费方案削减污染物的费用	末端治理削减污染物的费用
某啤酒厂	0.58元/kgCOD	1.63元/kgCOD
某海藻工业公司	0.3元/kgCOD	2.12元/kgCOD
某造锁总厂	0	71.4元/kg重金属
某制革厂	0	0.93元/kgCOD

由表2-27中可以清楚地看出，清洁生产的费用大大低于末端治理费用。

4.5　本阶段报告的编写要求及应注意的问题

第4章　方案产生和筛选

4.1　方案汇总

包括所有的已实施、未实施以及可行、不可行的方案。

4.2　方案筛选

4.3　无/低费方案的实施效果分析

本章要求有以下图表：

1）方案汇总表；

2）（若实际使用的话）方案的权重总和计分排序表；

3）方案筛选结果汇总表；

4）方案说明表；

5）无/低费方案实施效果的核定与汇总表。

在编写方案产生和筛选这一篇章过程中须注意以下几个问题。

1）应根据审核重点的各项平衡和废物产生原因分析的结果，制订出污染物控制中/高费用备选方案，并对其进行筛选，确定出 3 个以上最有可能实施的方案，供下一阶段进行可行性分析。

2）在进行分类汇总分析时，建议使用柱状图或饼图等表现形式，这样能更直观地表达出各类方案的类别及所占的比例。

3）无/低费方案要符合企业的实际情况，有针对性，切忌照抄照搬，脱离企业的实际生产情况。

4）制订的中/高费方案一定要与审核重点及完成设定的清洁生产目标相互对应。

第 5 章　可行性分析

本阶段对筛选出来的污染预防的备选方案进行综合分析，包括环境评估、技术评估和经济评估。可行性分析阶段工作程序如图 2-25 所示。

通过对方案的分析比较，以选择技术上可行又获得经济和环境最佳效益的方案供投资者进行科学决策，以得到最后实施的污染预防方案。

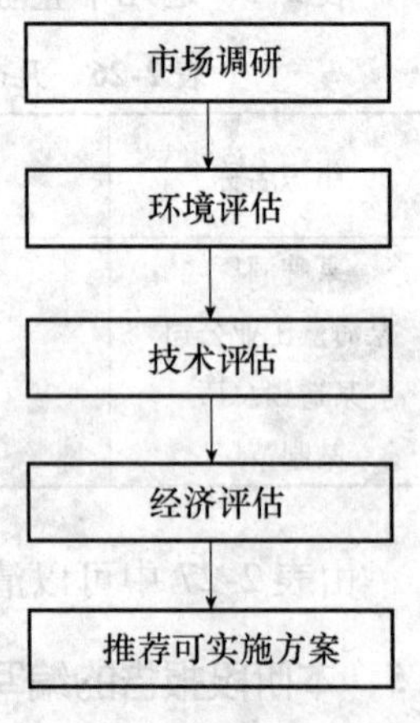

图 2-25　可行性分析阶段工作程序

5.1　环境评估

清洁生产方案都应该有显著的环境效益，但也要防止在实施后对环境有新的影响，因此对一些复杂方案和设备、生产工艺变更、产品替代、原材料替代等清洁生产方案，必须进行环境评估，评估内容如下：

1）生产中废物排放量的变化；

2）污染物组分、毒性的变化，可否降解；

3）有无污染物在介质中的转移；

4）有无二次污染或交叉污染；

5）废物/排放物是否回用、再生或可利用；

6）生产安全的变化（防火、防爆）；

7）对操作人员身体健康的影响；

8）方案实施后能否满足作为重点企业开展清洁生产审核的要求。

5.2 技术评估

技术评估的目的是说明方案中所选出的技术与国内外相比有其先进性，在本组织生产中有实用性，而且在具体技术改造中有可行性和可实施性。技术评估内容如下：

1）技术的先进性（与国内外先进技术对比分析）；

2）技术的安全性、可行性；

3）技术的成熟程度，有无实施的先例；

4）产品质量能否保证；

5）对生产能力的影响（生产率、生产量、生产质量、劳动强度和劳动力等）；

6）对生产管理的影响（操作规程、岗位责任制、生产检测能力、运行维护能力等）；

7）操作控制的难易；

8）设备的选型和维修要求；

9）人员的数量和培训要求；

10）许可证的申请；

11）工期长短，是否要求停工停产；

12）有无足够的空间安装新的设备；

13）能否得到现有公共设施的服务（包括水、汽、热、电力等能耗要求）；

14）是否需要额外的贮运设施与能力。

5.3 经济评估

经济评估是对清洁生产方案的综合性进行全面的经济分析，它应在方案通过技术评估和环境评估后再进行，否则不必进行方案的经济评估。

经济评估主要是计算方案实施时所需各种费用的投入和所节约的费用以及各种附加的效益，通过分析比较以选择最少耗费和取得最佳经济效益的方案，为投资决策提供科学的依据。

经济评估的基本目标是要说明资源的利用优势，它以项目投资所能增加的效益为评价内容。经济评估涉及的评价指标主要包括以下几个方面（如图2-26所示）。

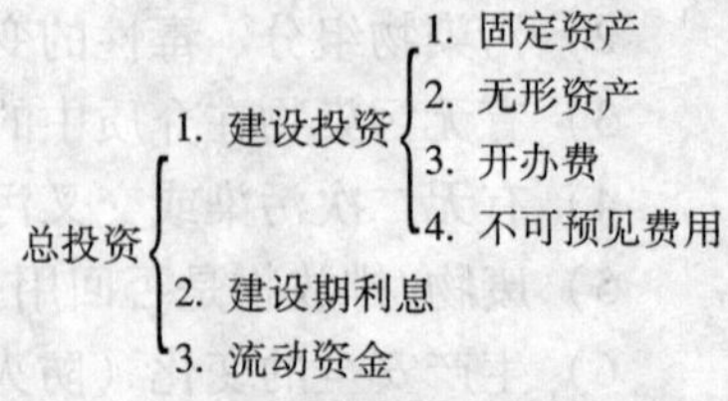

图2-26　经济评估涉及的评价指标

1. 总投资

总投资分项组成说明如下。

（1）建设投资

1）固定资产投资。属于本项目的有以下分项。

①设备购置：清洁生产方案所需要的所有设备（包括生产、化验、监控、储运等），费用含买价以及采购环节的税、运费、保验费、备件等。

②物料和场地准备：包括电气物料、管线、保温及场地拆除清扫、新设备配套的建筑物（车间、实验室、监控室、仓库等）。费用含建筑材料成本、施工单位工资和管理费用等。

③与公用设施连接费（配套工程费）：包括电、蒸汽、冷却水、工艺用水、制冷、燃料、压缩空气、惰性气体等费用。

④设备安装：包括支付工程承包商及内部的安装费用。

2）无形资产投资。指项目长期使用的无形资产（无实物形态）。属于本项目的有以下分项。

①专利或技术转让费。

②土地使用费：项目需征地时应付的费用。

③增容费：项目需增加水、电、汽等增容和城市建设配套费等。

3）开办费。指项目筹办期间的费用。属于本项目的有以下分项。

①项目前期费用：包括工程咨询、调研、方案初步设计、环境影响评价、可行性研究等项的支出。

②筹建管理费：筹建人员的工资、办公费及其他。

③人员培训费。

④试车和验收的费用：试车消耗的原材料、化学品、人工和动力的费用以及验收的费用。

⑤工程管理费：用于监督工程质量和协调解决工程中发生问题的管理费用。

4）不可预见费。指预算中未列的费用。

（2）建设期利息

建设期利息指项目贷款在建设期中的利息，项目竣工时，应计入固定资产值。

（3）流动资金

流动资金指为项目启动需增加的原料、物料等费用。由于进行技术改造引起资金较原生产线所需有所增加，计算时需要区别哪些是由于方案改造所增加的流动资金，哪些是方案改造前原来所需的流动资金。在投资汇总中，只考虑前者。流动资产可以由以下分项计算得出：

1）原材料，燃料占用资金的增加；

2）在制品占用资金的增加；

3）产成品占用资金的增加；

4）库存现金的增加；

5）应收账款的增加；

6）应付账款的增加。

2. 总投资费用

在对项目有政策补贴或其他来源补贴的时候，总投资费用（I）可用下式计算

投资总费用 = 投资汇总 – 总补贴

3. 年运行费用总节省金额

由于部分设备的改造导致年运行费用总节省金额（P）的来源有两方面：一为收入的增加；二为总运行费用的减少。可分别计算后汇总，即

年运行费用总节省金额 = 收入增加额 + 总运行费用减少额

（1）收入的增加额

1）由于产量增加而引起的收入增加。

2）由于质量提高、价格提高而引起的收入增加（应是扣除销售环节税金后的净收入）。

①整个生产线的生产能力增加或改为新设备后导致整个生产线的产量增加。

②改变设备后，由于副反应及运转损失的减少而导致产量增加。

3）专项财政收益

如由于特定法规组织获得的利益。

（2）总运行费用减少额

1）原材料消耗的减少（或增加）；

2）动力和燃料费用的减少（或增加）；

3）工资和维修费用的减少（或增加）；

4）其他运行费用的减少（或增加）；

（注：支付技改贷款利息要计算在内，为负值）

5）废物处理/处置费用的减少，包括所减少的处理处置费、分析费、保险费和责任费，以及废物处理设施的运行费和管理费。

6）销售费用的减少，如产品形式、包装的改变导致费用的减少。

运行费用的减少为正值，费用的增加为负值，总运行费用减少额为其代数和。

年运行费用总节省金额可用下式表示

$$P = \text{收入的增加额} + \text{总运行费用减少额}$$

在运行费用中不考虑技改设备的折旧，故 P 实质上为未考虑设备折旧情况下，由于清洁生产技改所产生的毛利润。

4. 新增设备年折旧费

$$\text{新增设备年折旧费}（D） = \frac{\text{总投资费用}（I）}{\text{设备使用年限}（Y）}$$

5. 应税利润

单指由于技术改造导致的应税利润

$$\text{应税利润}（T） = P - D$$

6. 净利润

指从应税利润中扣除组织应向国家和地方缴纳的各种税金以后，组织得以自行支配的利润。应按各组织所在地税务部门的规定，分别计算税金额。各种税的总额统称为公司税金，应税利润减去公司税金后才是清洁生产技改方案利润。

各项现行税如下。

1）增值税。销售、采购环节均发生增值税，应分别扣除。

2）所得税。由技改增加的利润为基础计算。

3）城建税和教育费附加。在销售环节中缴纳。

4）资源税。特殊行业征收，如矿山开采、盐业等。

5）消费税。在特定行业中征收，销售环节缴纳，应在收入中扣除。房地产税、印花税在管理费用中已计入，与本项目计算无关。

$$\text{净利润} = \text{应税利润} - \text{各项应纳税金总和}$$

7. 年增加现金流量

组织从固定资产投资中提取的折旧费是组织现金流入的一个组成部分，可由组织自行经营支配，故应将折旧费加净利润，其和为组织年增加现金流量（F）。

$$\text{年增加现金流量} = \text{净利润} + \text{年折旧费}$$

8. 投资偿还期

投资偿还期指以项目获得的年收益偿还原始投资的年限。

$$N = I/F$$

式中 N——投资偿还期；

I——总投资费用；

F——年收益（年总增加现金流量）。

判别准则：N < 基准年限（视不同项目而定）时，项目方案可接受。

其作用及优缺点如下。

1）反映项目方案投资回收能力；偿还期越短，经济效果越好。

2）未能反映资金的时间价值。

3）未能全面反映项目方案经济寿命期的效益。

4）是项目经济评价的简单辅助指标。

9. 净现值

净现值（NPV）是投资项目经济寿命期内（或折旧年限内）每年发生的净现金流量在一定贴现率下，贴现为同一时间点（一般为计算期初）的现值之和

$$\mathrm{NPV} = \sum_{j=1}^{n} \frac{F}{(1+i)^j} - I$$

式中 i——贴现率；

j——项目寿命（或折旧年限）周期。

判别准则：①单一方案。NPV > 0 时，项目方案可接受；NPV ≤ 0 时，项目方案被拒绝。②多方案。净现值最大准则。

其作用及特点如下。

1）是动态分析的基本指标之一。

2）用于考察项目寿命期（或折旧年限）内获利能力的大小。

3）它未能反映资金利用效率。

10. 内部收益率

内部收益率（IRR）是指投资项目在计算期内各年净现金流量现值累计为零时的贴现率，

即

$$\mathrm{NPV} = \sum_{j=1}^{n} \frac{F}{(1+\mathrm{IRR})^j} - I = 0$$

根据线性折值法可得到：NPV_1、NPV_2 分别为试算贴现率 i_1、i_2 时对应的净现值。

i_1、i_2 可查表求得

$$IRR = i_1 + \frac{NPV_1(i_2 - i_1)}{NPV_1 + |NPV_2|}$$

i_1 为使净现值 $NPV_1>0$；i_2 为使净现值 $NPV_2<0$；i_1 与 i_2 相差≤2%。

判别准则：①IRR≥ic 时，项目可接受；②IRR<ic 时，项目被拒绝。

其中，ic 为基准收益率，行业收益率或银行贷款利率。

其作用及特点如下。

1）IRR 是项目投资的盈利率，反映投资效益。

2）内部收益率可用以确定能接受贷款的最低条件。

3）在有多个投资方案供选择时，应选择 IRR 最大者。

表 2-27 所示为某企业通过清洁生产审核提出了改造旧电镀生产线的投资方案，经技术、环境评估后，剩下两个方案供经济可行性评估。

表 2-27　经济评估结果　（万元）

	方案一	方案二
总投资费用（I）	500	700
年运行费总节省金额（P）	132.70	137.17
年增加现金流量（F）	109.55	120.78
投资回收期（N）	4.6 年	5.8 年
净现值（NPV）（$i=10\%$，$n=8$）	84.4	55.76
内部收益率（IRR）	14.5%	7.78%

综合评估结果，方案一为推荐方案。

5.4　推荐可实施的方案

经过技术、环境和经济可行性评估后，应列表说明不同方案的评估结果，再按国家或地方规定的程序，进行项目实施前的准备，其间大致经过以下步骤：

1）编写项目建议书；

2）编写项目可行性研究报告；

3）财务评价；

4）技术报告（设备选型、报价）；

5）环境影响评价；

6）投资决策。

清洁生产方案可行性分析结果如表 2-28 所示。

表 2-28 清洁生产方案可行性分析

方案编号	方案名称	环境评估	技术评估	经济评估	结论

5.5 本阶段报告的编写要求及应注意的问题

第5章 可行性分析

5.1 环境评估

5.2 技术评估

5.3 经济评估

5.4 确定推荐方案

本章要求有如下图表：

1）方案经济评估指标汇总表；

2）方案简述及可行性分析结果表。

在编写可行性分析这一章的过程中须注意以下几个问题。

1）在对方案的环境评估过程中，环境效益一定要定量化。

2）在对方案的经济评估过程中，注意各项经济参数的选取。

第6章 方案实施

方案实施是所提出的可行的清洁生产方案（中/高费方案）的实施过程，它深化和巩固了清洁生产的成果，实现了技术进步，使组织获得了比较显著的经济效益和环境效益。

方案实施阶段工作程序见图 2-27。

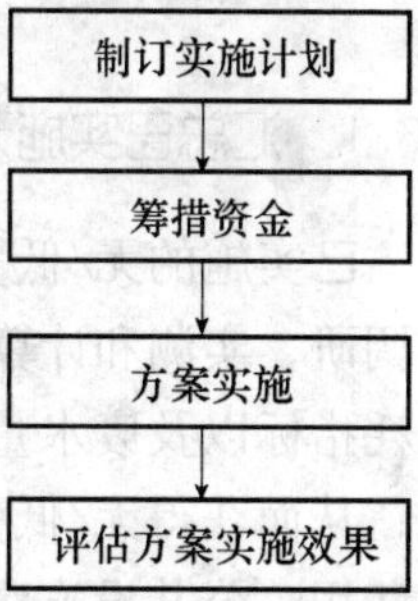

制订实施计划 → 筹措资金 → 方案实施 → 评估方案实施效果

图 2-27 方案实施阶段工作程序

6.1 制订实施计划

经过可行性分析后确定的方案，均属于中/高费方案，它们的实施均需要一定的资金、技术和设备等条件的保证以及一定的周期。为使方案实施有序地进行，需制订较为合理、周密的实施进度计划表，进度表中应列出实施的具体项目内容和实施时段，并使各项目相互衔接，还要明确各项目的负责人和有关人员，以便落实责任。实施进度计划如表 2-29 所示。

表 2-29 方案实施进度计划

时间（2009年）	1	2	3	4	5	6	7	8	9	10	11	12
可研报告编制												
立项落实资金												
选址												
施工图设计												
标书编制												
工程招标												
土建施工												
投入使用												

6.2 筹措资金

企业的资金来源主要有以下几个渠道：

1）企业自筹；

2）银行贷款；

3）其他专项资金渠道。

若同时有数个项目需投资实施，则要考虑如何合理利用资金。在方案可分步进行且不影响生产的条件下，可以利用其中一个项目实施后的年增加现金流量作为下一个项目的启动资金，使项目滚动实施。

6.3 方案实施及汇总已实施方案的成果

6.3.1 汇总已实施无/低费方案的成果

已实施的无/低费方案的成果有两个主要方面：环境效益和经济效益。通过调研、实测和计算，分别对比各项环境指标，包括物耗、水耗、电耗等资源消耗指标以及废水量、废气量、固废量等废物产生指标在方案实施前后的变化，从而获得无/低费方案实施后的环境效果；分别对比值、原材料费用、能源费用、公共设施费用、水费、污染控制费用，维修费用、税金以及净利润等经济指标在方案实施前后的变化，从而获得无/低费方案实施后的经济效益，最后对本轮清洁生产审核中无/低费方案的实施情况进行阶段性总结。

6.3.2 验证已实施的中/高费方案的成果

为了积累经验，进一步完善所实施的方案，对已实施的方案，除了在方案实施前要作必要、周详的准备，在方案的实施过程中进行严格的监督管理外，在方案实施后也应对其效果及时作出分析评价。

1. 环境评价

环境评价包括以下 6 个方面的内容。

1）实测方案实施后，废物排放是否达到审核重点要求达到的预防污染目标，以及废水、废气、废渣、噪声实际削减量。

2）内部回用/循环利用程度如何，还应进行哪些改进。

3）单位产品产量和产值的能耗、物耗、水耗降低的程度。

4）单位产品产量和产值的废物排放量、排放浓度的变化情况；有无新的污染物产生；是否易处置、易降解。

5）产品使用和报废回收过程中还有哪些环境风险因素存在。

6）生产过程中有害于健康、生态、环境的各种因素是否得到消除以及应进一步改善的条件和问题。

可按表 2-30 的格式列表进行环境评价。

表 2-30 环境效果对比一览表

项 目	方案实施前	设计的方案	方案实施后
废水量			
水污染物量			
废气量			
大气污染物量			
固废量			
能耗			
物耗			
水耗			
⋮			

通过实测和计算，可以填写表 2-30。这样，既可以通过方案实施前后的数字对比找出究竟产生了多少环境效益，又可以通过“设计的方案”与“方案实施后”的数字进行对比，即理论值与实际值进行对比，分析两者的差距，相应地对方案进行完善。

2. 技术评价

1）生产流程是否合理；

2）生产程序和操作规程有无问题；

3）设备容量是否满足生产要求；

4）对生产能力与产品质量的影响如何；

5）仪表管线布置是否需要调整；

6）自动化程度和自动分析测试及监测指标方面还需要哪些改进；

7）在生产管理方面还需要作什么修改或补充；

8）设备实际运行水平与国内、国际同行业水平有何差距；

9）设备的技术管理、维修、保养人员是否齐备。

为了更好地进行技术评价，建议把方案实施后的全厂物料平衡图在实测的基础上列出来，并与方案实施前的全厂物料平衡图进行对比。例如，某水泥生产企业通过把方案实施前后的全厂物料平衡图比较得出结论：审核过程中产生的全部方案实施后，在不增加原材料投入的情况下，每年可多生产水泥 8 500t，按 400 元/t 计，每年可增加效益 340 万元。这样做法的优点是更为直观、生动。

3. 经济评价

经济评价是评价污染预防方案实施效果最有力的手段，可以从以下提示的几个方面进行评价。

1）废料的处理和处置费用，排污费降低多少；事故赔偿费降低多少。

2）原材料的费用、能源和公共设施费如何。

3）维修费是否减少。

4）产品的效益如何。

①产量是否增加。

②质量有无提高，使用寿命能否延长。

③市场竞争能力是否加强。

④是否享受到环境政策或其他政策的优惠。

⑤产品的成本与利润如何。

可按表 2-31 所示进行粗略的经济评价。

表 2-31　方案实施前后经济效果对比

方案名称：　　　　　　　　　　　　　　　　　　（万元）

项　目	方案实施前（A）	设计的方案（B）	方案实施后（C）	方案实施前后之差（A－C）	方案设计和实际之差（B－C）
产值					
原材料费用					
能源费用					
公共设施费用					
水费					
污染控制费用					

续表

项　目	方案实施前（A）	设计的方案（B）	方案实施后（C）	方案实施前后之差（A－C）	方案设计和实际之差（B－C）
污染排放费用					
维修费					
税金					
其他支出					
净收益					

注：设计的方案费用是方案费用的理论值，方案实施后的费用是该方案费用的实际值，分析两者之差是为了寻找差距，完善方案；

若为收入则表中值为正，若为支出则表中值为负。

6.4　分析总结已实施方案对组织的影响

无/低费清洁生产方案和中/高费清洁生产方案经过征集、设计、实施等环节，使组织面貌有了改观，有必要进行阶段性总结，以巩固清洁生产成果。

6.4.1　汇总环境效益和经济效益

将已实施的无/低费清洁生产方案和中/高费清洁生产方案成果汇总成表，内容包括实施时间、投资、运行费、经济效益和环境效果，并进行分析。

6.4.2　对比各项单位产品指标

虽然可以定性地从技术工艺水平、过程控制水平、组织管理水平、员工素质等众多方面考察清洁生产带给组织的变化，但最有说服力、最能体现清洁生产效益的是考察审核前后组织各项单位产品指标的变化情况。

一方面，通过定性、定量分析，组织可以从中体会清洁生产的优势，总结经验以利于在组织内推行清洁生产；另一方面，应利用以上方法，从定性、定量两方面与国内外同类型组织的先进水平进行对比，寻找差距，分析原因以利于改进，从而在深层次上寻求清洁生产机会。

6.5　本阶段报告的编写要求及应注意的问题

第6章　方案实施

6.1　方案实施情况简述

6.2　已实施的无/低费方案的成果汇总

6.3　已实施的中/高费方案的成果验证

6.4　已实施方案对组织的影响分析

本章要求有如下图表：

1）已实施的无/低费方案环境效果对比一览表；

2）已实施的无/低费方案经济效益对比一览表；

3）已实施的中/高费方案环境效果对比一览表；

4）已实施的中/高费方案经济效益对比一览表；

5）已实施的清洁生产方案实施效果的核定与汇总表；

6）审核前后组织各项单位产品指标对比表。

在编写方案的实施这一章过程中须注意以下几个问题。

1）清洁生产无/低费方案和中/高费方案实施情况，并制订方案的实施计划，效果如何，是否做到了达标排放且污染物达标排放时间是否满足环保部门对企业达标排放期限的要求。

2）通过本轮清洁生产方案的实施，说明审核前后全厂污染物排放变化情况。

3）应对比分析了解本轮清洁生产方案实施前后资源、能源及主要原材料单位产品消耗等指标变化的情况。

4）给出设定的清洁生产目标的完成情况，并分析总结已实施方案对企业的影响。

5）在描述各项指标变化的时候，建议采用曲线图等方式，直观给出审核前后的变化情况。

第 7 章　持续清洁生产

企业生产过程中清洁生产的机会很多，企业在完成了针对审核重点的清洁生产审核工作后，原来未被确定为审核重点的备选方案将重新成为审核重点，新一轮的清洁生产审核又将重新开始。企业应将清洁生产变成自觉行动。在持续清洁生产过程中，还应对原有的审核小组进行调整、补充和再培训，提高工作水平，以适应持续清洁生产的要求。持续清洁生产阶段工作内容和工作程序如图 2-28 所示。

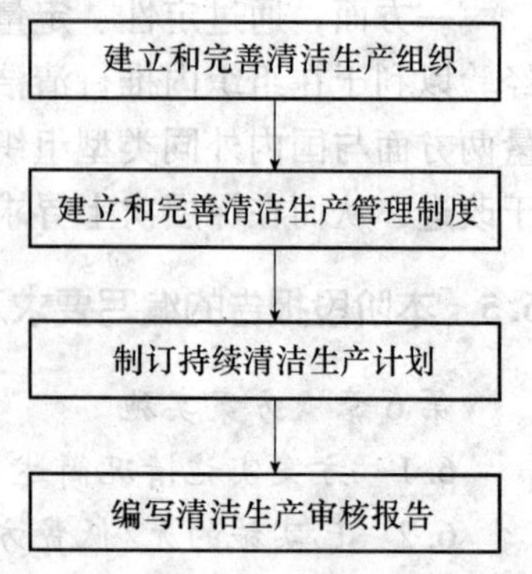

图 2-28　持续清洁生产阶段工作程序图

7.1　建立和完善清洁生产组织机构

清洁生产是一个动态的、相对的概念，是一个连续的过程，因而需要有一个固定的机构、稳定的工作人员来组织和协调这方面的工作，以巩固已取得的清洁生产成果，并使清洁生产工作在组织内持续地开展下去。

7.1.1 明确任务

清洁生产组织机构的任务有以下 4 个方面：

1）组织协调并监督实施本次审核提出的清洁生产方案；

2）经常性地组织对职工的清洁生产的教育和培训；

3）选择下一轮清洁生产审核重点，并启动新的清洁生产审核；

4）负责清洁生产活动的日常管理。

7.1.2 落实归属

清洁生产机构要想起到应有的作用，及时完成任务，必须落实其归属问题。组织的规模、类型和现有机构等千差万别，因而清洁生产机构的归属也有多种形式，各组织可根据自身的实际情况具体掌握。可考虑以下几种形式：

1）单独设立清洁生产办公室，直接归属厂长领导；

2）在环保部门中设立清洁生产机构；

3）在管理部门或技术部门中设立清洁生产机构。

不论是以何种形式设立的清洁生产组织机构，企业的高层领导要有专人直接领导该机构的工作，因为清洁生产涉及生产、环保、技术、管理等各个部门，必须有高层领导的协调才能有效地开展工作。

7.1.3 确定专人负责

为避免清洁生产机构流于形式，确定专人负责是很有必要的。该人员应具备以下能力：

1）熟练掌握清洁生产审核知识；

2）熟悉组织的环保情况；

3）了解组织的生产和技术情况；

4）具备较强的工作协调能力；

5）具备较强的工作责任心和敬业精神。

7.2 建立和完善清洁生产管理制度

清洁生产管理制度包括把审核成果纳入组织的日常管理轨道、建立激励机制和保证稳定的清洁生产资金来源。

7.2.1 把审核成果纳入组织的日常管理

把清洁生产的审核成果及时纳入组织的日常管理轨道，是巩固清洁生产成效、防止走过场的重要手段，特别是通过清洁生产审核产生的一些无/低费方案，如何使它们形成制度显得尤为重要。

1）把清洁生产审核提出的加强管理的措施文件化，形成制度。

2）把清洁生产审核提出的岗位操作改进措施写入岗位的操作规程，并要求严格遵照执行。

3）把清洁生产审核提出的工艺过程控制的改进措施写入企业的技术规范。

7.2.2 建立和完善清洁生产激励机制

在奖金、工资分配、提升、降级、上岗、下岗、表彰、批评等诸多方面，充分与清洁生产挂钩，建立清洁生产激励机制，以调动全体职工参与清洁生产的积极性。

7.2.3 保证稳定的清洁生产资金来源

清洁生产的资金来源可以有多种渠道，如贷款、集资等，但是清洁生产管理制度的一项重要作用是，保证实施清洁生产所产生的经济效益全部或部分地用于清洁生产和清洁生产审核，以持续滚动地推进清洁生产。建议企业财务对清洁生产的投资和效益单独建账。

7.3 制订持续清洁生产计划

清洁生产并非一朝一夕就可以完成的，因而应制订持续清洁生产计划，使清洁生产有组织、有计划地在企业中进行下去。持续清洁生产计划应包括以下内容。

1）清洁生产审核工作计划：指下一轮的清洁生产审核。新一轮清洁生产审核的起动并非一定要等到本轮审核的所有方案都实施以后才进行，只要大部分可行的无/低费方案得到实施，取得初步的清洁生产成效，并在总结已取得的清洁生产经验的基础上，即可开始新一轮的审核。

2）清洁生产方案的实施计划：指经本轮审核提出的可行的无/低费方案和通过可行性分析的中/高费方案的实施计划。

3）清洁生产新技术的研究与开发计划：根据本轮审核发现的问题，研究与开发新的清洁生产技术。

4）组织职工的清洁生产培训计划。

7.4 本阶段报告的编写要求及应注意的问题

第7章　持续清洁生产

7.1　清洁生产的组织

7.2　清洁生产的管理制度

7.3 持续清洁生产计划

第8章 审核结论

审核结论包括以下内容：

1）组织产污、排污现状（审核结束时）所处水平及其真实性、合理性评价；

2）是否达到所设置的清洁生产目标；

3）清洁生产水平的定位（审核前各项指标处于哪一级水平，审核后各项指标的改善程度及所处的水平）；

4）已实施的清洁生产方案的成果总结；

5）拟实施的清洁生产方案的效果预测。

第三篇　清洁生产案例

企业基本情况

某啤酒企业占地面积5.5万m^2，在册员工350人，其中工程技术人员47人，设计年生产能力3万t。

该公司由于没有污水处理设施，废水不能实现达标排放。

根据《中华人民共和国清洁生产促进法》、《清洁生产审核暂行办法》（国家发展和改革委员会、国家环保总局令第16号令）和国家环保总局环发〔2005〕151号文件《关于印发重点企业清洁生产审核程序的规定的通知》的要求，××年当地环境保护行政主管部门将其列为重点企业。××年×月，由某咨询机构成立咨询组对该企业进行清洁生产审核。

遵循清洁生产边审核、边实施、边见效的原则，公司清洁生产审核小组在咨询组指导下，按照“筹划与组织—预评估—评估—方案产生与筛选—可行性分析—方案实施—持续清洁生产”7个步骤，对公司实施了重点企业清洁生产审核。

第1章　筹划与组织

通过该阶段的工作，公司领导和职工对清洁生产目的、公司实施清洁生产的意义、清洁生产审核的工作内容、要求及工作程序有了较为充分的认识，同时取得公司高层领导的大力支持和亲身参与，克服了思想上和观念上的障碍，组建了公司清洁生产审核领导小组和工作小组，制订了清洁生产审核工作计划，在公司内广泛宣传了清洁生产思想。

1.1　取得企业最高层领导的支持与参与

××年×月×日，公司总经理×××亲自到咨询机构，就企业实施清洁生产的目的、意义及审核方法等问题向咨询人员进行了咨询，从而使清洁生产审核工作得到了公司最高管理层的重视和支持，为清洁生产工作在公司的顺利开展奠定了基础。

1.2　成立清洁生产审核机构

为了确保清洁生产审核工作在公司的顺利开展，整合企业资源，公司经研究决定于××年×月×日下发文件《关于成立清洁生产审核领导小组和工作小组的通知》，成立了由公司总经理和副总经理组成的清洁生产审核领导小组和由主管生产的副总经理及公司各有关部门负责人等组成的审核工作小组（各小组人员构成及职责见表3-1、表3-2），并确定由生产部作为全公司整个清洁生产审核工作的总体推进和主要责任部门。

表3-1　公司清洁生产领导小组构成及职责

成员姓名	公司内职务	领导小组职务	职　责
×××	总经理	组长	对企业开展清洁生产审核工作作出决策，并落实到主管领导干部和主管职能部门
×××	副总经理	副组长、工作小组组长	清洁生产审核总负责，具体组织、协调、推进各职能部门、相关生产车间开展清洁生产审核工作，落实和监督工作计划的完成情况
×××	副总经理	副组长	配合组长×××协调财务方面的有关事宜

表3-2　公司清洁生产工作小组构成及职责

<table>
<tr><th>成员姓名</th><th>公司内职务</th><th>工作小组职务</th><th>职　责</th></tr>
<tr><td>×××</td><td>副总经理</td><td>组长</td><td>清洁生产审核总负责，具体组织、协调、推进各职能部门、相关生产车间开展清洁生产审核工作，落实和监督工作计划的完成情况</td></tr>
<tr><td>×××</td><td>生产部部长</td><td>副组长</td><td>配合副组长×××组织、协调各职能部门和生产车间开展审核工作。具体负责有关的资料收集、设备维护、提供设备运行参数、废物产生原因分析以及方案产生等工作</td></tr>
<tr><td>×××</td><td>工程部部长</td><td rowspan="8">成员</td><td rowspan="8">组织本部门人员配合生产部和咨询组开展清洁生产审核工作，有关资料收集和备选方案的产生。提供与审核相关的资料、参与方案产生与筛选、可行性分析和方案实施工作</td></tr>
<tr><td>×××</td><td>包装部部长</td></tr>
<tr><td>×××</td><td>酿造部部长</td></tr>
<tr><td>××</td><td>生产部副部长</td></tr>
<tr><td>×××</td><td>综合部部长</td></tr>
<tr><td>×××</td><td>品管部部长</td></tr>
<tr><td>×××</td><td>人力资源部部长</td></tr>
<tr><td>×××</td><td>财务部部长</td></tr>
<tr><td>×××</td><td>生产部统计</td><td rowspan="4">成员</td><td rowspan="4">负责清洁生产知识与法规的宣传工作及其他事务性工作</td></tr>
<tr><td>×××</td><td>生产部核算员</td></tr>
<tr><td>××</td><td>综合部文秘</td></tr>
<tr><td>×××</td><td>工程部施工员</td></tr>
</table>

1.3　制订清洁生产审核工作计划

根据清洁生产审核程序的要求，为了按时完成清洁生产审核工作，咨询组与公司清洁生产工作领导小组和工作小组共同制订了清洁生产审核计划，具体见表3-3。

表 3-3　公司清洁生产审核工作计划

阶段	时间	步骤	工作内容	输出	责任单位/参与人	咨询顾问
一、审核准备	×年×月×日～×年×月×日	1. 宣贯培训	• CP 审核基本知识 • 各相关部门职责	①实施记录	企业高层领导 中层干部 企业技术人员	×××咨询组
		2. 现场调研分析	• 咨询顾问对企业情况调研 ■ 管理现状、业务流程、组织结构 ■ 生产现场勘察 • 制订工作计划 • 组建审核机构 • 初步确定数据及信息需求	①审核机构 ②经确认的审核计划 ③初步数据需求清单 ④调研报告	审核小组	×××咨询组
二、预审核	×年×月×日～×年×月×日	3. 预审核	• 审核重点确定 • 确定清洁生产目标 • 产生明显清洁生产方案	①审核重点 ②清洁生产目标 ③企业具体负责同志熟悉下一阶段工作要点及方法	审核小组	×××咨询组
三、审核	×年×月×日～×年×月×日	4. 审核	• 编制工艺（设备）流程图 • 收集（实测）审核重点数据 • 建立物料平衡 • 建立能源平衡（如果必要） • 2 高 1 重（能耗高、物耗高和污染产生严重）原因分析	①物料平衡图（表）物料流失、资源浪费环节 ②企业具体负责同志熟悉下一阶段工作要点及方法 ③2 高 1 重产生原因清单	审核小组	×××咨询组

续表

阶段	时间	步骤	工作内容	输出	责任单位/参与人	咨询顾问
四、方案的产生和筛选	×年×月×日～×年×月×日	5. 实施方案的产生、筛选和初步研制	• 方案产生 • 方案筛选 • 方案研制	①方案汇总表 ②方案筛选表 ③中高费方案清单 ④清洁生产审核中期报告	审核小组	×××咨询组
五、实施方案的确定	×年×月×日～×年×月×日	6. 清洁生产方案的确定	• 对初步筛选的清洁生产方案进行技术、经济和环境的可行性分析	①企业拟实施的清洁生产方案 ②企业具体负责同志熟悉下一阶段工作要点及方法	审核小组	×××咨询组
六、编写清洁生产审核报告	×年×月×日～×年×月×日	7. 编制清洁生产审核报告	• 确认方案实施效果以及方案实施计划落实情况 • 制订中/高费用方案实施计划 • 编制清洁生产审核报告	①实施记录 ②中/高费用方案实施计划 ③清洁生产审核报告	审核小组	×××咨询组
七、报告评估	×年×月	8. 清洁生产审核报告专家评估	• 审核报告评估	通过评估	审核领导小组 审核小组	×××咨询组

1.4 宣传和培训

1.4.1 公司清洁生产宣传培训层次

公司清洁生产的宣传教育主要分 3 个层次，即公司级宣传培训、部门级宣传培训、班组级宣传培训。在开展清洁生产初始以对公司高层培训为主，主要通过宣贯的形式进行。部门级培训主要体现在启动清洁生产审核以后，部门根据公司总体推进计划，制订部门级宣传培训计划并根据工作开展情况实施。班组级培训主要集中在生产班组进行。

1.4.2 对领导层和管理层的宣传培训

×年×月×日，公司召开了“清洁生产审核启动及动员会”，由咨询组专家对车间主任以上的管理人员（包括审核小组成员）进行了实施清洁生产的目的、意义及企业实施清洁生产的必要性和紧迫性的宣贯，并通报了此次清洁生产审核的主要工作内容、总体进度等，使大家在了解清洁生产审核工作目的、意义和工作内容及程序的同时明确自己的职责和应承担的工作。

1.4.3 对员工的宣传培训

×年×月×日，咨询组在企业进行了清洁生产主题培训，就清洁生产的目的、意义、审核方法和步骤等向车间班组长以上的员工进行了宣讲。在开展完培训后，公司由各部门、班组组织员工学习、并以宣传标语、板报等多种形式，对全体员工进行层层发动，积极宣传清洁生产审核的目的、意义、工作内容和基本程序等内容，使全体员工对清洁生产有了较为清晰的认识，明确了各自应承担的职责。同时，公司利用公司内报纸“××简报”，多次刊发与清洁生产有关的内容，对全公司员工进行有关清洁生产的宣传。

1.4.4 开展群众性合理化建议征集活动

为了充分调动职工参与清洁生产的热情，配合清洁生产方案的提出，公司内部配合清洁生产培训开展了清洁生产合理化建议的征集活动，公司各部门员工围绕生产各环节，积极献技献策，合理化建议层出不穷，大量的合理化建议成为可执行的清洁生产方案。

1.5 克服障碍

一项新工作在公司全面开展，难免会遇到思想上、技术上、资金上等许多障碍，不克服这些障碍，就很难达到预期的工作目标。经过咨询组和公司审核小组人员共同讨论分析，列出了不利于公司开展清洁生产审核的各方面障碍，并就每一种障碍研究制定了具体的解决办法，见表3-4。

表3-4　障碍分析表

障碍类型	障碍表现	解决办法
思想认识行动障碍	员工对清洁生产认识不够，认为清洁生产就是清扫卫生	开展多种形式的宣传和培训，加深员工对清洁生产的认识
	清洁生产工作涉及多部门协作，相互协调会有较多困难	由一把手直接抓，成立专门领导机构和常设机构开展工作，保证各种人力、物力资源合理使用
	各部门人员工作都非常紧张，投入时间难以保证	落实人员、责任，各尽其职、各负其责，统一指挥，协调完成
	清洁生产必须有大量投入，并且是个只有投入没有效益的工作，会加重企业负担	加强培训，用具体实例和数据证明，无/低费方案实施得到的效益，累积起来同样会给企业带来可观的经济与环境效益
	清洁生产只是生产一线的事，与其他人无关	加强培训，使全体员工认识到清洁生产是从原料到产品八大方面实行全过程、全方位的污染预防与控制，是与每一位员工都有关的工作
技术障碍	缺乏清洁生产审核技能	由清洁生产咨询组培训企业内部审核人员，掌握清洁生产审核技能。由浅入深，由易到难，逐步开展工作
	物料平衡统计困难	投入一定人力、物力，详细统计分析物料平衡有关数据，摸清物料投入、产出的底数
资金物质障碍	没有清洁生产资金预算	企业内部挖潜，争取外部清洁生产资金支持

第2章　预评估

2.1　公司概况

2.1.1　公司所在地自然环境和社会环境概况（略）

2.1.2　企业地理位置（略）

2.1.3　工厂平面布置

公司厂区平面布置图（略）。

2.1.4 企业组织机构

公司组织机构见图3-1。

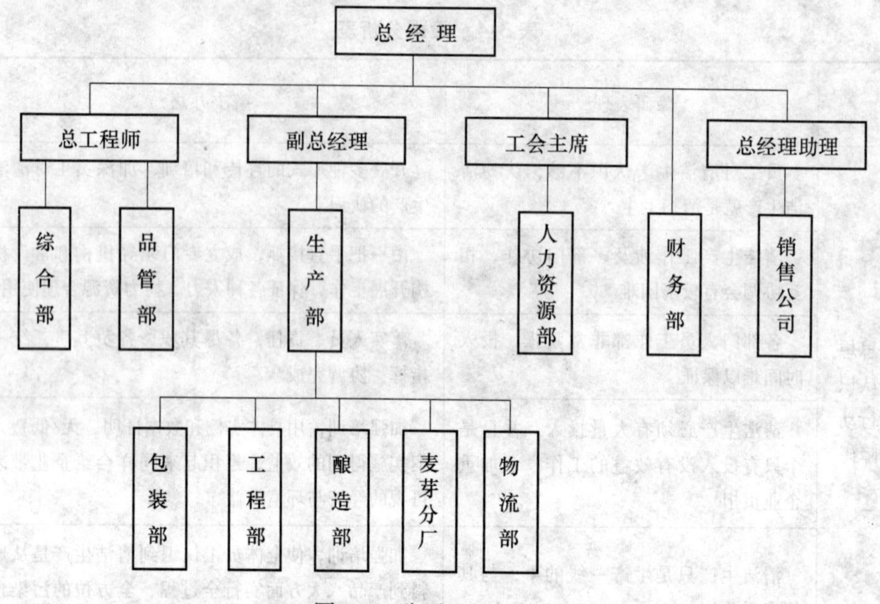

图3-1 公司组织机构图

公司各职能部门主要职责见表3-5。

表3-5 公司各职能部门主要职责

部门	主要职责
生产部	生产计划及调度；市场支持与服务；生产综合统计；物资采购；供方管理；仓储；废旧物资处理；安全生产；环境保护；存货资产实物管理；消耗管理
工程部	设备以及其他固定资产实物管理；计量管理；自动控制管理；能源供给和管理；技改扩管理；外来施工队伍管理；本单位通信器具维护
酿造部	酿造工艺管理；在制品（冷麦汁、发酵液、清酒）生产组织；酿造过程质量监控与测量（包括酵母现场扩培）；本部门基础设施日常维护、保养
包装部	包装工艺管理；成品生产的组织、实施；包装过程质量监控与测量；本部门基础设施日常维护、保养
综合部/总经办	总经办事务（公文会议）；党办事务管理；公关与微机管理；会务组织；法人治理事务；消防保卫（机动）；办公设施的购置及管理；信访；档案管理；车辆管理；后勤
财务部	资金管理；成本核算；会计核算；预算管理；经济核算和分析；固定资产、低值易耗品等资产的账务管理；合同管理；成本分析与考核；存货资产账务管理

续表

部　门	主要职责
人力资源部	人力资源体系建设与管理；薪酬管理；绩效考核；员工关系；员工培训；岗位管理；外用工管理；组织机构及职能管理；制度（流程）管理；知识管理；体系管理；建立战略分解计划并执行；方针目标管理；管理创新项目引进和推广；党群工作；纪委；企业文化；计划生育
品管部	工艺技术管理；质量改进；新产品开发；质量投诉处理（售后服务）；市场维权；检验与QA；标准化

2.2　公司生产状况

2.2.1　主要工艺流程和设备

主要工艺流程图（略），各车间主要设备见表3-6。

表3-6　公司主要设备

设备名称	数　量	规　格
锅炉	2台	6t/h
糖化锅	1台	$40m^3$
糊化锅	1台	$40m^3$
过滤槽	1台	$40m^3$
煮沸锅	2台	$60m^3$
发酵罐	18个	100t/个
锥罐	6个	60t/个
锥罐	15个	50t/个
过滤机	1台	12t/h
制氮机	1台	$100m^3/h$
制冷机	1台	21万cal/h；88.2万J/h
制冷机	1台	36万cal/h；151.2万J/h
空气压缩机	3台	1台$14m^3/h$；2台$6m^3/h$
包装1#线	1条	2万瓶/h
包装2#线	1条	1万瓶/h

2.2.2　主要原辅材料、产品、能源及用水情况

（1）主要原辅材料、能源及用水情况

啤酒生产主要原辅材料有麦芽、大米、水、酵母、啤酒花、硅藻土、啤酒

瓶、包装材料；能源主要是电、煤；水用于原料的调拌、工艺过程的冷却及设备和啤酒瓶的清洗。

原辅材料、能源消耗具体情况见表3-7。

表3-7　××～××年原辅材料和能源消耗

主要原辅材料和能源	单　位	使用部门	近3年年消耗量		
			××年	××年	××年
啤酒瓶①	万只	包装	44.54	36.63	32.76
纸箱	万只	包装	12	10	7
大米	t	酿造	955	785	619
麦芽	t	酿造	1 697	1 395	1 100
酒花	kg	酿造	8 838	7 268	5 730
水	万t	全公司	17.21	13.85	10.78
煤炭②	t	锅炉	5 835	4 498	3 649
电	万kW·h	全公司	181.4	164.2	139.9

①表示年补充啤酒瓶量。

②包括采暖用煤（其中生产用煤2 680t）。

（2）产品情况

公司年设计生产能力3万t，近3年都没有达到设计生产能力。近3年产量情况为：2005年17 675t、2006年14 536t、2007年13 000t。

（3）公司各项指标与清洁生产标准的对比情况

2007年公司各项单位产品消耗情况见表3-8。

表3-8　2007年公司各项单位产品消耗指标

序　号	指　标	单　位	公司现状	清洁生产标准数值		
				一级②	二级③	三级④
1	单位产品取水量	m^3/kL	8.55	<6.0	<8.0	<9.5
2	单位产品耗粮①	kg/kL	165	≤158	≤161	≤165
3	单位产品耗标煤量	kg/kL	130	≤80	≤110	≤130
4	单位产品综合能耗	kg/kL	160	≤115	≤145	≤170
5	啤酒总损失率	%	6.2	≤4.7	≤6.0	≤7.5

①标准浓度11°P啤酒耗粮。

②一级指标代表国际清洁生产先进水平。

③二级指标代表国内清洁生产先进水平。

④三级指标代表国内清洁生产基本水平。

图3-2、图3-3、图3-4、图3-5、图3-6分别显示了公司在××年产量为

16 000 吨的情况下单位产品取水量、单位产品耗粮、单位产品耗标煤量、单位产品综合能耗和啤酒总损失率指标与《清洁生产标准　啤酒制造业》（HJ/T 183—2006）的二级和三级指标的对比情况。

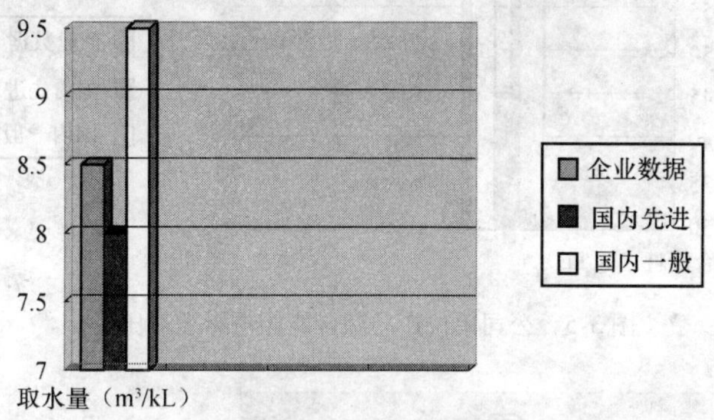

图 3-2　公司单位产品取水量与标准对比图

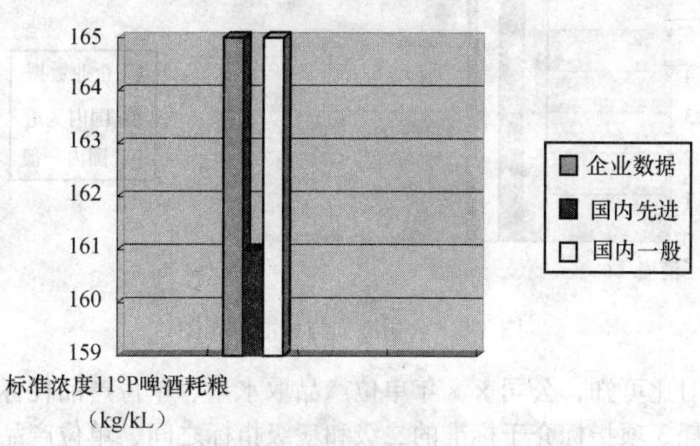

图 3-3　公司单位产品耗粮与标准对比图

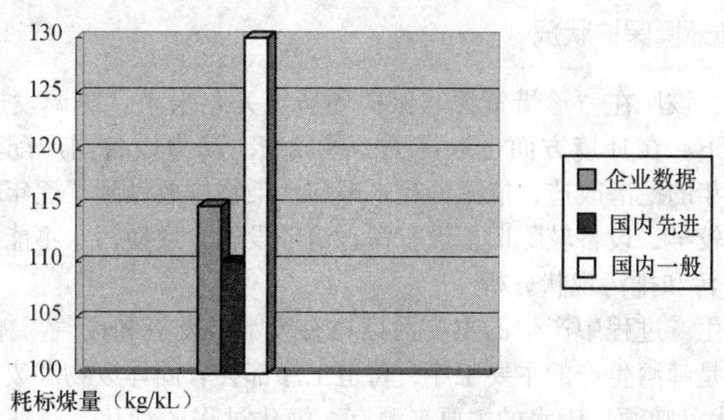

图 3-4　公司单位产品耗标煤量与标准对比图

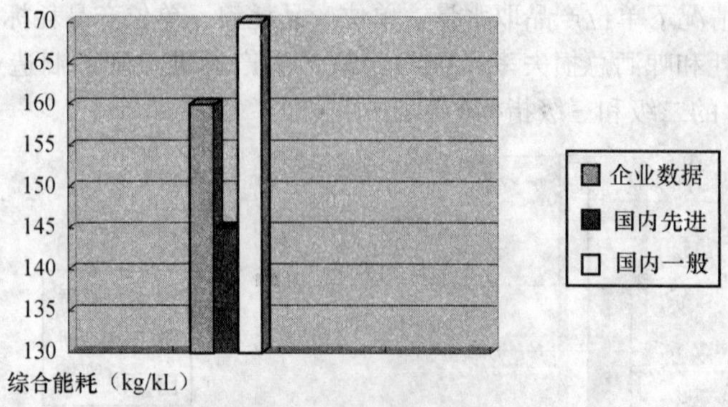

图 3-5　公司单位产品综合能耗与标准对比图

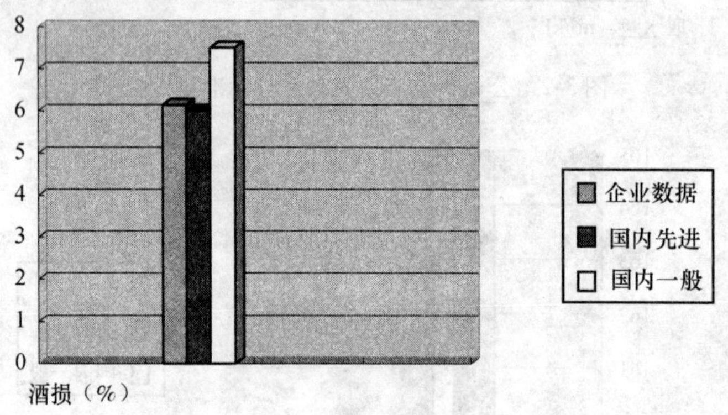

图 3-6　公司酒损与标准对比图

从以上对比可知，公司××年单位产品取水量、单位产品耗标煤量和单位产品综合能耗 3 项指标介于标准的二级和三级指标之间，单位产品耗粮仅达到国内一般水平，酒损接近于标准的二级指标。

2.2.3　企业环境保护状况

多年来，该厂在“珍惜资源、保护环境、关心未来、协调发展”的资源环保观指导下，在环境方面也取得了一些成绩。动力设备国产配套，布局合理，加之多年的挖潜改造，能源消耗水平和污染物排放做到了逐年降低。但由于该厂建厂较早，设备较陈旧，没有污水治理设施，致使污水不能达标排放。

（1）产污和排污现状分析

该公司生产过程中产生的主要污染物有废水、废渣和废气。糖化、发酵、过滤、灌装是啤酒生产的主要工序，每道工序都会有固体废物和废水产生。

1）废水：啤酒厂废水的主要来源有：糖化过程的糖化、过滤洗涤水；发酵过程的发酵罐、管道洗涤、过滤洗涤水；灌装过程洗瓶、灭菌、破瓶啤酒及冷却水；除啤酒生产各工序排出废水外，动力部门还会排出冷却水。其中，包装工序排出的冲洗水属低浓度有机废水；酿造过程排出的废水一般污染物浓度较高，属高浓度有机废水。在这些废水中，主要含有糖、醇类等有机物。公司废水现未经处理全部外排。公司××年全年污水排放量77 062t，COD排放量47.7t。××市环境监测站对公司污水监测结果表（略）。

2）固体废物：公司生产过程产生的热冷凝固蛋白、废酵母泥、废硅藻土、废麦糟、锅炉炉渣、破碎的啤酒瓶等均实现100%回收和综合利用。公司××年固体废物产生量及回收利用情况见表3-9。

表3-9　2007年公司固体废物回收利用情况

种　类	产生量（t）	回收情况
酒糟	2 640	100%回收并直接作饲料
废酵母	30	100%回收并直接作饲料
废硅藻土	17.6	外卖
煤渣	2 550	100%回收外卖生产建筑材料
碎玻璃	164	100%回收并外卖

3）粉尘：粉碎的细粉。主要来自原料处理。

4）废气：锅炉烟气、发酵产生的CO_2。

公司共有3台锅炉，其中1台（1#锅炉）已废弃不用，现使用6t/h燃煤锅炉2台，锅炉型号为SHW 6—1.25—AII型，采用PW型旋风除尘器，除尘效率70%～75%，主要污染物为烟尘和二氧化硫，废气通过35m高的烟囱排放。公司燃煤采用××地区煤，××年燃煤量为3 649t，燃煤含硫量低于0.3%，属低硫煤，烟气中SO_2可达标排放。锅炉烟气经除尘器除尘后不能稳定达标排放。根据××市环境监测站例行监测数据，公司近3年大气主要污染物达标情况具体见表3-10。

表3-10　公司主要大气污染物排放及达标情况

年度	污染源编号	污染源类型	污染物名称	执行排放标准编号	排放标准限值（mg/m^3）	监测值（mg/m^3）	达标情况
××	锅炉房	锅炉烟气	烟尘	GB 13271—2001	200	450.1	超标2.25倍
			SO_2	GB 13271—2001	900	280	达标
××			烟尘	GB 13271—2001	200	440.3	超标2.20倍
			SO_2	GB 13271—2001	900	275	达标
××			烟尘	GB 13271—2001	200	487.3	超标2.44倍
			SO_2	GB 13271—2001	900	290	达标

啤酒生产过程中产生的 CO_2，一方面产生于发酵过程即发酵罐，另一方面产生于锅炉房。发酵产生的 CO_2 没有得到有效利用。

(2) 公司环保达标情况分析

通过上述公司产污和排污现状分析可知，公司污水无处理设施，污水不能实现达标排放；锅炉除尘器效率较低，烟尘不能实现稳定达标排放和满足当地环境保护行政主管部门对公司污染减排的要求。

(3) 企业现行环境管理情况

为增强公司凝聚力和责任心，提高公司环保管理水平，公司由生产部部长负责日常环境保护管理工作。相关职责如下。

1）认真贯彻执行国家和地方的各项方针、政策和相关规定，建立、健全公司环保管理制度。监督、检查执行情况。

2）监督检查本公司各单位执行“三同时”的情况，参加环保项目方案的审查及工作安排。

3）指导本单位的环境监测工作。

4）组织环境保护宣传，配合环保部门培训本单位环保专业或兼职人员。

5）监督检查各项环保设施的运行，检查“三废”排放情况及环保事故的处理。

6）配合环保部门开展本单位的各种环保执法活动。

2.3 确定审核重点

啤酒生产企业生产过程中产生的主要污染物有废水（工艺废水和冷却水等)、废渣（酒糟、废酵母、废硅藻土、锅炉燃煤煤渣等）和废气（燃煤锅炉烟气、发酵产生的 CO_2 气体等）。该公司在废物回收利用、降低废物产生等方面做了大量工作，其中的酒糟、废酵母、锅炉燃煤煤渣等均 100% 获得回收利用；虽然锅炉上安装有除尘装置，但是设备陈旧，除尘效率低，致使锅炉烟气不能稳定达标排放，因公司燃用的煤为低硫煤，单独上脱硫设施对公司来讲意义不大，但从××市环境保护局对公司 SO_2 减排的要求来看，公司减少 SO_2 排放的根本途径是通过清洁生产审核来节能以减少锅炉燃煤量，烟尘还需要安装新型高效除尘装置。啤酒生产性质决定啤酒企业工艺废水 COD 含量较高，是重点需要解决的问题。目前该厂总排污口的 COD 浓度平均值为 619mg/L，远超过国家《污水综合排放标准》二级标准 100mg/L 的要求（截至 2008 年 4 月 30 日）和国家《啤酒工业污染物排放标准》80mg/L 的要求（2008 年 5 月 1 日起)，从源头治理和末端治理的角度考虑，减少废水排放量和降低污染负荷，最终使废水经污水处理设施处理后实现稳定达标排放是公司本轮清洁生产审核应重点关注的问题。

酿造部和包装部均是工艺污水的主要产生源，目前酿造部虽然在产污处理上基础较好，废酵母、废酒糟、废硅藻土等已全部回收，但是该部再挖潜的潜力较大，能够产生较多的中/高费方案；包装部在清洁生产方面基础相对薄弱，在解决跑冒滴漏、碱液回收等方面清洁生产潜力较大，从污水总量减少和污染负荷降低等方面综合考虑，咨询组和公司审核小组经讨论将酿造部、包装部和节能共同确定为本轮清洁生产审核重点。

2.4 设置清洁生产审核目标

根据当地环保部门下达的污染物减排要求（具体要求情况见表3-11）和公司达标排放的要求，同时考虑与啤酒行业清洁生产标准的对比结果（该公司各项指标数据基本达到《清洁生产标准 啤酒制造业》（HJ/T 183—2006）的三级标准），并根据审核重点的实际情况和公司技术、经济的可达性，咨询组和公司审核小组共同确定了本轮清洁生产审核的中期和远期清洁生产目标，具体目标见表3-12。

表3-11 主要污染物排放总量减排安排情况 （t/a）

项 目	排放量（2007年）	年度排放总量要求（2008年）
COD	47.7	40
SO_2	27.4	23.5
烟尘	41.05	20

注：地方环保局还未给企业下达总量指标，但有削减要求。

表3-12 公司清洁生产目标

序 号	项 目	现状（2007年）	近期目标（2008年底）	中期目标（2009年底）
1	SO_2 排放量（t/a）	27.4	≤23.5	≤10.0
2	烟尘排放量（t/a）	41.05	≤37.0	≤20.0
3	COD排放浓度（mg/L）	619	—	≤80
4	COD排放量（t/a）	47.7	—	≤10.0
5	取水量（m^3/kL）	8.5~8.6	≤8	≤7.5
6	耗标煤量（kg/kL）	130	≤110	≤100
7	综合能耗（kg/kL）	200	190	185
8	啤酒总损失率（%）	6.5	6.3	6.1

2.5 实施明显易见的清洁生产方案

咨询组和公司清洁生产审核小组经过对公司全面的预审核，提出并实施了部分明显易见的清洁生产方案，具体方案见表3-13。

表 3-13　公司明显易见的清洁生产方案汇总

编　号	方案名称	投资（万元）	清洁生产方案内容	方案预计实施效果
F1	购置煤质检测设备	0.85	工程部购置一套煤质检测设备，对煤质进行检验，控制燃料煤进厂质量	保证燃煤质量，降低煤耗
F2	尾汽回收改造	0	工程部利用废旧管道将尾气回收到锅炉利用	节约蒸汽，降低煤耗
F3	科学使用变压器	0	工程部原来使用 1 000kVA 变压器，拟采用 630kVA 变压器	降低电耗
F4	热水回收	0.56	酿造部进行热水平衡，增加 100 立方米热水罐及铺设管路	节约水和蒸汽
F5	安装次品酒回收装置	0.8	包装部包装后一部分产品由于浅瓶、漏气等原因，应及时集中开盖倒入酒回收装置，煮沸杀菌后兑入大罐进行二次发酵	降低酒损
F6	洗瓶改造	2.1	包装部购置安装一台预洗机	减少瓶损、水耗、电耗、汽耗和碱耗
F7	加强管理	0	包装部加强对啤酒理化指标控制，如二氧化碳含量过高，易使瓶破，造成瓶损和酒损，且灌酒时易冒沫	减少瓶损和酒损
F8	温度控制	0	包装部生产过程控制好洗瓶温度、净瓶温度和巴氏灭菌温度，以防超温引起酒瓶爆炸造成瓶子和啤酒同时损失	减少瓶损和酒损

公司通过实施以上 8 项无/低费方案，共投资 4.31 万元，有效地减少了生产过程中的各项消耗和污染物的产生。

第 3 章　评　估

3.1　审核重点一——包装部概况

公司包装部共有两条生产线，具体情况见表 3-14。

表 3-14　包装部各生产线概况

线　号	生产线类型	包装形式	生产品种（mL）	班组数量（个）	设备能力（瓶/h）
1#	瓶装线	塑料箱	600、630	1	20 000
2#	瓶装线	塑料箱	500	1	10 000

包装部现共有48名员工，其生产工序包括：上瓶、洗瓶、验瓶、灌酒、杀菌、成品检验、贴标、装箱等8个工序（单元），为1班7：30～16：00生产，每天（晚）由×××负责灌装结束后设备的清洗和维护。

3.1.1 包装部生产线概况

（1）包装部1#线概况

1#线各工序（单元）功能说明见表3-15，生产车间总平面布置见图3-7，生产车间全貌（略），工艺流程见图3-8。

表3-15 包装部1#线、2#线各工序（单元）功能说明

工序名称	功能说明
拆垛/卸筐	将回收瓶（周转筐装）或新瓶进行拆垛或卸筐，使啤酒瓶进入输送系统，以进行洗瓶
洗瓶	洗瓶工序主要是用来对回收的酒瓶进行除标签、除污垢、去霉斑，再进行灭菌消毒、干燥，或对新瓶进行除污垢、灭菌消毒、干燥以达到饮料食品卫生的要求
空瓶检验	采用验瓶机检验，对来自洗瓶机的洗净瓶进行检验，去除破口瓶、结石、霉斑、异物、异型瓶等不符合标准的啤酒瓶
灌装压盖	利用一次抽真空，采用等压灌装（CO_2 备压）的原理将酒灌入瓶中，并立即进行压盖密闭
杀菌	对灌装后的半成品瓶装啤酒采用巴氏杀菌处理，以杀灭啤酒中的微生物，使啤酒达到稳定的生物状态和规定的保质期
成品检验	对来自杀菌机的成品酒进行检验，剔除漏气酒、半壶、异物酒等不符合标准的啤酒
贴标	在成品酒酒瓶上贴上标签外包装，并打印日期，使产品符合最终的要求
装筐	将贴标后的成品啤酒利用装筐机装入周转筐，以便于运输销售

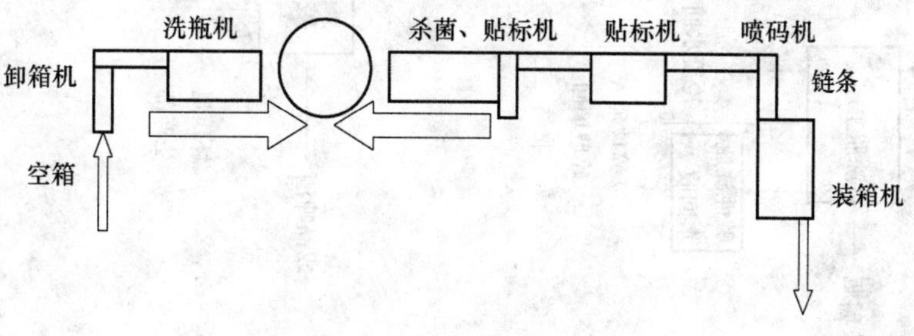

图3-7 包装部1#线总平面布置图

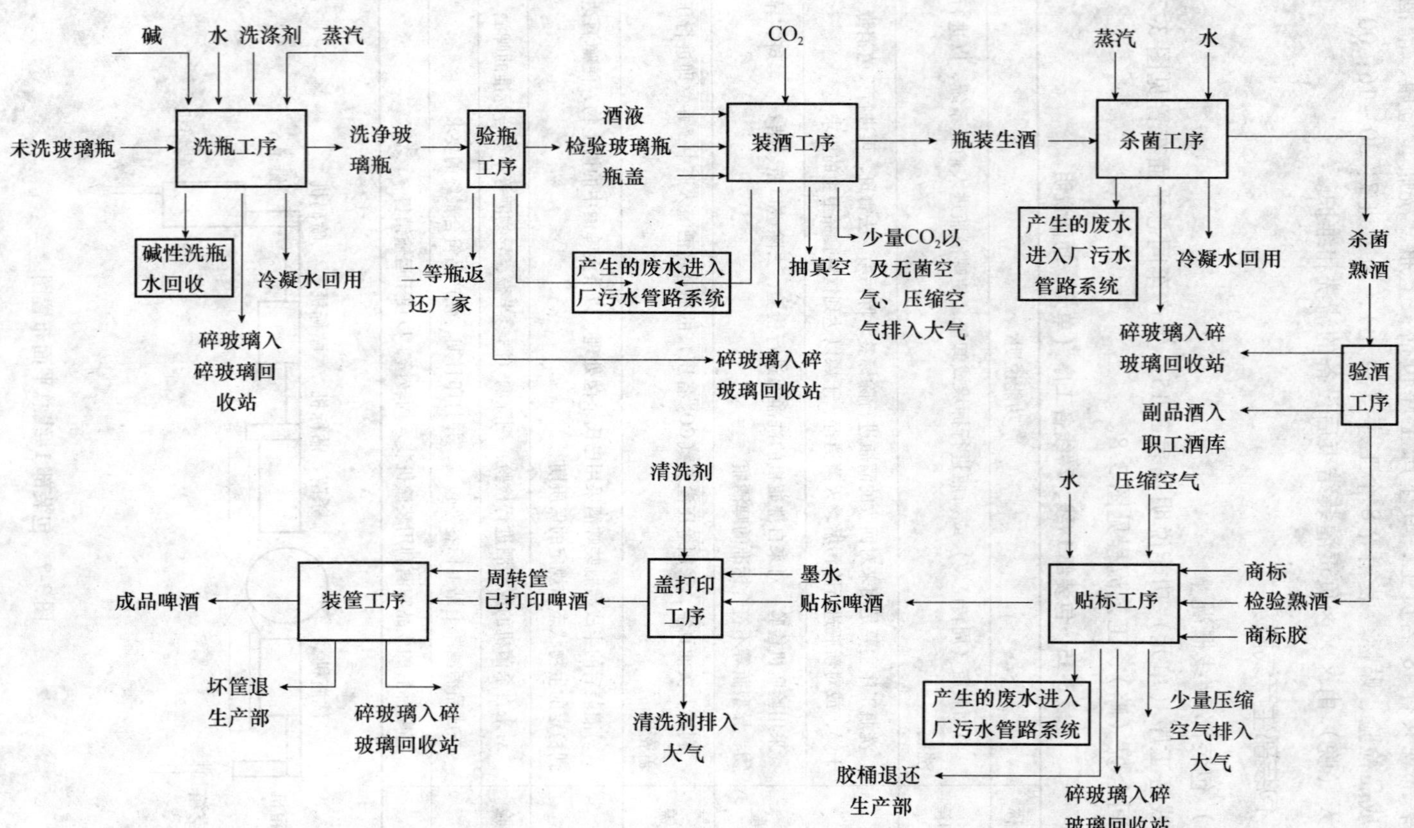

图3-8 包装车间1#、2#线工艺流程图

（2）包装部2#线概况

2#线各工序（单元）功能说明表、总平面布置图等同1#线基本相同。

3.1.2 包装部输入、输出物料平衡情况

包装部1#线物料平衡见图3-9，2#线物料平衡见图3-10。

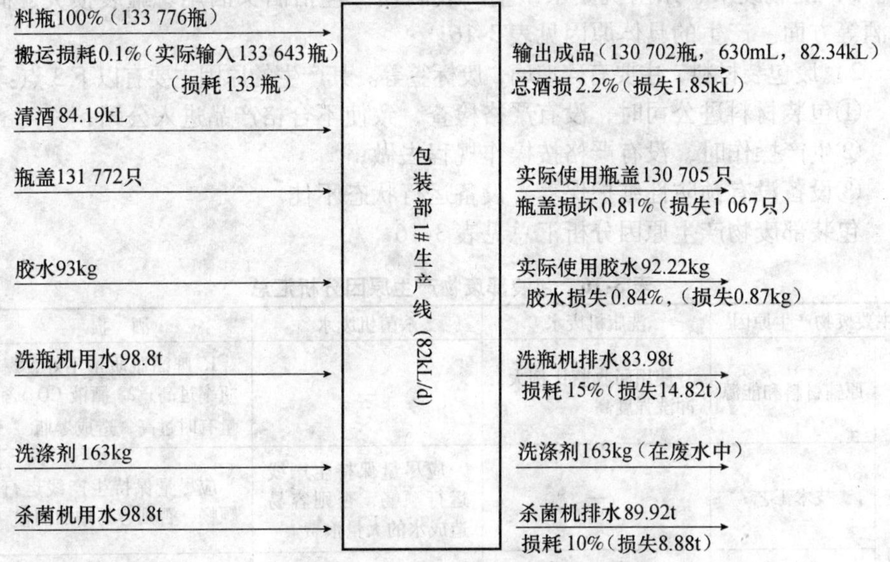

图3-9 包装车间1#线物料平衡图

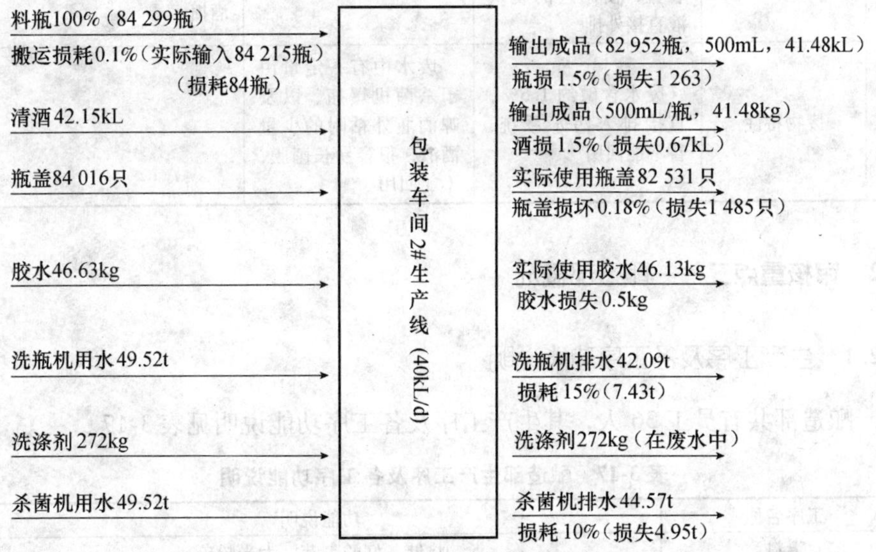

图3-10 包装车间2#线物料平衡图

3.1.3 包装部废物产生原因分析

从两条生产线物料平衡图3-9、图3-10可以看出，包装部1#线总酒损高于2#线，但瓶盖损失较小，用水和排水水平基本相同。包装车间产生的主要废物如下。

1）洗瓶废水、杀菌机废水；生产线酒损，包括酒头酒尾、罐装损失、副品酒等方面。产生的具体原因见表3-16。

2）废包装材料，主要有碎玻璃、废标签等。其产生的原因主要有以下3点：

①包装材料进公司时，没有严格检查，致使不合格产品进入公司；

②生产操作时，没有严格按操作规程去做；

③设备没有预防性维护保养，设备运行状态不佳。

包装部废物产生原因分析汇总见表3-16。

表3-16　包装部废物产生原因分析汇总

主要废物产生原因		洗瓶机废水	杀菌机废水	酒　损
原因分析	原辅材料和能源	使用回收瓶比例大，冲洗强度高	—	1. 啤酒瓶质量不好，爆瓶率过高；2. 酒液 CO_2 含量有时过高，造成爆瓶
	技术工艺	—	应尽量保持生产线运行顺畅，否则容易造成水的大量浪费	应尽量保持生产线运行顺畅，否则容易增加酒损
	设备	在洗瓶工艺中未配备废碱液回收再利用装置，使用过的废碱液直接外排	—	罐装过程中在设备不正常的情况下，容易增加酒损
	废物特性	废水含碱约1.5%，直接排入污水系统，暂不能回用	废水中有一定量由于杀菌机爆瓶、以及啤酒瓶外粘附的少量酒液，很容易长菌膜，不能回用	

3.2 审核重点二——酿造部概况

3.2.1 生产工序及各工序功能说明

酿造部共有员工36人，其生产工序及各工序功能说明见表3-17。

表3-17　酿造部生产工序及各工序功能说明

工序名称	功能说明
上料	将储备好的麦芽、大米粉碎
糖化	将粉碎好的麦芽、大米制成麦汁

续表

工序名称	功能说明
麦汁冷却	将麦汁冷却到发酵的温度
控温	按照工艺要求调整发酵罐内的温度
过滤	去除发酵液中的杂质制成清酒
制冷	把冷媒酒精的温度降低
刷洗	把生产使用后的发酵缸刷洗干净
糊化	把大米粉液化由大分子的淀粉变成小分子的糊精
麦汁过滤	把麦汁和糟皮分离
麦汁煮沸	把麦汁中多余的水分蒸发去除热凝固物
上酒	把麦汁从煮沸锅送到回旋沉淀槽
回旋沉淀	分离麦汁中的热凝固物等杂质

3.2.2 酿造部主要工艺流程

酿造部工艺流程见图 3-11。

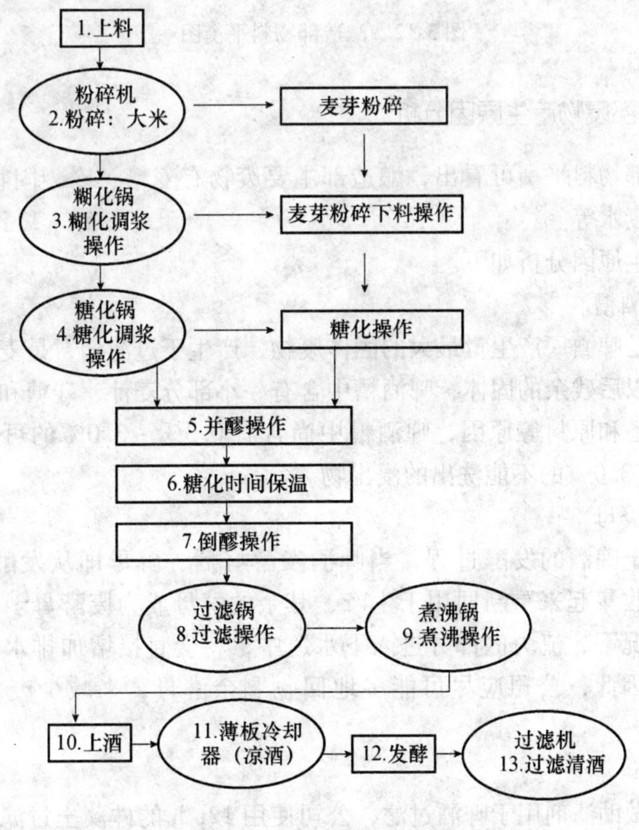

图 3-11　酿造部工艺流程

3.2.3 酿造部物料平衡

酿造部物料平衡见图 3-12。

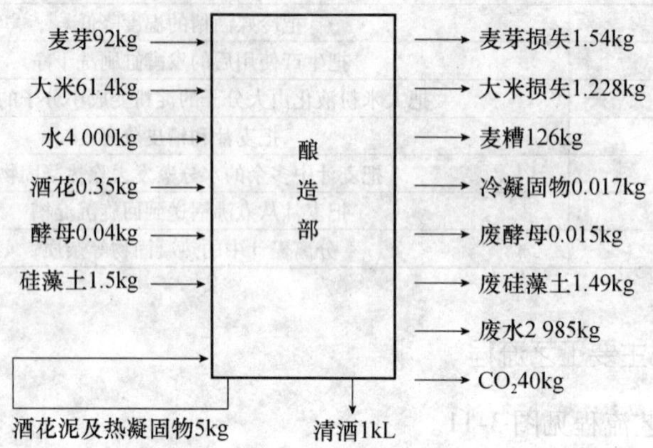

图 3-12　酿造部物料平衡图

3.2.4 酿造部废物产生原因分析

由酿造部物料平衡可看出，酿造部主要废物有麦糟、冷凝固物、废酵母、废硅藻土、废水等。

废物产生原因分析如下。

（1）啤酒糟

啤酒糟是啤酒厂产生量最大的固体废物，产生于过滤槽，是麦汁从糖化醪中分离出去以后残余的固体，啤酒糟中含有一小部分麦汁、残糖和水。由于生产工艺、设备和原料等原因，啤酒糟中尚含有 0.3% ~3.0% 的可洗出的浸出物和 0.6% ~3.0% 的不能洗出的浸出物。

（2）废酵母

酵母用于啤酒的发酵过程，当啤酒发酵好后，酵母即从发酵罐中排出。部分酵母被收集起来重新回用于生产，其余的酵母成为废酵母。废酵母收集效率低的情况下，流失的部分进入下水道中，将会直接增加排水中有机物的污染负荷。因此，公司应尽可能多地回收剩余酵母，来减少废水中的污染负荷。

（3）废硅藻土

硅藻土做助滤剂用于啤酒过滤，公司使用 12t/h 的硅藻土过滤机，停止过滤后，先用水将硅藻土中残留啤酒洗涤出来，而后开启过滤机，将硅藻土冲洗下来，过滤机重新安装备用。废硅藻土弃置不用，成为固体废物。废硅藻土进入废水中，除增加废水的污染负荷外，还将增加后续污水处理设施的处理难度。因此，公司应对产生的废硅藻土进行正确的收集和处置，使之不对环境产生负面影响。

（4）凝固物

热凝固物是麦汁煮沸过程中，由析出的酒花树脂、不稳定胶体蛋白质和夹带的麦汁形成的浆状析出物，公司热凝固物全部回用，冷凝固物外排，凝固物中含有生产啤酒所需的麦汁且 BOD 含量大约为 110 000mg/L，因此凝固物排入废水中将增加有机物污染负荷。

（5）废水

酿造部产生废水为酿造废水、刷洗废水和冷却水等。

（6）二氧化碳

发酵过程中，酵母将浸出物中的糖转化为酒精和二氧化碳，酒精是生产的中间产品，二氧化碳是废气或副产品，每吨麦汁约产生 30 ~ 50kg 的二氧化碳，二氧化碳产生的多少取决于麦汁的浓度。对于这部分二氧化碳，公司如果回收可用于生产中，现在公司二氧化碳直接排放，增加了空气中的温室气体。

3.3 审核重点三——节能

3.3.1 公司能源消耗概况

啤酒在生产过程中需要消耗蒸汽和电，公司现有锅炉房 1 座，内有 6t/h 燃煤锅炉 2 台，用于生产和公司厂区冬季采暖，× × 年公司锅炉燃煤量 3 649t。

3.3.2 公司能源减排潜力分析

（1）燃煤量

公司生产用能主要为蒸汽和电，蒸汽由公司锅炉燃煤提供，电外购。根据当地环境保护部门要求，企业实施清洁生产且年节约燃煤 1 000t。咨询组和公司清洁生产审核小组对公司的主要蒸汽消耗环节进行了分析，发现公司燃煤量大的主要原因是现有锅炉热效率较低，且主要生产车间（酿造、麦芽和包装）余热没有得到有效回收利用，同时公司节电方面亦有潜力可挖。

（2）大气污染物

公司锅炉烟尘出现超标的主要原因是由于锅炉使用的除尘器属落后的淘汰产品，加上使用年限较长，且设备缺乏维护。公司通过年节约 1 000t 燃煤可大量减少大气污染物的产生，并通过最终锅炉除尘器的改造可实现达标排放。

3.4 继续实施无/低费清洁生产方案

通过评估阶段的工作，咨询组和公司审核小组继续提出和实施了部分无/低费清洁生产方案，具体方案见表3-18。

表3-18 评估阶段无/低费方案汇总

产生部位	方案编号	清洁生产方案内容	实施效果	投资（万元）	方案类型
包装部	F9	包装材料进公司和发料时严格检查，保证不合格包装材料不进公司和包装部	减少包装部车间产生的固体废物和因啤酒瓶不合格造成的酒损，降低废水中COD负荷	0	加强管理
	F10	生产操作时，严格按操作规程去做	减少瓶损和酒损，降低废水中COD负荷	0	加强管理
	F11	设备经常进行预防性维护和保养，特别是罐装机酒阀、压盖机头的调校	保证酒路、气路的畅通及密封件的严密，杜绝酒的跑冒滴漏	0	改进维护
	F12	对操作工人经常进行岗位技能和环保意识培训，提高其责任心	减少消耗，降低污染	0	员工
	F13	加强管理，包装材料消耗与奖金挂钩	减少消耗，降低污染	0	加强管理
	F14	包装实施减热工艺	降低酒损、瓶损效益2.4万元，减少蒸汽消耗效益4万元，减少电耗3.25万元，共计9.65万元	1.8	工艺改进
酿造部	F15	糖化实施减热工艺	年减少酒损效益2.0万元，减少蒸汽效益5.0万元，节电效益3.25万元，共计10.25万元	0.76	工艺改进
工程部	F16	配电室减容——配电室减去1台1千伏安变压器	年节电40万度，年经济效益27.2万元	0	设备
合计			47.1万元	2.56	

第 4 章　方案的产生和筛选

4.1　方案汇总

4.1.1　方案产生

通过咨询组在公司内分层次培训和审核小组的宣传动员，组织座谈，发动全公司广大员工参与合理化建议征集等活动，并以公司本轮设置的清洁生产目标为基础，同时结合项目咨询组的建议，从原辅材料和能源、技术工艺、设备、过程控制、产品、废物、管理和员工 8 个方面着手，在审核过程的各阶段共提出了可能实施的 37 项清洁生产方案，除了前面预评估和评估阶段提出并全部实施的 16 项无/低费方案外，另包括新制订的 21 项中/高费方案。

4.1.2　无/低费与中/高费方案的划分

对产生的清洁生产方案按照投资进行划分的标准为：投资 3 万元以下的方案为低费方案，投资 3 万～30 万元（包括 3 万元）的方案为中费方案，投资 30 万元以上（包括 30 万元）的方案为高费方案。

4.1.3　方案汇总

咨询组和审核小组对方案进行了汇总，同时粗略估计了中/高费方案的投资及其预期环境效益和经济效益。本轮审核共产生方案 37 项，其中无费方案 10 项，低费方案 6 项，中费方案 16 项，高费方案 5 项。全部方案汇总见表 3-19。

表 3-19　方案汇总

序号	清洁生产方案内容	预计实施效果	投资（万元）	方案类型和实施部门
F1	购置煤质检测设备	保证燃煤质量，降低煤耗	0.85	低费、工程部
F2	尾气回收改造	节约蒸汽，降低煤耗	0	无费、工程部
F3	科学使用变压器	降低电耗	0	无费、工程部
F4	热水回收	节约水和蒸汽	0.56	低费、酿造部
F5	安装次品酒回收装置	降低酒损	0.8	低费、包装部
F6	洗瓶改造	减少瓶损、水耗、电耗、汽耗和碱耗	2.1	低费、包装部

续表

序号	清洁生产方案内容	预计实施效果	投资（万元）	方案类型和实施部门
F7	加强管理	减少瓶损和酒损	0	无费、包装部
F8	温度控制	减少瓶损和酒损	0	无费、包装部
F9	包装材料进公司和发料时严格检查，保证不合格包装材料不进公司和包装部	减少包装部车间产生的固体废物和因啤酒瓶不合格造成的酒损，降低废水中COD负荷	0	无费/加强管理、包装部
F10	生产操作时，严格按操作规程去做	减少瓶损和酒损，降低废水中COD负荷	0	无费/加强管理、包装部
F11	设备经常进行预防性维护和保养，特别是罐装机酒阀、压盖机头的调校	保证酒路、气路的畅通及密封件的严密，杜绝酒的跑冒滴漏	0	无费/改进维护、包装部
F12	对操作工人经常进行岗位技能和环保意识培训，提高其责任心	减少消耗，降低污染	0	无费/员工、包装部
F13	加强管理，包装材料消耗与奖金挂钩	减少消耗，降低污染	0	无费/加强管理、包装部
F14	包装实施减热工艺	降低酒损、瓶损效益2.4万元，减少蒸汽消耗效益4万元，减少电耗3.25万元，共计9.65万元	1.8	低费/工艺改进、包装部
F15	糖化实施减热工艺	年减少酒损效益2.0万元，减少蒸汽效益5.0万元，节电效益3.25万元，共计10.25万元	0.76	低费/工艺改进、酿造部
F16	配电室减容——配电室减去1台1千伏安变压器	年节电40万度，年经济效益27.2万元	0	无费/设备、工程部
F17	发酵罐及糖化各锅刷洗水回收再利用	年节约新鲜水3 800t，年经济效益1.3万元	30	高费、酿造部

续表

序号	清洁生产方案内容	预计实施效果	投资（万元）	方案类型和实施部门
F18	包装部杀菌机降温废水和1#线酒机真空泵冷却水回收再利用	年节约新鲜水9 000t，年经济效益3.15万元	3	中费、包装部
F19	糖化出糟系统介质由水改风	年节约新鲜水12 000t，年经济效益4.2万元。同时可较大幅度降低废水中COD负荷	30	高费、酿造部
F20	增设二氧化碳回收系统	这部分二氧化碳不再排入大气，同时每年可创经济效益6.0万元	40	高费、酿造部
F21	锅炉改造	改造后锅炉出力与热效率分别提高25%和8%，年节煤600t，可减少烟尘排放7.02t，减少SO_2排放2.88t。年经济效益11.83万元	10	中费、工程部、节能
F22	3#锅炉燃烧稻壳改造	每年可节煤350t，可减少烟尘排放3.94t，减少SO_2排放1.68t。年经济效益9.1万元	15	中费、锅炉节能
F23	包装车间余热回收改造	年节水560t，节煤140t，可减少烟尘排放1.575t，减少SO_2排放0.672t。年经济效益3.84万元	6	中费、包装部节能
F24	酿造车间余热回收改造	年节水900t，节煤225t，可减少烟尘排放2.53t，减少SO_2排放1.08t。年经济效益6.17万元	6	中费、酿造部节能
F25	麦芽分厂余热回收改造	年节水460t，节煤115t，可减少烟尘排放1.29t，减少SO_2排放0.55t。年经济效益3.15万元	6	中费、麦芽分厂节能

续表

序号	清洁生产方案内容	预计实施效果	投资（万元）	方案类型和实施部门
F26	冰水自然冷改造	冬季节电91 200kW·h，经济效益5.93万元	10	中费、节能
F27	酒精冷媒自然冷改造	冬季节电136 800kW·h，经济效益8.89万元	10	中费、节能
F28	TSXT系统安全节电器节电改造	年节电40.7万kW·h，年经济效益26.46万元	28	中费、节能
F29	包装生产线安装全自动在线清洗过滤装置	可节省碱液，提高生产线生产效率，减少车间废水产生量	23	中费、包装部
F30	采用调节+水解酸化+接触氧化工艺建污水处理设施	公司废水可实现稳定达标排放	236	高费、为污水最终达标排放末端治理
F31	锅炉除尘器改造	公司锅炉烟气可实现稳定达标排放	30	高费、为烟气最终达标排放末端治理
F32	安装4台蒸汽流量计	强化管理手段，为使用蒸汽考核奠定基础	5.12	中费、工程部、节能
F33	购置溶解氧检测仪	降低酒损，年经济效益4万元	11.55	中费、工程部
F34	高浓度稀释设备改造	主料系统降耗效益4万元/年，节能效益5.25万元，共计9.25万元	6	中费、酿造部
F35	CIP刷洗系统改造	碱回收效益6万元/年	12.1	中费、酿造部
F36	空压机改造（新增13.7立方米空压机1台）	节能效益3.25万元/年	14.2	中费、酿造部
F37	制氮机及氮气储存罐改造	效益2.0万元/年	22.7	中费、酿造部

4.2 方案筛选和方案研制

4.2.1 方案简易的初步筛选

由公司领导、技术人员和现场操作人员以及咨询组和厂内外工艺技术专家共同根据技术可行、环境效果、经费投资与效益等对本阶段产生的21项中/高费清洁生产备选方案从技术可行性、环境可行性、经济可行性、实施难易程度、当地环境保护部门的要求以及公司资金情况等方面进行讨论及分析，对备选方案进行初步筛选，具体情况见表3-20。方案筛选结果见表3-21。

表3-20　方案简易筛选表

序号	清洁生产方案	技术可行性	经济效果	环境效果	费用（万元）	实施难易程度	对生产和产品的影响	结论
F17	发酵罐及糖化各锅刷洗水回收再利用	√	×	√	30	较难	无	×
F18	包装部杀菌机降温废水和1#线酒机真空泵冷却水回收再利用	√	√	√	3	一般	无	√
F19	糖化出糟系统介质由水改风	√	不明显	好	30	较难	有	√
F20	增设二氧化碳回收系统	√	√	√	40	较难	无	√
F21	锅炉改造	√	√	√	10	一般	有	√
F22	3#锅炉燃烧稻壳改造	×	√	√	15	较难	有	×
F23	包装车间余热回收改造	√	√	√	6	一般	无	√
F24	酿造车间余热回收改造	√	√	√	6	一般	无	√
F25	麦芽分厂余热回收改造	√	√	√	6	一般	无	√
F26	冰水自然冷改造	√	√	√	10	一般	无	√
F27	酒精冷媒自然冷改造	√	×	√	10	较难	无	×
F28	TSXT系统安全节电器节电改造	√	√	√	28	一般	无	√
F29	包装生产线安装全自动在线清洗过滤装置	√	×	√	23	一般	无	×
F30	采用调节+水解酸化+接触氧化工艺建污水处理设施	√	×	√	236	较难	无	√
F31	锅炉除尘器改造	√	×	√	30	较难	无	√
F32	安装4台蒸汽流量计	√	√	√	5.12	一般	无	√
F33	购置溶解氧检测仪	√	√	√	11.55	一般	有提高	√
F34	高浓度稀释设备改造	√	√	√	6	一般	无	√
F35	CIP刷洗系统改造	√	√	√	12.1	一般	无	√
F36	空压机改造（新增13.7m^3空压机1台）	√	×	不明显	14.2	一般	无	×
F37	制氮机及氮气储存罐改造	√	×	不明显	22.7	一般	无	×

表 3-21　中/高费方案简易初步筛选结果表

初步可行方案			暂不可行方案	
方案序号	方案内容	备注	方案序号	方案内容
F18	包装部杀菌机降温废水和 1#线酒机真空泵冷却水回收再利用		F17	发酵罐及糖化各锅刷洗水回收再利用
F19	糖化出糟系统介质由水改风	纳入持续清洁生产计划	F22	3#锅炉燃烧稻壳改造
F20	增设二氧化碳回收系统	纳入持续清洁生产计划	F27	酒精冷媒自然冷改造
F21	锅炉改造		F29	包装生产线安装全自动在线清洗过滤装置
F23	包装车间余热回收改造		F36	空压机改造（新增 13.7m^3 空压机 1 台）
F24	酿造车间余热回收改造		F37	制氮机及氮气储存罐改造
F25	麦芽分厂余热回收改造			
F26	冰水自然冷改造			
F28	TSXT 系统安全节电器节电改造			
F30	采用调节 + 水解酸化 + 接触氧化工艺建污水处理设施			
F31	锅炉除尘器改造			
F32	安装 4 台蒸汽流量计			
F33	购置溶解氧检测仪			
F34	高浓度稀释设备改造			
F35	CIP 刷洗系统改造			
合计　15 个方案			合计　6 个方案	

（1）方案的初步筛选结果说明

1）方案 F30 采用调节 + 水解酸化 + 接触氧化工艺建污水处理设施和 F31 锅炉除尘器改造属末端治理的方案，这两个方案对公司来讲基本没有经济效益，且投资较大，但环境效益和社会效益显著。为了保证满足公司主要污染物达标排放的要求，咨询组与公司审核小组决定将其列入初步可行的方案中。对公司来讲这两个方案必须实施。

2）从简易筛选结果得出 6 条方案，在企业目前情况下暂不可行。

方案筛选结果的原因说明如下。

F17　发酵罐及糖化各锅刷洗水回收再利用：该方案投资较大，经济效益不显著，施工涉及增设20m^3 回收罐、管道泵和100多米管道铺设等，施工难度较大，本方案暂不实施。

F22　3#锅炉燃烧稻壳改造：该方案发展前景很好，但从企业目前的资金情况来讲，该方案经济效益不是很好，暂不考虑实施。

F27　酒精冷媒自然冷改造：因该方案实施难度较大，且考虑公司资金情况暂不考虑。

F29　包装生产线安装全自动在线清洗过滤装置：该方案投资较大，虽然环境效益明显，但考虑公司现有资金情况，本方案暂不考虑实施。

与F29类似原因，由于F36空压机改造（新增13.7m^3 空压机1台）和F37制氮机及氮气储存罐改造（酿造车间增加100立方米制氮机1台和增加2个18立方米氮气储存罐）两个方案投资较大，考虑公司现有资金情况，这两个方案暂不实施。

3）F19糖化出糟系统介质由水改风：该方案环境效益非常显著，实施后可显著降低公司生产废水的产生量和COD污染负荷，但方案投资较大，经济效益不明显，且施工难度较大，对生产有一定影响，本轮清洁生产审核将其初步确定为可行的方案但暂不考虑实施，公司将其纳入了持续清洁生产计划中，进行进一步的研发，在条件允许的情况下优先考虑实施。

F20　增设二氧化碳回收系统：该方案许多啤酒企业已有实施先例，效果良好。CO_2 回收后可有多种利用途径，公司现生产规模较小，从提高方案的经济效益角度，应结合公司的实际情况考虑 CO_2 的利用问题，考虑公司资金和技术情况，本方案虽可行但暂不实施，公司将其纳入了持续清洁生产计划中，进行进一步的研发，在条件允许的情况下优先考虑实施。

4）本轮清洁生产审核初步筛选出的不可行方案，有些在其他啤酒企业得到了很好的应用，取得了良好的实施效果；有些发展前景很好，但考虑到公司现有的资金和技术等情况，公司暂不实施。但随着公司清洁生产工作的深入开展和技术水平的不断进步，将逐步考虑对这几项方案的研发。

（2）筛选结论

通过对以上21项中/高费方案进行初步技术、环境和经济效益评估，结合公司技改项目计划，本次清洁生产审核初步筛选出了15项中/高费方案：F18、F19、F20、F21、F23、F24、F25、F26、F28、F30、F31、F32、F33、F34、F35。

由于其中4个方案（F32、F33、F34和F35）投资相对较小，实施简单且实施后经济效益良好，部分当年就可收回投资，因此公司已筹措资金组织相关部门开始实施这些方案。

两个方案（F19 糖化出糟系统介质由水改风和 F20 增设二氧化碳回收系统）资金投入较大，存在着一定的技术难度，公司将其列入持续清洁生产计划中，需对这两个方案进行进一步的研制和方案技术路线比选。现仅对剩余的 9 项清洁生产方案（本轮审核计划实施）进行了初步研制。

4.2.2 方案研制

（1）F18 包装部杀菌机降温废水和 1#线酒机真空泵冷却水回收方案技术路线

通过安装管线将杀菌机降温废水和 1#线酒机真空泵冷却水收集到利用废弃罐做成的水回收罐中，然后利用泵将罐内废水接入洗瓶机进行利用。

现有 1#、2#线杀菌机降温废水全部外排，1#线酒机真空泵冷却水外排，该方案是将 1#、2#线杀菌机降温废水和 1#线酒机真空泵冷却水用 2 个 15t 的水罐回收，用于 1#、2#线洗瓶机、杀菌机的用水，该方案实施难度不大，技术可行。

储水罐每放一次水洗瓶机可节约 20t 水，杀菌机可节约 15t 水，按公司年产量 2 万 t 计算，该方案每年可节约新鲜水 9 000t，同时每年可减少废水排放量 7 650t。

该方案投资主要为贮水罐、管线和管道泵的选购、安装和铺设等，储水罐可在公司内部废物改造利用，投资估算为 3. 0 万元。

方案直接经济效益来自于新鲜水节约的水费减少，方案实施后年节约新鲜水 9 000t，水费按 3. 5 元/t 计算，年经济效益 3. 15 万元。

（2）F21 锅炉改造

通过对锅炉进行拱形改造，提高锅炉效率。可行性分析见第 5 章。

（3）F23 包装车间余热回收改造方案技术路线

通过安装管线和泵等将包装部洗瓶机产生的冷凝水送到锅炉热水库，减少锅炉自来水使用，提高锅炉热效率。

包装部洗瓶机生产时每天回收 22t 冷凝水到锅炉热水库，减少锅炉自来水使用，提高锅炉热效率，该方案实施简单，技术可行。

改造后全年冷凝水回收量为 5 600t，同时可节煤 140t，可减少烟尘排放 1. 575t，减少 SO_2 排放 0. 672t。

方案总投资估算为 6 万元（挖地下管沟约 162. 4m^3，管路安装等）。

年经济效益 7. 0 万元。

（4）F24 酿造车间余热回收改造方案技术路线

通过安装管路、泵和废水回收罐将酿造部糖化蒸汽冷凝水收集回收送到锅炉热水库，减少锅炉自来水使用，提高锅炉热效率。

酿造部糖化蒸汽冷凝水生产时每天回收 10t 到锅炉热水库，减少锅炉自来水使用，提高锅炉热效率，该方案实施简单，技术可行。

改造后全年冷凝水回收量为 900t，同时可节煤 225t，可减少烟尘排放 2.53t，减少 SO_2 排放 1.08t。

方案总投资估算为 6 万元（挖地下管沟、铺设管路等）。

实施后年经济效益估算 11.25 万元。

（5）F25 麦芽分厂余热回收改造方案技术路线

通过安装管路、泵和废水回收罐将麦芽分厂烘干冷凝水收集回收送到锅炉热水库，减少锅炉自来水使用，提高锅炉热效率。

麦芽分厂烘干冷凝水生产时每天回收 5t 到锅炉热水库，减少锅炉自来水使用，提高锅炉热效率，该方案实施简单，技术可行。

改造后全年冷凝水回收量为 460t，同时可节煤 115t，可减少烟尘排放 1.29t，减少 SO_2 排放 0.55t。

方案总投资估算为 3 万元（挖管沟，改造管路等）。

年经济效益估算 5.75 万元。

（6）F26 冰水自然冷改造方案技术路线

通过安装管路和简易设备，利用北方冬季室外寒冷的自然条件，对冷冻冰水等冷媒介质进行自然降温冷却，以达到节约能源的目的。

该方案的主要实施效果是节电，改造后冬季每天可少开 95kW 制冷机 8 小时，冬季按 120 天计算，年节电 9.12 万 kW·h。年节约资金 6 万元。

（7）F28 TSXT 系统安全节电器节电改造

公司用电系统安装 TSXT 系列系统安全节电器。可行性分析见第 5 章。

（8）F30 采用调节 + 水解酸化 + 接触氧化工艺建污水处理设施

针对公司所处的地理位置、气候条件及啤酒生产废水高 COD、高 BOD 及高 SS 的特点，并结合国内外啤酒废水处理的经验，设计采用调节 + 水解酸化 + 接触氧化处理工艺对公司废水进行处理，处理后使公司废水实现达标排放。方案的达标可靠性分析见第 5 章。

（9）F31 锅炉除尘器改造

将原有除尘器改为冲击式水浴脱硫除尘器。改造后可实现锅炉废气稳定达标排放。方案的达标可靠性分析见第 5 章。

第 5 章　可行性分析

由简易的初步筛选结果，得出 9 个中/高费方案，这些方案在第 4 章中均做了初步的研制。现仅对 F21、F28、F30、F31 进行可行性分析和评估。这 4

个方案汇总见表3-22。

表3-22 本轮进行可行性分析的中/高费方案汇总

序号	清洁生产方案	投资（万元）
F21	锅炉改造	10
F28	TSXT 系统安全节电器节电改造	28
F30	采用调节 + 水解酸化 + 接触氧化工艺建污水处理设施	236
F31	锅炉除尘器改造，将原有除尘器改为冲击式水浴脱硫除尘器	30

审核小组对以上方案进行技术、环境和经济评估，以得到最佳可实施方案。因 F30 和 F31 是必须实施的方案，且经济效益不明显，仅对其工艺和设备进行达标可靠性分析。

5.1 F21 锅炉改造可行性分析

5.1.1 技术评估

公司现有锅炉热效率低、炉墙漏风严重，电力和煤炭消耗大、工人劳动强度高、炉拱结焦严重。通过对锅炉炉体进行节能炉拱改造，加长后拱 300mm，前拱改为节能型拱降低了拱的高度，对拱的角度及几何形状同时进行改造，增加了反射受热面积，通过使燃煤在炉内充分地燃烧，从而进一步提高锅炉的热效率，使炉渣含碳量由改造前的 30% 下降至 15%。此方案可将锅炉出力和热效率分别提高 25% 和 8%。

5.1.2 环境评估

该方案实施后，按年产 2 万 t 啤酒计算，年可节约燃料煤 455t，可减少烟尘排放 5.12t，减少 SO_2 排放 2.18t。该方案环境效益良好。

5.1.3 经济评估

（1）方案投资

该方案总投资 10 万元。

（2）效益估算

方案实施后产生的直接经济效益来自于锅炉燃煤消耗的减少，方案实施后年节约燃料煤 455t，燃料煤按 500 元/t 计算，年经济效益 22.75 万元。

（3）该方案实施后投资回收期 0.44 年，经济上可行。

5.1.4 评估结论

通过以上各项评估，该方案为可行方案。由于该方案环境效益和经济效益均很好，公司决定立即组织实施。

5.2 F28 TSXT 系统安全节电器节电改造可行性分析

5.2.1 技术评估

TSXT 系列系统安全节电器是一种适用于所有用电系统的并联型接电装置；采用国际上最专业的生产技术、最先进的快速瞬变抑制元件及最成熟的设计经验制造而成的先进控制系统。TSXT 系列系统安全节电器可有效抑制电网电路中的瞬变、浪涌及谐波，提高设备的运行效率，延长设备的使用寿命，具有节电和保护设备的双重功效。

TSXT 系列系统安全节电器的技术已经在美国及欧洲各国广泛推广应用。在中国，TSXT 已成功应用于各个行业、各种类型的用电系统，并吸引着越来越多的用户。

（1）TSXT 采用的改善措施

系统安全节电器的钳位电压在火线与零线之间设定一个位值，所有高于该位值的电压尖峰均被迅速抑制，从而抑制了过压，使其对末端负载和整个系统的影响减小到最轻的程度。

（2）TSXT 的主要特点

1）节电率：5% ~20%（分 A、B、C 型）。

2）安装简单，操作方便。

3）产品实现智能化控制，可以做到免调试。

4）能有效地抑制电网中的谐波及瞬变、浪涌，具有净化电网之功效。

5）能有效消除电网中的瞬变电流，保护设备并延长设备使用寿命。

6）可以改善提高用电设备的效率。

7）容易维护、可靠性强，平均无故障运行时间可高达 15 万 h。

5.2.2 环境评估

该方案的主要实施效果是节电，改造后年节电 40.7 万 kW · h。

5.2.3 经济评估

（1）投资估算

方案总投资估算为 28 万元：主要为设备购置费和安装费。

（2）效益估算

年节电 40.7 万 kW·h，电价按 0.65 元/（kW·h）计算，年经济效益 26.45 万元。

（3）该方案投资回收期 1.06 年。经济上可行。

5.2.4 评估结论

通过以上各项评估，该方案为可行方案。

5.3 F30 采用调节＋水解酸化＋接触氧化工艺建污水处理设施达标可靠性分析

1. 处理方法概况

针对啤酒废水污染的控制，采用的主要技术包括好氧生物处理、厌氧生物处理、好氧与厌氧联合生物处理等方法，这些废水处理方法能有效地去除啤酒废水中的污染物，减轻或消除啤酒废水对环境的危害。

活性污泥法（好氧生物处理）对于处理低浓度有机废水，是使用最多、运行可靠的废水处理方法。与生物滤池等生物膜法相比，该法的优点是占地面积少、处理效果好，适用于大中城市啤酒厂。活性污泥法的缺点是运行中易出现污泥膨胀问题，且污泥产量高、处置麻烦，不耐冲击负荷，基建运行费用也比较高。

间歇式活性污泥法（即 SBR 法）也已用于处理啤酒废水工程中，结果表明 SBR 法能有效地去除啤酒废水中的有机污染物。当进水 COD 浓度为 1 000～2 000mg/L 时，处理后的出水可达污水综合排放标准的一级或二级标准。该方法的特点是进水、曝气、沉淀、排水均在一个池中按顺序完成，废水分批处理，运行灵活，能有效抑制污泥膨胀，剩余污泥量少且浓缩脱水性能好，耐冲击负荷，工作稳定，基建运行费用低。与常规活性污泥工艺相比，在进出水水质相同的前提下，基建投资、运行费用及占地面积均可减少 20% 左右。

2. 公司废水处理方法和工艺的选择

针对公司所处的地理位置、气候条件（冬季寒冷地区）及啤酒生产废水 COD、BOD 及 SS 浓度较高的特点，并结合国内外啤酒废水处理的经验，设计采用调节＋水解酸化＋接触氧化处理工艺。根据厂方提供的水质资料（CODcr:619mg/L；BODs：284mg/L；SS：200mg/L；氨氮：3.22mg/L），出水水质指标要求达到《啤酒工业污染物排放标准》（GB 19821—2005）的排放标准，即 CODcr≤80mg/L；BODs≤20mg/L；SS≤70mg/L；氨氮≤15mg/L；pH：6～9。通过以上水质资料分析可以看出，除氨氮和 pH 值外，其他各项指标均超标。其中，COD 超标 7.74 倍；BOD 超标 14.2 倍；SS 超标 5.37 倍。公司废水中 BOD/COD＝0.46，说明水质可生化性非常好。因此，本方案采用生化法作为主体处理工艺。

（1）工艺特点

针对啤酒废水的特点，本处理工程拟采用曝气调节＋水解酸化＋生物接触氧化＋沉淀工艺，对污水进行处理。

水解酸化工艺主要优点：

1）通过水解池利用厌氧反应中的水解酸化阶段，而放弃了停留时间长的甲烷发酵阶段，其反应控制在厌氧的第二阶段完成之前，出水无厌氧发酵的不良气味，改善处理厂的环境。

2）水解酸化或称部分厌氧即主要在厌氧反应的水解和酸化阶段，从而在反应器中取消了三相分离器，使得反应器结构十分简单，便于放大。虽然水解池的停留时间仅有 2.5h，但分别可取得高达 45.7%、42.3% 和 93.0% 的 COD、BOD_5 和 SS 去除率。后续处理的工艺仅需采用 2.5h 停留时间。

3）水解池对有机物的去除率，特别是对悬浮物的去除率显著高于具有相同停留时间的初沉池，完全可取代初沉池。因初沉池的去除率受水质影响较大，出水水质波动范围较大，而水解池出水水质比较稳定。先采用水解池进行一级处理，出水水质将比初沉池有很大程度的改善。特别是啤酒废水虽然可生物降解的可溶性 COD 成分高，但是废水中悬浮性颗粒状 COD 含量也很高，所以更适合采用水解处理。

4）水解池是一种以水解产酸菌为主的厌氧上流式污泥床，具有较好的抗有机负荷冲击能力；

5）水解过程可使啤酒废水中的大分子难降解有机物转变为小分子易降解的有机物，改变污水中有机物的形态和性质，使出水的可生化性得到改善，有利于后续好氧处理；

6）在低温条件下仍有较好的处理效果：

7）可以同时达到对剩余污泥的稳定，整个处理过程中产生的污泥可通过此池排出。

8）水解酸化工艺无需动力，又可降低后续好氧处理过程的运行费用。

（2）处理工艺流程

根据公司水质特点，具体处理工艺流程见图 3-13。

（3）污水处理站位置选择（略）

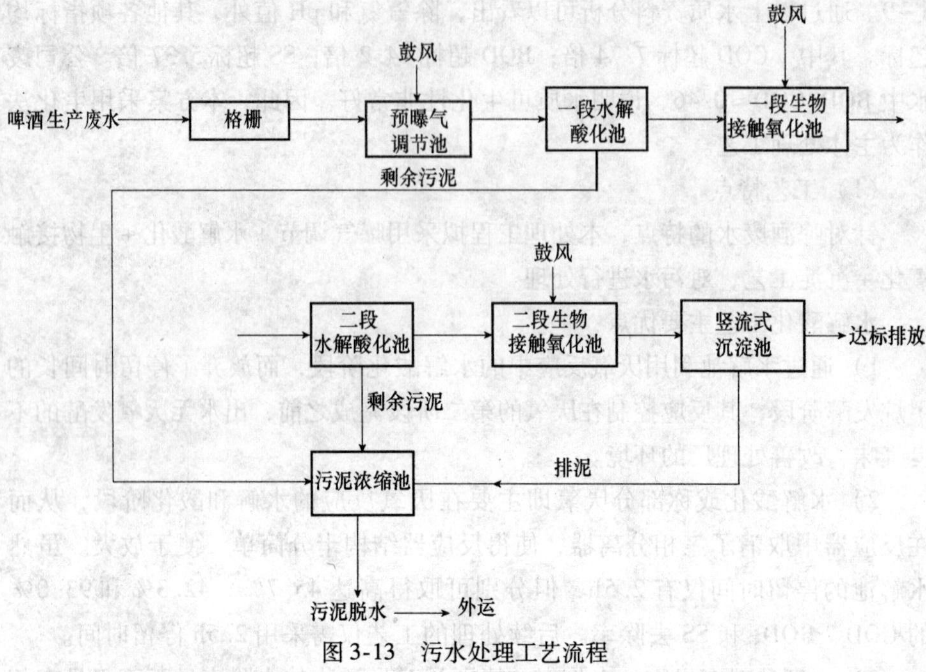

图 3-13　污水处理工艺流程

3. 达标分析

通过以上处理工艺流程处理，公司废水可实现达标排放。处理效果分析结果见表 3-23。

表 3-23　处理效果分析

设备名称		COD mg/L	BOD mg/L	SS mg/L	氨氮 mg/L	pH 值
格栅	处理前	1 060	399	376	10.22	6～9
	处理后	1 060	399	300	10.22	6～9
预曝气调节池	处理前	1 060	399	300	10.22	6～9
	处理后	848	360	120	8	6～9
一段水解酸化池	处理前	848	360	120	8	6～9
	处理后	593	288	60	6	5～7
一段生物接触氧化池	处理前	593	288	60	6	5～7
	处理后	177	28.8	60	6	6～9
二段水解酸化池	处理前	177	28.8	60	6	6～9
	处理后	123	23.0	30	6	5～7

续表

设备名称		COD mg/L	BOD mg/L	SS mg/L	氨氮 mg/L	pH 值
二段生物接触氧化池	处理前	123	23	30	6	5~7
	处理后	90	16	30	6	6~9
竖流式沉淀池	处理前	90	16	30	6	
	处理后	66	15	20	6	
出水		66	15	20	6	6~9
排放标准		80	20	70	15	6~9

4. 投资估算

污水处理系统主要构筑物包括格栅井、预曝气调节池、水解酸化池、好氧接触氧化池、竖流式沉淀池、污泥浓缩池。工程总投资估算 236 万元。

5.4 F31 锅炉除尘器改造达标可靠性分析

为使锅炉烟气能够实现稳定达标排放，公司拟对锅炉除尘器进行改造。

公司现有的两台 6t/h 燃煤锅炉，以原煤为燃料，主要污染物为烟尘和二氧化硫，废气通过 25m 高的烟囱排放。对锅炉烟尘公司现采用两台 PW 旋风除尘器，除尘系统可正常运行，除尘效率较低。

为使锅炉烟气实现稳定达标排放，公司拟对锅炉除尘器进行改造，准备采用冲击式水浴脱硫除尘器。共采用 2 台脱硫除尘器。脱硫除尘器的原理和特点如下。

1）含尘的烟气进入脱硫除尘器冲击管时，首先通过冲击管上部环形喷淋管，环形喷淋管喷出的水形成一个截面，这种水截面与含尘的烟气相碰撞，将烟气中的小颗粒烟尘凝聚为大颗粒烟尘，从而更有利于尘粒沉淀水池中；同时含有二氧化硫的气体也被水吸收。当烟气自上而下和承冲锥体相撞时，带尘的烟气便向四周均匀地钻入水中，使在此通过的烟与尘都被池中的水过滤一遍。经过过滤的烟气，接着冲向净化室，在净化室挡板的引导下，一方面有一部分残留的烟尘和水滴泡沫在挡板前相撞并冲入挡板底部的水中，从而使烟气进一步净化；另一方面，净化的烟气在冲击挡板时，速度突然降低使烟气中所带的水滴和泡沫由于向下运动的惯性和烟气向上运动时得不到足够的顶托力而落入水中。因此，净化室不但可以提高除尘效率，而且可以起到汽水分离的作用。

2）为了增加烟气与水面接触的宽度，采用双烟气进口形式，烟气分两股进入脱硫除尘器，分别通过两个扁而宽的下行通道以高速冲击水面，并以相当快的速度从喉管处掠过，烟气冲击和掠过水面都将激起大量水滴和泡沫，并且和烟气混合，一部分粒径很小、仍随烟气运动的尘粒便被水滴和泡沫黏附。翻过隔壁底部后，两股烟气相向地进入小室，并各自夹带着它们激起的水滴和泡沫发生强烈地对撞，这也使烟气中残留的尘粒与水滴和泡沫碰撞并被黏附的机会大大增加，同时烟气对撞时又激起水浪而形成大量的水滴弹溅，这些水滴将进一步捕集烟气中的尘粒，并溅到内壁上被黏附住，逐渐积累增大而落入水中。在小室上方装有折流式气水分离装置。由于锅炉出口烟气的温度都在160℃以上，在接触水面时会产生一定数量的蒸汽混合在烟气中，这也有利于提高捕集微小尘粒的能力。在除尘器上部有一段较大的空间，烟气在此空间上行时，平均截面降得很低，可使气水进一步分离，从而达到除尘效果。同时，增加与水面的接触宽度，也就增加了二氧化硫和水的接触面积，使二氧化硫和水得到了充分的接触，进一步达到了脱硫效果。

由于该设备的进烟室、喉管净烟室、沉淀池等均采用耐腐蚀结构，因而具有耐磨、耐酸、耐碱、耐腐蚀等性能，克服了用钢铁制造的除尘器不能克服的腐蚀缺点，同时还具有投资省、处理风量大、运行稳定、操作方便、运行费用和维修费用低等优点。

3）该方案拟选用冲击式水浴脱硫除尘器进行脱硫和除尘，设计除尘效率为≥96%。资料调研（《环境保护使用数据手册》，胡名操主编，机械工业出版社，1990）和类比调查显示：冲击式水浴除尘器除尘效率多在85%～95%之间，最高可达96%。但随着技术的革新和工艺的改造，有资料显示，冲击式水浴除尘器除尘效率可以达到97%。根据物料测算，该项目排放的烟尘若要达到国家规定的浓度标准，则该项目中除尘器的除尘效率必须达到94%。也就是说，拟采用的冲击式水浴除尘器的除尘效率在该除尘器正常运行下可以满足项目的需求。

冲击式水浴除尘器设计脱硫效率为60%。根据资料调研（《环境保护使用数据手册》，胡名操主编，机械工业出版社，1990）和类比调查显示：冲击式水浴除尘器脱硫效率多在50%左右，最高可达70%。但随着技术的革新和工艺的改造，有资料显示，冲击式水浴除尘器脱硫效率可以达到80%。公司所在地区原煤含硫量较低（不足0.2%），该脱硫装置可以满足改建后锅炉房二氧化硫排放浓度达标的需求。综上所述，通过对该项目的除尘、脱硫措施的分析，得出结论如下：

拟采取的大气污染物控制措施可以保证排放的大气污染物达到《锅炉大气污染物排放标准》（GB 13271—2001）Ⅱ时段标准。

烟尘排放浓度每平方米小于100mg，林格曼黑度小于2级，处理烟量每小时45 000m^3，除尘效率95%～98%，脱硫效率大于65%。

该方案投资估算 30 万元。

通过以上分析，初步筛选出的中/高费方案均可行。以上方案根据公司的实际情况开始陆续组织实施。

第 6 章　方案实施

6.1　具体计划

6.1.1　具体计划

从第 5 章可行性分析结果得出，F18 包装部杀菌机降温废水回收再利用、F23 包装车间余热回收改造、F24 酿造车间余热回收改造、F25 麦芽分厂余热回收改造和 F26 冰水自然冷改造 5 项方案环境效益和经济效益均很好，是最佳清洁生产方案，F34 采用调节 + 水解酸化 + 接触氧化工艺建污水处理设施和 F35 锅炉除尘器改造，将原有除尘器改为冲击式水浴脱硫除尘器，两个方案为必须实施的方案，为此公司专门成立了工程项目部，负责这 7 项工程的实施。

方案 F18 包装部杀菌机降温废水回收再利用，投资仅 3 万元，且实施难度不大，公司已拿出资金安排由包装部负责实施，在本报告编写时已完成，并取得了预期效果。

方案 F23 包装车间余热回收改造已由包装部负责实施并达到预期效果。

方案 F24 酿造车间余热回收改造，投资 6 万元，公司一直有实施的计划，通过本轮清洁生产，公司筹措资金由酿造部负责该方案的实施，在本报告编写时也已实施，并取得预期效果。

方案 F25 麦芽分厂余热回收改造，已由麦芽分厂负责实施并达到预期环境效益和经济效益。

方案 F26 冰水自然冷改造，已由工程部负责实施。

方案 F30 采用调节 + 水解酸化 + 接触氧化工艺建污水处理设施，投资 236 万元，公司需多方筹措资金，现已开始着手实施。方案具体实施进度如下。

可行性研究：2007. 6 ~ 7

施工图设计：2008. 2 ~ 3

设备采购：2008. 3 ~ 5

土建施工：2008. 3 ~ 8

设备安装：2008. 8 ~ 9

调试及试运行：2008. 9 ~ 10

验收：2008. 11

方案F31锅炉除尘器改造投资较大，公司正在筹措资金着手实施。方案具体实施进度计划如下。

可行性研究：2008.8～9

施工图设计：2008.10～11

设备采购：2008.12～2009.2

土建施工：2009.3～6

设备安装：2009.7～8

调试及试运行：2009.8～10

验收：2009.11

6.1.2 资金筹措

方案F18、F23、F24、F25、F26、F30和F31所需要的资金297万元，部分由公司自行解决，部分申请清洁生产专项资金和末端处理资金。

6.2 汇总已实施方案的成果

在本轮审核中，审核小组本着边审核边实施的原则，及时实施了一部分的无/低费方案，并收到一定的经济效益和环境效益。同时通过方案实施阶段的工作，公司又实施了部分中/高费方案，已实施低费和中/高费方案效益汇总见表3-24。

表3-24 已实施方案效益汇总

序号	方案名称	完成时间	实际投资（万元）	实际经济效益（万元）	年经济效益估算（万元）	环境效果
F1	购置煤质检测设备	2007.12	0.85	25.0	11.4	提高煤质，节煤
F4	酿造部热水回收	2008.3	0.56	5.0	3.0	节约水和蒸汽
F5	安装次品酒回收装置	2007.12	0.8	3.5	4.0	降低废水中COD浓度
F6	洗瓶改造	2008.1	2.1	3.5	1.5	降低水耗、电耗、汽耗和碱耗。年节约新鲜水500t，节电3万kW·h，节约蒸汽折煤100t，年减少SO_2排放0.48t，减少烟尘排放1.17t

续表

序号	方案名称	完成时间	实际投资（万元）	实际经济效益（万元）	年经济效益估算（万元）	环境效果
F14	包装实施减热工艺	2008.3	1.8	15.0	9.65	降低酒损、汽耗和电耗。降低酒损0.3%，年节电5万kW·h，年节约蒸汽折煤200t，年减少SO_2排放0.96t，减少烟尘排放2.34t
F15	糖化实施减热工艺	2007.11	0.76	13.0	10.25	降低水耗、电耗、汽耗和碱耗。年节约新鲜水150t，节电3万kW·h，节约蒸汽折煤100t，年减少SO_2排放0.48t，减少烟尘排放1.17t
F16	配电室减容	2008.5	0	26.0	27.2	年节电40万kW·h
F21	锅炉改造	2007.10	10	22.75	13.0	年节煤455t，年减少SO_2排放2.18t，减少烟尘排放5.32t
F32	安装4台蒸汽流量计	2007.6	5.12	12.5	11.0	减少蒸汽消耗950t，折煤250t。年减少SO_2排放1.2t，减少烟尘排放2.9t
F33	购置溶解氧检测仪	2007.6	11.55	4.0	4.0	减少酒损0.1%
F34	高浓度稀释设备改造	2006.6	6.0	10.0	9.25	减少酒损0.2%
F35	CIP刷洗系统改造	2007.3	12.1	6.0	6.0	节水、降低碱耗。年节约新鲜水250t
F17	包装部杀菌机降温废水回收再利用	2008.2	3.0	5.0	3.15	年节约新鲜水9 000t

续表

序号	方案名称	完成时间	实际投资（万元）	实际经济效益（万元）	年经济效益估算（万元）	环境效果
F23	包装车间余热回收改造	2008.3	6.0	7.0	3.84	年节水5 600t，节煤140t，年减少 SO_2 排放0.672t，减少烟尘排放1.575t
F24	酿造车间余热回收	2008.4	6.0	11.25	6.17	年节水900t，节煤225t，年减少 SO_2 排放1.08t，减少烟尘排放2.53t
F25	麦芽分厂余热回收改造	2008.5	6.0	5.75	3.15	年节水460t，节煤115t，年减少 SO_2 排放0.55t，减少烟尘排放1.35t
F26	冰水自然冷改造	2008.11	12.0	6.0	5.93	年节电9.3万kW·h
	合计		84.64	181.25	132.49	

6.3 成果宣传

该公司已把部分清洁生产成果制作了专题板报公示，向全厂员工宣传清洁生产的成果。通过宣传让大家对清洁生产更有信心，对公司下一阶段工作的深入展开奠定了基础。

6.4 减排量核算

公司本轮清洁生产审核，通过已经实施和正在实施的中/高费方案，每年可实现稳定减排量如下。

（1）已实施中/高费方案

年节约燃煤1 330t，年减少烟尘排放15.56t，减少 SO_2 排放6.38t。年减少新鲜水消耗16 860t，减少废水排放量13 500t，减少COD排放1.04t。

（2）实施中方案

现方案 F14 采用调节 + 水解酸化 + 接触氧化工艺建污水处理设施和 F15 锅炉除尘器改造，正在实施中。

方案 F14 实施完成后，年减少 COD 排放 42.25t（年 COD 排放量可减少到 5.45t）；

方案 F15 实施完成后，年燃煤量按 2 319t 计算，冲击式水浴脱硫除尘器除尘效率按 94% 计算，脱硫效率按 60% 计算，年减少烟尘排放 20.62t；减少 SO_2 排放 6.68t（年烟尘排放量减少到 6.51t，SO_2 排放量减少到 4.45t）。

（3）总减排量

年减少 COD 排放 42.92t；减少烟尘排放 36.18t；减少 SO_2 排放 13.06t。可实现设置的清洁生产目标。

6.5 已实施方案效果

通过以上全部无/低费方案和 13 项中/高费方案的实施，方案实施后公司各项指标变化情况见表 3-25。与清洁生产标准的对比见图 3-14。

图 3-14 分别显示了公司清洁生产审核后在年产量为 16 000t 的情况下各项指标与《清洁生产标准 啤酒制造业》（HJ/T 183—2006）指标的对比情况。

从以上对比可知，公司在实施清洁生产审核后单位产品取水量和啤酒总损失率两项指标达到二级，单位产品耗粮指标接近二级，其余指标均有改善。

表 3-25 方案实施后公司各项指标

序号	指标	单位	审核前	审核后	清洁生产标准数值		
					一级	二级	三级
1	单位产品取水量	m^3/kL	8.55	7.5	<6.0	<8.0	<9.5
2	单位产品耗粮①	kg/kL	165	163	≤158	≤161	≤165
3	单位产品耗标煤量	kg/kL	130	125	≤80	≤110	≤130
4	单位产品综合能耗	kg/kL	160	151	≤115	≤145	≤170
5	啤酒总损失率	%	6.2	5.7	≤4.7	≤6.0	≤7.5

①标准浓度 11°P 啤酒耗粮。

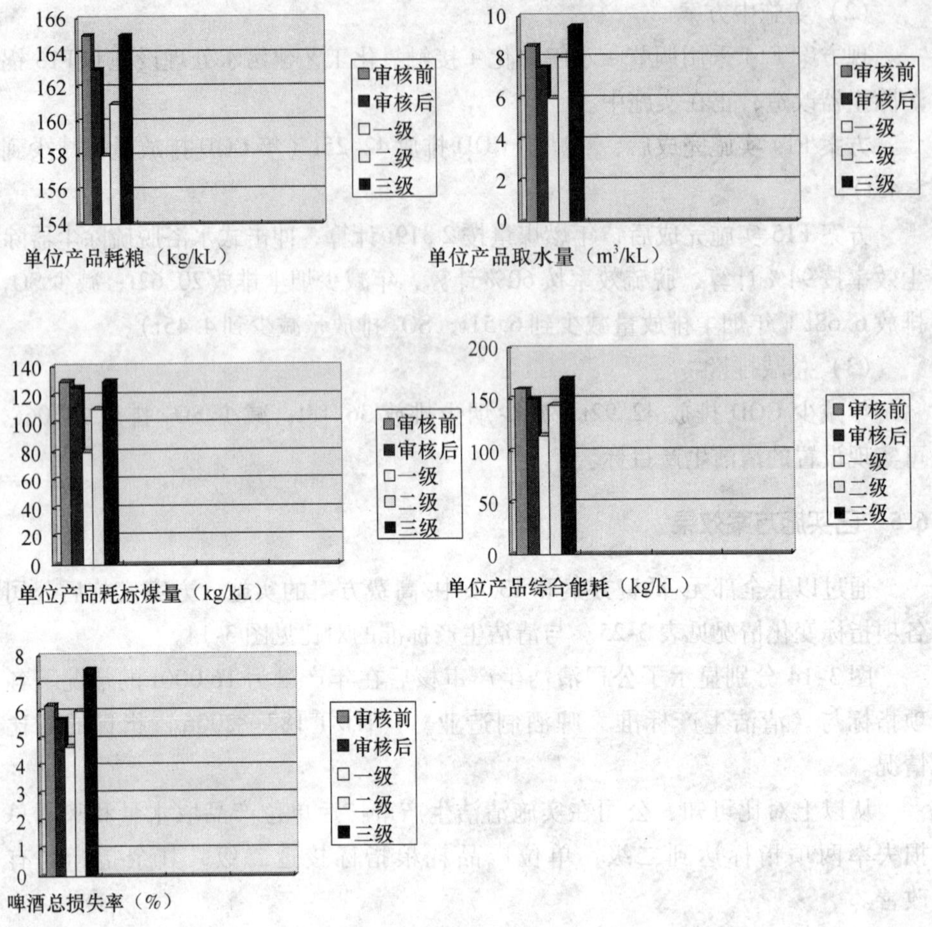

图 3-14　审核后公司主要指标与清洁生产标准对比

第 7 章　持续清洁生产

持续清洁生产是企业清洁生产审核的最后一个阶段。目的是使清洁生产工作在企业内长期、持续地推行下去。本阶段工作重点是建立推行和管理清洁生产工作的组织机构、建立促进实施清洁生产的管理制度、制订持续清洁生产计划以及编写清洁生产审核报告。

7.1　建立和完善清洁生产组织机构

通过本轮的清洁生产审核工作，员工从本岗位细节入手，积极挖掘清洁生产的改进点，节能降耗、预防污染的意识进一步提高，同时也使企业获得明显的经济效益和明显的环境效果。为将清洁生产审核工作纳入工厂日常生产管理，持续进行下去，经公司领导研究决定，建立清洁生产的日常推进机构。

7.1.1 厂级领导职责

在公司领导职能分工中明确由×××副总经理负责主抓公司清洁生产的推行和管理工作。

7.1.2 清洁生产工作组织

本轮审核工作结束后，清洁生产审核小组继续保留，并将清洁生产工作融入企业的日常生产和管理工作中。清洁生产审核小组，积累了一定的清洁生产工作经验，主要任务包括经常性地组织对全公司员工的清洁生产教育和培训；启动新一轮的清洁生产审核，选择下一轮清洁生产审核重点；负责清洁生产活动的日常管理；参与并监督本轮清洁生产审核中/高费方案的实施情况；清洁生产审核的绩效统计和宣传等。

7.2 建立和完善清洁生产制度

7.2.1 将清洁生产审核成果纳入日常管理

在已实施的一些无/低费清洁生产方案中提出了许多关于加强管理方面的建议和改进措施，公司将其中的一些主要内容做了归纳和总结，并加以制度化，以提高企业的管理水平。

1）建立预防性维修制度。

2）形成职工定期培训制度。

3）工艺要求和操作规程的改进。

4）企业及生产单位管理制度的改进。

7.2.2 建立和完善清洁生产激励机制

公司领导还决定在对每轮清洁生产审核工作中表现突出，取得良好环境效果和经济效益的方案给予特别奖励，同时还自动入围年度技术成果评比。

7.2.3 清洁生产资金来源

拟将开展清洁生产获得的效益全部用于持续清洁生产。

7.3 持续清洁生产计划

为了有效地将清洁生产在公司中有组织、有计划地继续推行下去，清洁生产审核工作小组制订出持续清洁生产计划，见表3-26。

表 3-26　持续清洁生产计划

	主要内容	开始时间	结束时间	负责部门
下一轮清洁生产审核工作计划	1. 继续征集清洁生产无/低费、中/高费方案 2. 继续实施无/低费方案 3. 建立“清洁生产”工作方针目标，清洁生产岗位责任制，清洁生产奖罚制度，保证清洁生产工作持续有效开展	2008.10	2008.11	生产部
本轮审核方案的实施计划	1. 继续实施确定可行的无/低费方案，并将方案的一些措施制度化 2. 中/高费方案的实施按第6章计划进行	2008.10	2009.12	各相关部门
	3. F19 和 F20 的研制和实施	2009.12	—	
	4. 分期分批对已实施方案成果进行公示宣传 5. 继续加强全员清洁生产的宣传与培训	2008.10	2009.1	人力资源部
企业职工的清洁生产培训计划	1. 清洁生产知识培训，通过开办清洁生产知识培训、印制清洁生产手册等形式进行宣传和发动	本轮清洁生产审核结束后每月1次	—	生产部
	2. 清洁生产技术培训，定期组织职工学习行业推荐的清洁生产技术，培养职工科技创新能力	本轮清洁生产审核结束后每季度1次		
下一轮审核重点和目标	根据公司的状况和发展目标确定下一轮清洁生产审核的重点和目标	2008年11月底以前	—	审核小组

第8章　审核结论

公司自××年×月×日正式在公司内全面开展清洁生产审核工作，通过广泛的宣传，公司领导层和员工对清洁生产审核工作有了较清晰的认识，公司领导对此项工作十分重视，专门成立了清洁生产审核领导小组，公司领导在分工中明确职责，由公司总经理×××亲自担任组长，领导全公司的清洁生产审核工作，由副总经理×××任副组长，亲自抓此项工作。同时成立了清洁生产审核工作小组，进行人员责任分工，制订了清洁生产工作计划，通过培训、宣传等多种形式，向全公司职工宣传清洁生产，发动广大职工积极参与。

在进行清洁生产审核工作过程中，咨询组和公司审核小组密切配合，按照清洁生产的审核程序有条不紊地在公司开展了清洁生产审核工作。

咨询组与公司清洁生产工作小组在对公司现状调研和现场考察的基础上，结合与行业清洁生产指标的对比，以及满足环保部门对公司主要污染物达标排放的要求，确定以包装部、酿造部和节能为审核重点，结合公司的实际情况制定了本轮清洁生产审核的目标，并本着清洁生产审核“边审核边改进”的原则，在预评估和评估阶段发现并实施了效果显著且简单易行的清洁生产无/低费方案。

通过对审核重点的分析和评估，找出了废物产生的部位，分析了废物产生的原因，并针对原因分析的结果制订了多个可行的清洁生产方案。通过方案实施，一是从源头上有效减少了废水的产生和排放量，有效降低了废水 COD 产生浓度，降低了废水末端处理的负荷，为企业废水实现稳定达标排放创造了有利条件；二是通过节能，有效地削减了烟尘和 SO_2 的产生和排放量；三是提高了公司的管理水平和员工的环境意识。

本轮审核共产生清洁生产方案 37 项，其中无/低费方案 16 项，中/高费方案 21 项，结合审核重点和设置的清洁生产目标，同时考虑公司的资金情况和技术可达性，经初步筛选和可行性分析，共产生可行的中/高费清洁生产方案 15 项。

截至××年×月，公司已全部实施各阶段产生的无/低费方案，方案产生和筛选阶段筛选出的 13 项中/高费方案也已实施，共计投入资金 84. 64 万元。年经济效益 181. 25 万元。已实施方案年节煤 1 330t，年减少烟尘排放 15. 56t，减少 SO_2 排放 6. 38t。年减少新鲜水消耗 16 860t，减少废水排放13 500t，减少 COD 排放 1. 04t。年节电 60. 3 万 kW · h；降低酒损 0. 5% 。实现了设置的清洁生产近期目标。

中/高费方案两项正在实施计划之中，预计××年年底将完成。通过这些方案的实施公司可实现主要污染物的达标排放和满足当地环保部门对其总量削减的要求，可实现设置的清洁生产中期目标。

通过公司本轮的清洁生产审核工作，提高了公司员工对清洁生产审核的认识，核对并查定了有关单元操作、原材料、产品、用水、能源和废物的资料；确定了废物的来源、数量及类型，并根据审核结果制定废物削减的目标，制定了经济有效的废物控制对策；找寻出企业效率低的瓶颈部位和管理上的疏松之处。通过清洁生产审核，针对企业现状，提出了许多可行的清洁生产方案，并通过对方案的实施，树立了公司的良好形象，提高了公司的管理水平，提高了原材料、水、能源的使用效率，有效地降低了成本，减少了公司主要污染物的产生及排放量；提高了员工素质，促进了公司技术进步，为公司带来了一定的经济、环境和社会效益，为下一阶段清洁生产审核工作打下了良好的基础。

公司年末污水处理设施和锅炉除尘器改造两个方案建成并稳定运行后，公司污水和烟尘可实现稳定达标排放，同时可满足当地环保部门的总量削减要求。

第四篇　清洁生产与节能减排

加快建设资源节约型、环境友好型社会，是我国面临的重大而紧迫的任务，国家经济社会发展“十一五”规划对此提出了具体目标和明确要求。温家宝总理在2007年的《政府工作报告》中郑重提出，必须坚定不移地实现“十一五”规划提出的节能降耗和污染减排目标，并指出要加强资源综合利用和清洁生产。

节能减排即降低能源消耗、减少污染排放，清洁生产则是指通过改进设计、使用清洁的能源和原料、采用先进的工艺技术与设备、改善管理、综合利用等措施，从源头上削减污染，提高资源利用效率，减少或者避免生产、服务和产品使用过程中污染物的产生和排放。

第1章　节能减排面临的形势

当前，实现节能减排目标面临的形势十分严峻。2007年以来，全国上下加强了节能减排工作，国务院发布了加强节能工作的决定，制定了促进节能减排的一系列政策措施，各地区、各部门相继作出了工作部署，节能减排工作取得了积极进展。但是，目前全国没有实现年初确定的节能降耗和污染减排的目标，这加大了“十一五”节能减排工作的难度。更为严峻的是，工业特别是高耗能、高污染行业增长过快，占全国工业能耗和二氧化硫排放近70%的电力、钢铁、有色、建材、石油加工、化工等六大行业增长20.6%，同比增加6.6个百分点。与此同时，各方面工作仍存在认识不到位、责任不明确、措施不配套、政策不完善、投入不落实、协调不得力等问题。这种状况如不及时扭转，不仅节能减排工作难以取得明显进展，“十一五”节能减排的总体目标也将难以实现。

第2章　节能减排的意义

我国经济快速增长，各项建设取得巨大成就，但也付出了巨大的资源和环境代价，经济发展与资源环境的矛盾日趋尖锐，群众对环境污染问题反应强烈。这种状况与经济结构不合理、增长方式粗放直接相关。不加快调整经济结构、转变增长方式，资源支撑不住，环境容纳不下，社会承受不起，经济发展难以为继。只有坚持节约发展、清洁发展、安全发展，才能实现经济又好又快发展。同时，温室气体排放引起全球气候变暖，备受国际社会关注。进一步加强节能减排工作，也是应对全球气候变化的迫切需要，是我们应该承担的责任。

第3章　我国的节能减排

3.1　节能

中国经济增长模式的主要特征是投资推动和高增长。近30年来，国内生产总值增长率年均为9.5%；在大部分时期，投资在国内生产总值中的比重大于40%，现在接近50%。中国经济的主导一直是重工业。在1985年，重工业比重占国内工业总产值的55%。1990年降到50%，2000年回升到60%，2005年高达69%。在经济增长和城市化进程引起的大规模基础设施投资的推动下，重工业，尤其是高耗能产业在近几年经历了最快速的发展。

为何中国需要这么多高耗能产业？预计到2020年，中国人均GDP将达到3 000美元，成为中等收入国家。中等收入国家的一个主要特征即城市化进程。根据目前中等收入国家城市化的要求来估算，如果中国要在2020年成为中等收入国家，大约3亿人口将迁移进城市居住和工作。首先，根据1990～2004年的统计数据估算，城镇居民的人均能源消费量（千克标准煤）大约是农村居民的2.8倍；其次，推动城市化进程要求大规模城市基础设施建设和住房，需要大量的水泥和钢铁，这些都是高耗能产业。

城市化进程所需的水泥和钢铁只能在国内生产。2006年中国GDP占世界总量的5.5%左右，但是，钢材消费量达到3.88亿t，大约占世界钢材消耗的30%。水泥消耗达到12.4亿t，大约占世界水泥消耗量的54%。世界上没有哪一个国家能为中国生产这么多的钢材和水泥。因此，只要中国快速成为中等收入国家的愿望不变，重工业化和高耗能产业，也就是能源消费的高增长就不可避免。

中国还需要充足的就业机会来支持城市化进程，这就需要提高中国产品在世界市场上的竞争力。廉价产品要求低劳动力成本和低资源成本。在劳动力大量过剩的情况下，低劳动力成本不是问题。事实上，尽管几十年来中国经济持续高速增长，但劳动力成本仍然相对低廉。低能源价格是由政府用低资源税、能源补贴，以及控制能源价格上涨等手段来实现的。这不仅影响到能源行业的效率，还影响到整体能源效率。

近期中国能源消费的快速增长将能源需求推上了一个更高的台阶。在这一基数上，即使能保持较低的能源消费增长，能源需求的绝对增量也将是巨大的。2006 年能源消耗达到 24.6 亿 t 标准煤（大约占世界能源总消耗的 15%）。如果将能源需求降低到 5%，年增加量也需要 1.23 亿 t 标准煤。事实上，如果 GDP 增长为 9%，以目前的经济结构和增长方式，很难将能源需求降低到 5%。因此，2007 年 4 月 10 日国家发改委公布《能源发展“十一五”规划》，将 2010 年一次能源消费总量控制目标设定为 27 亿 t 标准煤左右。这是一个过于保守，而且从一开始就已经是落后了的总量控制目标。因为即使所有的计划指标都实现了，仍然不可能有足够的时间去完成调整经济结构和耗能方式来达到总量控制。

能源需求总量的问题是相对于能源储量和人口而言的。应当说中国能源资源储量并不少，但人口众多导致了中国人均能源占有率远低于世界平均水平，2005 年石油、天然气和煤炭人均剩余可采储量分别只有世界平均水平的 7.69%、7.05% 和 58.6%。以储量最丰的煤炭为例，根据国际通行的标准，2001 年中国煤炭的经济可开发剩余可采储量有 1 145 亿 t。2002 年用煤 12 亿 t，煤炭够挖 100 年；如果没有长足的储量增加，2006 年再计算经济可采储量就只够用 50 年，这个数字实际上没有太大意义，因为它是按现在的年消费量（24.6 亿 t）来计算的。如果现在把资源的承受能力夸大了，将来是十分危险的。

中国人均能源消耗也处于很低水平，2005 年约为世界平均水平的 3/4、美国的 1/7。人均能耗低导致对高能源需求的预期。只要中国人均能耗达到美国的 25%，其能源总需求就会超过美国。只要人均石油消费达到目前的世界平均水平，其石油消费总量则将达到 6.4 亿 t，如果保持现在 1.8 亿 t 的石油产量水平，中国石油进口依存将超过目前美国对石油的进口依存。

能源需求总量的问题也是相对于国际市场而言的。对于一个缺乏能源的小国家，能源需求增长可以在国际市场上得到满足而不引起注意，对市场不会有实质性影响。相对于中国的能源需求总量来说，国际原材料市场和能源市场可能不够大，因而中国的能源需求变动足以引起国际市场的明显反应。例如，近期各大投资银行的预测报告都认为中国对铁矿石的需求是国际铁矿石价格上扬的主要因素，这与先前中国购买导致世界石油价格飙升的逻辑是一样的。虽然这是一个有争议的问题，但至少中国的消费总量是国际市场十分关注的问题。不同于其他产品，能源需求弹性小，能源资源大买家常常没有价格的话语权，而过多依靠国际市场就等于把自己的能源安全置于他人之手。中国本身长久可靠的能源安全只能立足于国内储备，因为只有国内能源才在价格和数量上最终可控。中国的能源储量将是中国经济增长的硬约束。

按目前能源开发利用的效率和经济增长速度与增长模式（高投入和高消耗）看，实现到2020年GDP翻两番、能源只翻一番的政府发展目标可能性不大。国内生产总值继续高速增长，城市化和相关基础设施建设持续快速，高能源需求增长的状况可能延续到2020年。如果动态地来看待能源问题，无论是已知的还是猜测的能源来源，以及期望的技术进步，都不足以消除人们对中国能否有供给充裕、价格合理的能源和环境来支持向中等收入国家过渡的担忧。因此，中国的国情决定必须节能。

3.2 减排

能源开发利用是环境的主要污染源。能源的生产和消费涉及环境问题的所有领域，包括大气污染、水污染、固体废物和生态环境破坏等。事实上，许多能源问题来自于对环境的担忧。二氧化碳等产生的“温室效应”使地球变暖，全球性气候异常，海平面上升，自然灾害增多；随着二氧化硫排放量增加而形成的酸雨使生态遭到破坏，农业减产；氯氟烃类化合物的排放使大气臭氧层遭到破坏；粉尘的大量排放则严重威胁人类健康。

高耗能的经济增长方式和工业结构导致了严重的环境污染。虽然对环境污染影响很难具体量化，但粗略地估算一下，目前的环境污染状况很令人吃惊。国家环保局的绿色国民经济核算研究报告指出，2004年全国因环境污染造成的经济损失为5 118亿元，占当年GDP的3%。全国有3亿多农村人口饮用不到洁净水，4亿多城市人口呼吸不到干净的空气。在中国11个大城市中，空气中的烟尘和细颗粒物每年使5万人死亡，40万人感染上慢性支气管炎。

其他一些指标也充分显示出环境状况的严峻性。目前，全国1/5的城市空气污染严重，70%江河水系受到污染，40%受到严重污染，流经城市的河段普遍受到污染，1/3的国土面积受到酸雨影响，近1/5的土地面积有不同程度的沙化现象，近1/3的土地面临水土流失，90%以上的天然草原退化。二氧化硫和二氧化碳的排放量分别列居世界第一和第二。2006年，中国38个城市未达二级空气质量标准。世界空气污染最严重的10座城市中，中国占了6个。还有，自20世纪90年代中期，中国经济增长有三分之二是在透支生态环境的基础上实现的。

目前的增长模式正在给子孙后代带来巨额环境清理费用的重担。国家环保局对治理成本核算的结果表明，如果在现有的治理技术水平下全部处理2004年排放到环境中的污染物，需要的一次性直接投资占当年GDP的6.8%，同时每年还需另外花费治理运行成本2 874亿元，占当年GDP的1.8%。由于计划生育政策和人口的老龄化的趋势，估计劳动力从2020年将开始缩减，出现第三代的一对年轻夫妇最多赡养12位老人的现象。如果没有一个根本性的转变，试想一下未来，中国背负着巨大环境清理费用，只有较少的劳动力和已经为数不多的资源来养活庞大的人口，这种情形将是十分令人担忧的。

另一个令人担忧的问题是目前仓促满足能源高需求的方式。由于缺乏有效的能源预测和规划，面对能源高需求增长，政府无法从容应对。从2002年6月到2006年6月，中国经历了严重的电力短缺。为了消除电力短缺，中国以前所未有的速度增加电力产能。然而，这种做法存在很大风险。现在看来，由于没有预测到这次电力需求高峰，为急于满足电力需求，对电厂建设应当考虑的环境问题可能无法进行充分适当的评估。如果一个本来不该建的电厂却建了，它对环境的负面影响可能长达30~50年，甚至更久。

《商业周刊》就“印度专题”曾引用一位跨国公司高管的话说：“如果你想在中国投资修建一条道路，只需要数量不多的人很快就能作出决策；如果在印度，可能要花费10年时间才能决定。”印度的体制拖延效率，但有利于避免决策失误。虽然这种说法不一定对，但就大型基础设施（包括能源）项目而言，为数不多的人作出的快速决策，往往容易忽视环境问题。

生态恶化和环境污染的趋势没有得到扭转。长期以来，政府一直很担心巨大的人口总量对环境污染和自然资源的影响，最近高耗能产业的迅速扩张更加重了这种担忧。然而，为了维持低的能源成本，未来能源消耗仍将以煤为主。过去20多年的年均煤炭消耗量大致是12亿t，今后的年平均煤炭消耗量至少是24亿t。2005年70%的烟尘、90%的二氧化硫、67%的氮氧化物和70%的二氧化碳排放量都来自燃煤。虽然双倍的煤耗不等于双倍排放，但是如何减排？

在重工业化经济增长过程中保护环境相当困难，尤其是在能源价格不能充分体现资源价值和环境成本的情况下。历史用事实说明了这一点。发达国家在工业化道路上无节制地利用当时低廉的能源，大量排污积累的结果是耗费巨大的环境治理成本的。近年高能耗增长给中国环境带来了前所未有的压力，由重工业化发展支撑的经济快速增长和能源利用虽然使中国的物质生活不断得到改善，却也快速地恶化了生态环境。物质生活如果没有良好的自然环境，还能舒适吗？

能源和环境对中国经济增长的威胁日益增大，直接威胁经济发展的可持续性。2006年瑞士达沃斯世界经济论坛期间发布的世界环境质量“环境可持续指数”（ESI）显示，在全球144个国家和地区中，中国位列第133位。虽然我们在日常生活中能体会到环境污染和生态恶化，但实际程度可能远远超出我们的体会，因为环境污染和生态恶化积累对人类造成的灾难可能是无法估计的。因此，环境污染影响常常被低估。

发达国家的环境治理常常以不发达国家的加速污染为代价。由于不同国家收入水平不同，对环境需求也就不同。国际贸易和直接投资可以“在低收入国家生产高污染产品，在高收入国家消费这些产品”。目前中国和印度等发展中国家与西方发达国家的关系基本如此。中国目前的经济结构和收入还远离可以把高污染产品转向其他不发达国家的水平；即使到了“可转”水平，以那时中国的需求量和其他发展中国家的生产规模相比，有可能无处可转。因而，环境恶化的曲线上升区域可能需要很长时间，经济较高增长难以抵消现实的环境破坏。因此，中国的国情决定必须减排。

第 4 章　清洁生产在节能减排中的作用

清洁生产是污染物减排最直接、最有效的方法，是实现“十一五”节能减排目标的重要举措。清洁生产审核是实行清洁生产的前提和基础，也是评价各项环保措施实施效果的工具。《中华人民共和国清洁生产促进法》规定，污染物排放超过国家和地方规定的排放标准或者超过经有关地方人民政府核定的污染物排放总量控制指标的企业（通称“双超”），以及使用有毒、有害原料进行生产或者在生产中排放有毒、有害物质的企业（通称“两有”），应当实施强制性清洁生产审核。国务院 2007 年 6 月 3 日下发的《节能减排综合性工作方案》（国发〔2007〕15 号）明确提出要加大实施清洁生产审核力度，并将强制性清洁生产审核的范围扩大到“没有完成节能减排任务的企业”。

当前环境保护的重点工作是减排，《节能减排综合性工作方案》中提出了工程减排、结构调整减排、管理减排三大措施。其中，工程减排措施是指以燃煤电厂脱硫及城市污水处理厂建设为主的工程项目；结构调整减排是指以关闭小火电、小造纸、小炼焦为主的淘汰落后产能行动；而所谓管理减排主要是通过严格排放标准以提高达标水平、通过严格监督执法以提高达标率、通过实施在线监测以提高环保设施运行率、通过电力节能环保调度以扩大清洁能源使用、通过清洁生产审核以促进清洁生产等措施。很显然，工程减排和结构调整减排是硬件，需要大量的投资或调动行政资源；而管理减排主要是软件，它不需要付出多少社会成本。

要加快减排任务的完成，寻找既能确保稳定达标又能实现节能减排的治本之策显得非常必需和急迫。其实 20 世纪 90 年代从国外引入清洁生产概念之初，我国就创造性地将清洁生产的基本原则确定为“节能、降耗、减污、增效”。节能减排是清洁生产的宗旨，稳定达标排放是强制性清洁生产审核的直接目的。

国家环保总局 2007 年印发的《“十一五”主要污染物总量减排核查办法（试行）》（环发〔2007〕124 号）中对如何将清洁生产审核同污染物减排相结合进行了初步探讨，指明了对通过清洁生产（审核）而确实达到减排效果的项目如何核查、认定、证实等原则性规定，例如，其中第二十七条和第三十一条中分别规定：企事业单位通过实施清洁生产审核方案达标排放或完成削减污染物排放量协议，并通过省级环保行政主管部门或清洁生产相关行政主管部门评审、验收而形成的新增 COD、SO_2 削减量。这些定性规定极大地促进了各地实施清洁生产的热情，但是，其形成的削减量如何核算，还需要在今后配套的实施细则中加以量化和明确。各地也需要发挥主观能动性，探索通过清洁生产实现节能减排的崭新途径。

第 5 章　通过企业清洁生产审核取得的节能减排示例

5.1　某啤酒企业

5.1.1　企业概况

某啤酒厂在册员工 350 人，其中工程技术人员 47 人，设计年生产能力 3 万 t。

5.1.2　实施清洁生产概况

（1）清洁生产方案

通过清洁生产审核，从原辅材料和能源、技术工艺、设备、过程控制、产品、废物、管理和员工 8 个方面着手，在审核过程的各阶段共提出了可实施的清洁生产方案 37 项，其中无/低费方案 16 项，中/高费方案 21 项。

（2）审核前后清洁生产指标的对比

通过全部无/低费方案和 13 项中/高费方案的实施，审核前后公司各项指标变化见表 4-1。审核前后各项指标与清洁生产标准指标对比见图 4-1。

表 4-1　审核前后公司各项主要指标变化

序号	指标	单位	审核前	审核后	清洁生产标准数值		
					一级	二级	三级
1	单位产品取水量	m^3/kL	8.55	7.5	<6.0	<8.0	<9.5
2	单位产品耗粮①	kg/kL	165	163	≤158	≤161	≤165
3	单位产品耗标煤量	kg/kL	130	125	≤80	≤110	≤130
4	单位产品综合能耗	kg/kL	160	151	≤115	≤145	≤170
5	啤酒总损失率	%	6.2	5.7	≤4.7	≤6.0	≤7.5

①标准浓度 11°P 啤酒耗粮。

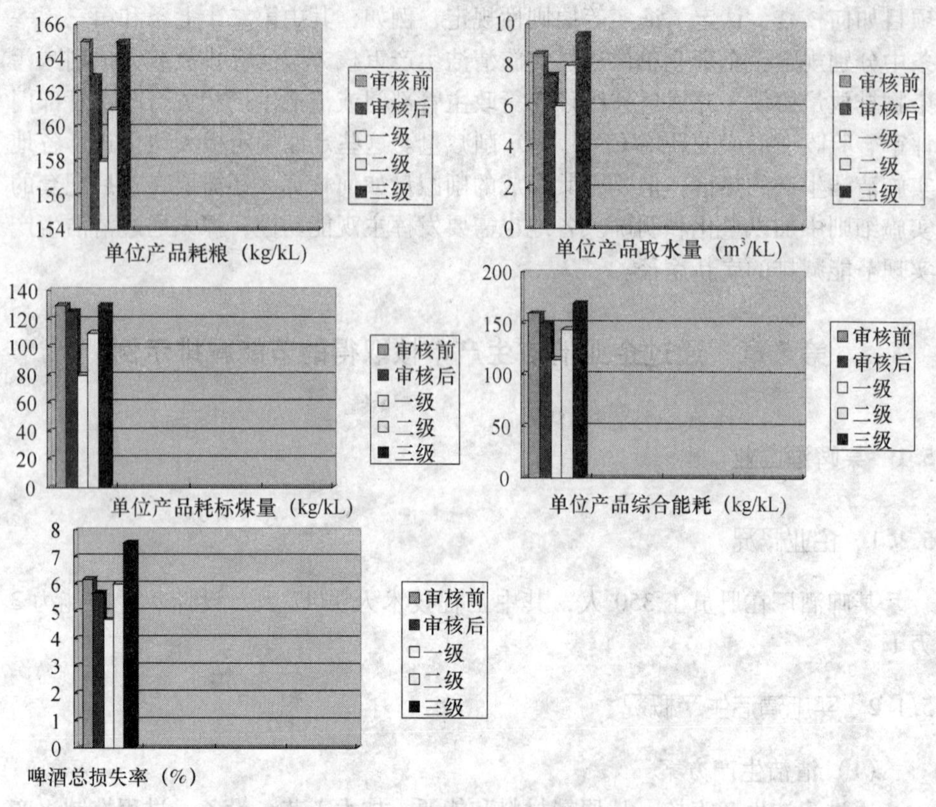

图 4-1　审核前后各项指标与清洁生产标准指标对比

图 4-1 分别显示了公司清洁生产审核前后在年产量为 16 000t/年的情况下各项指标与《清洁生产标准　啤酒制造业》（HJ/T 183—2006）各级指标的对比情况。

从以上对比可知，公司在实施清洁生产审核后单位产品取水量和啤酒总损失率两项指标达到二级，单位产品耗粮指标接近二级，其余指标均有改善。

（3）清洁生产方案实施产生的环境效益和经济效益

通过方案实施，一是从源头上有效减少了废水的产生和排放量，有效降低了废水 COD 产生浓度，降低了废水末端处理的负荷，为企业废水实现稳定达标排放创造了有利条件；二是通过节能，有效地削减了烟尘和 SO_2 的产生和排放量；三是提高了公司的管理水平和员工的环境意识。

截至 2008 年 11 月，公司已全部实施各阶段产生的无/低费方案，13 项中/高费方案已实施，共计投入资金 84. 64 万元。实现年经济效益 181. 25 万元。

（4）方案实施的节能减排效果

已实施方案年节煤 1 330t，年减少烟尘排放 15. 56t，减少 SO_2 排放 6. 38t。

年减少新鲜水消耗 16 860t，减少废水排放 13 500t，减少 COD 排放 1.04t。年节电 60.3 万 kW·h；降低酒损 0.5%。

待方案实施后，预计污染物减排效益为年减少 COD 排放 42.25t；年减少烟尘排放 20.62t；减少 SO_2 排放 6.68t。

5.2 某水泥企业

5.2.1 企业概况

某水泥企业始建于 1976 年 6 月，1979 年建成投产，设计能力 10 万 t/年。2001 年、2003 年、2006 年进行三次改扩建，生产能力达到 40 万 t/年。产品为通用硅酸盐水泥，产品品种有普通硅酸盐水泥、矿渣硅酸盐水泥、火山灰质硅酸盐水泥、粉煤灰硅酸盐水泥。

5.2.2 实施清洁生产概况

从 2007 年 10 月在公司开展清洁生产审核工作以来，成立了清洁生产审核机构，进行人员责任分工，制定了清洁生产工作计划，向全厂职工宣传清洁生产，发动广大职工积极参与。

在对公司进行全面的现状调研和现状考察的基础上，结合公司实际情况和发展规划，确定以公司粉尘为审核重点，咨询组与公司清洁生产审核领导小组根据公司的实际情况制定了清洁生产目标，通过培训、宣传等方式，咨询组与公司审核小组发动全公司员工从原辅材料和能源、技术工艺、设备、过程控制、废物产生与处置、产品、管理以及员工素质 8 个方面着手寻找清洁生产的机会和潜力，提出清洁生产方面的合理化建议多项。

（1）清洁生产方案

通过对审核重点的物料平衡和废物产生原因分析，结合公司员工各阶段提出的合理化建议，公司本轮清洁生产审核共产生可行的清洁生产方案 38 项，其中无/低费方案 24 项，中/高费清洁生产方案 14 项。

（2）方案实施与经济效益

截至 2008 年 12 月底，公司已全部实施各阶段产生的无/低费方案 24 项，13 项中/高费方案得到实施，共计投资 258 万元，年经济效益 106.51 万元，年减少粉尘排放 8 179.2t，实现了设置的清洁生产近期目标。

（3）审核结论

通过本轮清洁生产审核工作，提高了公司员工对清洁生产审核的认识，核对并检查了有关单元操作、原材料、产品、用水、能源和废物的资料；确定了废物的来源、数量及类型，并根据审核结果制定了废物削减的目标，制定了经济有效的废物控制对策；找寻出企业效率低的瓶颈部位和管理上的疏松之处。通过清洁生产审核，针对企业现状，提出了许多可行的清洁生产方案，并通过对全部可行性方案的实施，树立了公司的良好形象，提高了公司的管理水平，提高了原材料、水、能源的使用效率，有效地降低了成本，减少了公司主要污染物的产生及排放量；提高了员工素质，为公司带来了一定的经济、环境和社会效益，为下一阶段清洁审核工作打下了良好的基础。

5.2.3 典型方案分析

（1）方案产生背景

公司领导通过本轮清洁生产审核工作，对公司实施清洁生产的目的和意义有了更为深刻的认识。由于建厂较早，至今已有30多年生产历史，改造后公司水泥窑熟料热耗2007年为4 564kJ/kg，达不到国家水泥行业清洁生产的基本水平。公司水泥窑熟料热耗高于国家水泥行业清洁生产基本水平的主要原因是现有$\phi 2.8/\phi 2.4\times 40$m四级旋风预热器窑外分解水泥生产线属20世纪80年代末工艺技术。在当时是为了引进窑外分解技术，消化吸收的实验窑型。虽然是窑外分解窑，但是由于旋风预热器热交换效率低，分解炉分解率低，窑型偏小等原因，致使窑余热利用率低，熟料单位容积产量低，热耗高。

（2）产生方案

在公司清洁生产审核中，提出了2 500t/d新型干法水泥生产线搬迁技术改造方案，将清洁生产的思想纳入项目的设计和建设过程，改造后公司将达到技术起点高，设备和管理先进，能耗、物耗低和污染物产生量少的目标，使公司从根本上达到“节能、降耗、减污、增效”的目的。

（3）预计方案实施后的效果

该方案实施后，公司熟料热耗指标接近国家清洁生产行业标准《清洁生产标准　水泥行业》（征求意见稿）的国际先进水平，水泥综合电耗指标可达到国家清洁生产行业标准《清洁生产标准　水泥行业》（征求意见稿）的国际先进水平。方案实施前后能耗指标变化情况见表4-2。

表4-2　方案实施前后能耗指标变化情况

能耗指标	单位	改造前	改造后	《清洁生产标准水泥行业》（征求意见稿）国际先进水平
熟料热耗	kJ/kg	4 564	3 094	≤3 000
熟料标准煤耗	kg/t	171	106	—
熟料实物煤耗	kg/t	239	148	—
水泥综合电耗	kW·h/t	110	96	≤96

通过指标变化情况可知，项目实施后公司熟料热耗指标接近国家清洁生产行业标准《清洁生产标准 水泥行业》（征求意见稿）的国际先进水平。本项目熟料热耗大幅度降低的主要原因是，选用了新型干法窑生产线的新一代窑外分解炉，使入窑生料的碳酸盐分解率达90%以上，从而降低了熟料热耗，此指标已达到了国内最好水平，接近于现在国际2 968kJ/kg的最好水平。

水泥综合电耗指标可达到国家清洁生产行业标准《清洁生产标准 水泥行业》（征求意见稿）的国际先进水平。从电能消耗来看，国内新型干法窑生产线先进企业水泥综合电耗一般为95～100kW·h/t。本项目设计水泥综合电耗96kW·h/t，主要是由于在生产工艺方面采用了先进的技术和设备，如原料粉磨选用国际上先进的辊式磨，水泥粉磨采用辊压机预粉磨工艺等，使设备单位生产能力提高，电耗下降。但由于国产电器设备的原因与现在的国际先进水平90～95kW·h/t相比还有一定的差距。这方面在生产运行中通过加强管理其电耗可以进一步降低。

5.3 某燃煤电厂

5.3.1 企业概况

某燃煤电厂规划容量为1 200MW，一期建设2×300MW国产引进型凝汽式汽轮发电机组于1992年6月正式动工建设，1993年开始连续5年被列为国家重点建设项目，一期工程1 #机组于1998年10月28日通过168h试运行，移交生产；2 #机组于1999年9月26日完成168h试运行，投产发电。1 #、2 #机组均经国家电力公司“双达标”验收。两台机组分别于1998年和1999年投入商业化运营。二期工程于2004年8月开工建设，2007年4月完成168h试运行，于同年9月通过竣工环境保护验收。

5.3.2 实施清洁生产概况

从2007年10月公司开展清洁生产审核工作以来，公司领导高度重视此项工作，公司下发文件成立了清洁生产审核领导小组和工作小组，进行人员责任分工，制定了清洁生产工作计划，向全公司职工宣传清洁生产，发动广大职工积极参与，为公司清洁生产审核工作奠定了良好的基础。

咨询组与公司清洁生产审核小组在对公司进行资料调研和现场考察的基础上，结合与国家有关要求和环境保护行业标准《清洁生产标准 燃煤电厂》（征求意见稿）的对比情况以及公司实际情况，确定了审核重点，结合项目咨询组专家的建议制定了清洁生产目标，并实施了简明易行的无/低费清洁生产方案。

(1) 清洁生产方案

通过培训、宣传等方式，咨询组发动全公司员工结合公司历年来开展的提合理化建议活动从原辅材料和能源、技术工艺、设备、过程控制、废物产生与处置、产品、管理以及员工素质 8 个方面着手寻找清洁生产的机会和潜力，提出清洁生产方面的合理化建议多项。并结合公司的技术改造计划，本轮审核共产生清洁生产方案 274 项，其中无/低费方案 246 项，中/高费方案 28 项。

(2) 方案实施及效益分析

截至 2008 年 12 月底，公司已全部实施各阶段产生的无/低费方案，已实施中/高费方案 18 项，共计投入资金 1 197. 8 万元，年经济效益 1 346. 5 万元。1#机组供电标准煤耗降低 4. 99g/（kW · h)，发电厂用电率降低 0. 27%；2#机组供电标准煤耗降低 4. 53g/（kW · h)，发电厂用电率降低 0. 09%；3#机组供电标准煤耗降低 22. 24g/（kW · h)，发电厂用电率降低 1. 07%。1#和 2#机组供电标准煤耗达到了《清洁生产标准　燃煤电厂》(征求意见稿）三级指标要求；3#机组供电标准煤耗达到了《清洁生产标准　燃煤电厂》(征求意见稿）二级指标要求，达到了国内先进水平，接近了国际先进水平。通过公司已实施方案，减少烟尘年排放总量 264. 31t，减少 SO_2 年排放总量 2 497. 91t，减少 NO_x 年排放总量 186. 47t，实现了设置的清洁生产近期目标。

通过这一阶段的审核工作，提高了公司员工对清洁生产审核的认识，核对并查定了有关单元操作、原材料、产品、用水、能源和废物的资料；确定了废物的来源、数量及类型，并根据审核结果制定废物削减的目标，制定了经济有效的废物控制对策；找寻出企业效率低的瓶颈部位和管理上的疏松之处。通过清洁生产审核，针对企业现状，提出了许多可行的清洁生产方案，并通过对方案的实施，树立了公司的良好形象，提高了公司的管理水平，提高了原材料、水、能源的使用效率，有效地降低了成本，减少了公司主要污染物的产生及排放量；提高了员工素质，改变了长期以来“发电的不愁用电”这一传统思想，使节水、节电成为公司每一位员工的自觉行动，促进了公司技术进步，为公司带来了一定的经济、环境和社会效益，为下一阶段清洁生产审核工作打下了良好的基础。

(3) 审核前后数据对比情况

(1) 主要污染物排放变化情况

2007 年和 2008 年公司主要大气污染物排放总量变化情况见表 4-3

表 4-3　2007 年和 2008 年公司主要大气污染物排放总量　(t)

年份	年总燃煤量	烟尘年排放总量	SO_2 年排放总量	NO_x 年排放总量
2007 年	2 904 525	6 183. 20	8 913. 84	14 809. 81
2008 年	2 912 673	5 918. 89	6 415. 93	14 623. 34
变化量		−264. 31	−2 497. 91	−186. 47

（2）清洁生产指标的对比情况

根据公司 2007 年 12 月电力生产综合月报，审核前公司各项指标与清洁生产标准《清洁生产标准　燃煤电厂》（征求意见稿）对比情况见表 4-4。

表 4-4　公司 2007 年主要资源利用指标与清洁生产标准比较

[g/kW · h]

序号	指标	公司现状（2007 年）		清洁生产标准数值		
				一级	二级	三级
1	供电标煤耗	300MW 亚临界国产引进型（1 # 机组）	343. 22	≤336		≤340
		300MW 亚临界国产引进型（2 # 机组）	342. 51	≤336		≤340
		600MW 超临界（3 # 机组）	325. 76	≤305		≤310

根据公司 2008 年 12 月电力生产综合月报，公司 2008 年各项指标与清洁生产标准《清洁生产标准　燃煤电厂》（征求意见稿）对比情况见表 4-5。审核前后 3 台机组供电标煤耗变化情况见表 4-6。

表 4-5　公司 2008 年主要资源利用指标与清洁生产标准比较

[g/kW · h]

序号	指标	公司 2008 年情况		清洁生产标准数值		
				一级	二级	三级
1	供电标煤耗	300MW 亚临界国产引进型（1 # 机组）	338. 71	≤336		≤340
		300MW 亚临界国产引进型（2 # 机组）	338. 20	≤336		≤340
		600MW 超临界（3 # 机组）	308. 78	≤305		≤310

表 4-6　审核前后 3 台机组供电标煤耗变化情况

［g/kW·h］

机组名称	审核前	审核后	变化量
1#机组	343.22	338.71	-4.51
2#机组	342.51	338.20	-4.31
3#机组	325.76	308.78	-16.98

通过表4-4～表4-6 所列数据进行分析可以看出，公司2008 年1#机组、2#机组和3#机组供电标准煤耗水平较2007 年均有不同程度的降低，达到了《清洁生产标准　燃煤电厂》（征求意见稿）三级指标要求。

审核后公司2008 年厂用电量、非生产用电量、主变及母线损耗量和其他电量占发电量的比例均有所降低。

（3）方案实施的节能减排效果

①（2×300MW+1×600MW）机组烟气脱硫改造工程

脱硫改造后，全厂 SO_2 年排放总量将减少 6 685.42t/年。

②一期工程除尘器改造

在对 2×300MW 机组进行除尘器改造后，其烟尘排放总量将减少 4 946.4t/a。

③一期 2×300MW 机组空气预热器改造

两台机组可节煤 4 000t/年。年减少烟尘排放约 3.95t，年减少 SO_2 排放约 12.8t。

④1#、2#汽轮机通流部分及增容改造

汽轮机通流部分改造后，供电煤耗比目前下降 18.56g/（kW·h）。每年可节约标煤 29 232t；每台机组年减少烟尘排放 57.73t；减少 SO_2 排放 187.08t；减少 NO_x 排放 389.46t。

5.4　某焦化企业

5.4.1　企业概况

某焦化企业始建于 1985 年，占地 11.4 公顷，建有 66-Ⅲ型焦炉两座，年产焦炭 10 万 t，粗苯 1 000t，煤焦油 4 380t，日外供煤气 5 万 m^3，拥有民用煤气用户 30 500 余户，工业煤气用户 48 户，是中型的煤炭深加工企业。

全厂有干部职工 800 人，管理人员 150 人，生产工人 450 人，辅助人员 200 人。其中设专职安全员 16 人，技术力量雄厚，有高、中、初级专业技术人员 161 人，工人受过专业技术培训，素质良好。

5.4.2 清洁生产方案

公司通过清洁生产审核，产生方案20项。经过筛选，其中可行方案12项，包括无/低费方案8项、中/高费方案4项；另有8项方案确定为不可行方案和搁置方案。

5.4.3 方案实施效益与节能减排效果

从2007年1月到2007年9月共实施清洁生产方案8项，方案总投资2 199.68万元，其中包括1项高费方案、1项中费方案和8项无/低费方案。方案实施后，企业年减少使用主焦煤1.5万t，增加煤气用户1.2万户，增加采暖供热面积6 000m^2。从环境效益来讲，企业年减少烟尘排放1 500t，年减少CO_2气体排放1.5万t。

5.5 某机械加工企业

5.5.1 企业概况

某机械加工企业是我国机械工业第一批重点骨干企业，是我国重型机床及锻压设备的著名生产基地。50余年来，企业已经发展成为国家"十一五"发展数控机床产业化专项重点扶持企业，国家大型工业企业，机床行业"十佳企业"。

公司自建厂以来，已累计生产各种机床6万余台，其中单机重量超百吨重型机床、锻压机械达1 000余台，填补了国家百余项空白，为基础工业和国防能力的加强提供了大量关键重大设备，是著名的国防军工产业保障化基地之一，在国家重大装备产业中有着不可替代的作用。

5.5.2 实施清洁生产概况

公司自2008年1月开展清洁生产审核工作以来，分别成立了清洁生产审核领导小组和工作小组并进行了成员责任分工，制定了清洁生产工作计划，向全厂职工宣传清洁生产，发动广大职工积极参与，结合公司实际情况将电镀工段和节能作为本轮的审核重点，结合咨询组专家的建议制定了清洁生产目标，通过培训、宣传等方式，发动全公司员工从原辅材料和能源、技术工艺、设备、过程控制、废物产生与处置、产品、管理以及员工素质8个方面着手寻找清洁生产的机会和潜力，共产生了38项方案，其中21项为无/低费方案，3项为中费方案，14项为高费方案。

5.5.3 方案实施效益与节能减排效果

本轮审核实施了全部无/低费方案和3项中/高费方案，通过方案的实施，节电189万kW·h/年，减少COD排放18余kg/t，减少铬酐使用量24kg/年，共产生经济效益572万元。

5.6 某化工企业

5.6.1 企业概况

某化工企业共有员工788人，下属9个生产车间。9个生产车间分别是丙烯腈车间、生化车间、硫铵车间、乙腈车间、丙烯酰胺车间、聚丙烯酰胺一车间、聚丙烯酰胺二车间、聚丙烯酰胺三车间、聚丙烯酰胺中控车间。

5.6.2 实施清洁生产概况

（1）确定审核重点

通过对企业的资料调研和现场考察，确定丙烯腈车间和丙烯酰胺车间为审核重点。

（2）方案产生与实施

通过清洁生产审核，共产生清洁生产方案38项，其中无/低费方案29项，中/高费方案9项，通过对以上方案的实施，公司取得了可观的环境效益和经济效益。

（3）审核前后清洁生产指标对比

公司清洁生产审核前后丙烯腈车间和丙烯酰胺车间各项指标的变化情况见表4-7、表4-8。

表4-7　审核前后丙烯腈车间指标变化情况

序　号	项　目	审核前	审核后
1	丙烯单耗（t/t）	1.114	1.113
2	氨单耗（t/t）	0.523	0.519
3	综合能耗（kg油/t）	195	181.6
4	COD产生浓度（mg/L）	1 800	1 680
5	总氰浓度（mg/L）	3	1.83
6	静密封点泄漏率（‰）	0.2	0.18
7	质量合格率（%）	99	99.2

表 4-8 审核前后丙烯酰胺车间指标变化情况

序 号	项 目	审核前	审核后
1	排水量（t/t）	2.35	2.30
2	COD 产生量（kg/t）	2.5	2.1
3	丙烯腈单耗（t/t）	0.760	0.759
4	综合能耗（kg 油/t）	103.60	98.18
5	新鲜水单耗（t/t）	0.97	0.95
6	脱盐水单耗（t/t）	2.36	2.32

5.7 某乳制品企业

5.7.1 企业概况

某乳业股份有限公司是国内乳制品制造业大型企业之一，拥有几十家下属的乳品生产企业，可生产液态奶、奶粉、米粉、豆粉、饮料和保健食品六大系列 91 个品种。某乳粉生产企业为其子公司之一，通过对该企业开展自愿清洁生产审核，取得了良好的节能减排效果。

该企业现有员工 477 人，其中管理人员 30 人。现日处理鲜奶能力已经达到 110t。公司的主要产品有 8 类：全脂奶粉、全脂甜奶粉、加锌奶粉、1（新）段配方奶粉、2（新）段配方奶粉、3（新）段配方奶粉、中老年配方奶粉。

5.7.2 实施清洁生产概况

（1）清洁生产方案

截至 2009 年 2 月，共提出清洁生产方案 37 项，其中，无/低费方案 26 项，中费方案 8 项，高费方案 3 项。

（2）方案实施产生的效益分析

本轮清洁生产审核实施了全部的无/低费方案、8 项中费方案和两项高费方案，投入资金 121 万元，年经济效益 123.54 万元。

通过方案的实施，截至 2009 年 6 月吨产品水耗降低到 9.9m^3、综合能耗减低到 19.98GJ，吨产品 COD 产生量降低到 19.8kg，节约和回收物料（含水和能源）产生的效益 71.3 万元。

（3）审核前后指标的对比

审核前后公司主要指标对比情况见表 4-9。

表 4-9　审核前后公司主要指标对比情况

项　目	审核前	审核后	清洁生产标准指标要求		
			一级	二级	三级
单位产品水耗（m^3/t）	12.4	9.9	≤30.0	≤70.0	≤120.0
单位产品综合能耗（GJ/t）	29.20	19.98	≤10.3	≤22.0	≤40.0
单位产品 COD 产生量（kg/t）	26.5	19.8	≤12.0	≤28.0	≤48.0

5.8　某炼油厂

5.8.1　企业概况

某炼油厂共包括 5 套装置，分别是 200 万 t/年常减压蒸馏装置、100 万 t/年ARGG 装置、35 万 t/年重整装置、35 万 t/年气分装置和 88 万 t/年酸性水汽提装置。主要“三废”排放物为：加热炉烟气、罐切水、机泵冷却水及检修固体废物等。

5.8.2　企业清洁生产实施前后指标对比情况

企业对5 套装置均进行了清洁生产审核，审核前后指标变化情况见表4-10 ~ 表4-14。

表 4-10　常减压装置审核前后指标变化

序　号	项　目	审核前	审核后（至2008 年底）
1	排水量（t/d）	985	754
2	蒸汽消耗量（t/d）	54.19	20
3	耗电量（kW · h/d）	25 161	21 400
4	污水含油浓度（mg/L）	117	75

表 4-11　气分装置审核前后指标变化

序　号	项　目	审核前	审核后（至2008 年底）
1	排水量（t/t）	0.02	0.01
2	蒸汽量（t/t）	0.25	0.22
3	用电量（kW · h/t）	24.48	15

表 4-12　酸性水汽提装置审核前后指标变化

序　号	项　目	审核前	审核后（至 2008 年底）
1	排污量（t/t）	0.01	0
2	能耗（kg 标油/t 原料）	13	11.2
3	用电量（kW·h/t）	3.7	3.5

表 4-13　ARGG 装置审核前后指标变化　（t/h）

序　号	项　目	现　状	中、长期（至 2008 年底）	备　注
1	排水量	7.85	7.75	含油污水和生活污水
2	蒸汽量	-20.3	-20.5	“-”代表外输
3	用水量	16.85	16.75	包括新鲜水和除盐水

表 4-14　重整加氢装置审核前后指标变化

序　号	项　目	审核前	审核后（至 2008 年底）
1	排水量（t/h）	2.5	1.8
2	蒸汽量（t/h）	45.59	39
3	用水量（t/h）	10 302	9 500
4	能耗（kg 标油/t 原料）	60.52	59
5	污水含油浓度（mg/L）	50	40

5.9　某选煤企业

5.9.1　企业概况

某选煤企业年设计入洗原煤能力为 180 万 t，经过技术改造后，实际入洗原煤量可达 210 万 t。公司机构设置分为洗煤生产和生活辅助两部分，全厂现有职工 1 121 人。

5.9.2　实施清洁生产概况

企业清洁生产审核共产生方案 66 项，已实施 61 项。通过厂领导的大力支持以及全厂职工的积极参与，企业清洁生产审核工作取得了较为显著的环境、经济和社会效益。审核前存在着管理薄弱、维护保养不到位、物耗偏高及对清洁生产的认识不足等问题，经过清洁生产审核，这些问题都得到了解决。方案的实施使生产的各个环节发生了很大变化，尤其在思想认识、生产管理上取得了很大的提高，强化了员工爱岗敬业的主人翁责任感和产品成本意识，有效降低了各种污染物的产生和排放量，经济效益明显提高。

5.9.3 审核前后指标对比

审核前后企业主要消耗和污染物指标变化情况见表4-15、表4-16。

表4-15 审核前后能耗指标变化情况

项 目	审核前	审核后	变化情况
新鲜水耗量（m^3/t）	0.15	0.13	-0.02
电耗（kW·h/t）	10.01	9.45	-0.56
磁铁矿粉（kg/t）	2.59	2.43	-0.16
油（kg/t）	1.29	1.24	-0.05
介耗（kg/t）	2.59	2.46	-0.13
浮选药剂消耗（kg/t）	1.29	1.11	-0.18

表4-16 审核前后污染物指标变化情况

项 目	清洁生产前	清洁生产后	对 比
烟尘（mg/m^3）	181.2	86.6	-94.6
污水（t）	12 000	11 940	-60

5.10 某炼铁厂

5.10.1 企业概况

某公司炼铁厂生产炼钢用生铁，始建于1919年，是历史悠久的国内大型炼铁企业之一，目前拥有5座大型高炉，固定资产总值43.09亿元，年产生铁能力750万t。目前，该企业高炉实现了计算机监控，上料控制系统采用了美国PC984计算机系统，炉体冷却采用了软水密闭循环工艺，炉前装备了国内最先进的液压设备，喷煤系统日臻完善，近年引进推广了炉内整体喷补技术，炼铁工艺技术达到国内同行业先进水平，高炉工艺技术装备实现了现代化。

5.10.2 实施清洁生产概况

（1）清洁生产方案产生及实施情况

本轮清洁生产审核共产生17项方案，其中无/低费方案9项，中/高费方案8项。其中，无/低费方案全部实施，5项中/高费方案已经组织实施，两项正准备实施，另有一项高费方案由于资金筹措难度较大等问题，被列入中远期行动计划。

（2）方案实施产生的效益

通过方案的实施，企业年减少粉尘排放120t，年节水、节电的效益125万元，节约维修费用15万元，节约动力费用1 800万元。由此可见，通过清洁生产，实现了企业经济效益和环境效益的统一。清洁生产工作的开展降低了污染物的产生和排放量，产生了良好的效益，同时，降低了生产成本，使企业污染物排放总量控制达到了历史最好水平，进一步巩固了企业在国内同行业的领先地位。

5.11 某制药企业

5.11.1 企业概况

某制药企业是国家GMP认证企业，该企业占地面积33 000余m^2，新建厂房10 000m^2，绿化面积18 000m^2，引进具有国内先进水平的片剂、散剂、胶囊剂、颗粒剂、口服液、袋泡剂及中药提取等多条生产线。全部采用国内一流设备，具有较强的生产能力。目前公司已具备年产口服液5 000万支、胶囊2亿粒、颗粒剂3 000万袋、片剂2亿片的生产能力以及一流的检测设备和质量管理体系。

5.11.2 实施清洁生产概况

（1）制定清洁生产审核目标

根据××省清洁生产审核相关规定的要求，结合企业的实际，制定了公司清洁生产目标，见表4-17，以真正落实清洁生产工作，通过目标的检验与考核，达到清洁生产节能、降耗、减污、增效的目的。

表4-17 清洁生产目标

序 号	项 目	现 状	目标值
1	万元产值耗新鲜水（t）	15.62	11.69
2	万元产值耗标煤（t）	0.276	0.22
3	年废水排放量（万t/年）	3.04	2.5
4	年COD排放量（t/年）	5.05	2.5

（2）方案产生、方案实施和产生效益

在清洁生产审核过程中，共提出清洁生产方案31项，实施清洁生产方案28项，公司共投入资金83.358万元，带来经济效益130.32万元。其中无/低费方案23项，投入资金5万元，取得经济效益13.04万元；中/高费方案5

项，投入资金 78. 358 万元，取得经济效益 117. 28 万元。通过方案的实施，在环境效益方面，年节煤 230t，节水 1. 17 万 t，减少废水排放 0. 67 万 t，减少 COD 排放 4. 315t。

（3）清洁生产审核目标完成情况

通过本轮清洁生产无/低费和中/高费方案的实施，年节煤 230t，节水 1. 17 万 t，减少废水排放 0. 67 万 t，污水 COD 排放浓度由 166mg/L 降低到 31mg/L 清洁生产审核前后指标变化情况见表 4-18。

表 4-18　审核前后指标变化情况

指标名称	审核前	审核后
万元产值耗水（t）	15. 62	11. 03
万元产值耗煤（t）	0. 276	0. 186
年废水排放量（万 t/年）	3. 04	2. 37
年 COD 排放量（t/年）	5. 05	0. 735

第五篇　清洁生产相关法规和标准

第1章　清洁生产相关法规

1.1　［法规一］关于加快推行清洁生产的意见

关于加快推行清洁生产的意见

发展改革委　环保总局　科技部　财政部　建设部

农业部　水利部　教育部　国土资源部

税务总局　质检总局

（二〇〇三年十月二十日）

为认真贯彻落实《中华人民共和国清洁生产促进法》（以下简称《清洁生产促进法》），加快推行清洁生产，提高资源利用效率，减少污染物的产生和排放，保护环境，增强企业竞争力，促进经济社会可持续发展，现提出以下意见。

一、提高认识，明确推行清洁生产的基本原则

（一）清洁生产是指不断采取改进设计、使用清洁的能源和原料、采用先进的工艺技术与设备、改善管理、综合利用等措施，从源头削减污染，提高资源利用效率，减少或者避免生产、服务和产品使用过程中污染物的产生和排放，以减轻或者消除对人类健康和环境的危害。清洁生产的实质是预防污染。清洁生产是对传统发展模式的根本变革，是走新型工业化道路、实现可持续发展战略的必然选择，也是适应我国加入世界贸易组织、应对绿色贸易壁垒、增强企业竞争力的重要措施。

（二）推行清洁生产必须从国情出发，充分发挥市场在资源配置中的基础性作用，坚持以企业为主体，政府指导与推动，强化政策引导和激励，逐步形成企业自觉实施清洁生产的机制。推行清洁生产要坚持与经济结构调整相结合，与企业技术进步相结合，与加强企业管理相结合，与强化环境监督管理相结合。

二、统筹规划，完善政策

（一）制定推行清洁生产的规划。发展改革委要会同环保总局等有关部门制定重点行业、重点流域清洁生产推行规划。各地区发展改革（经贸）行政主管部门要会同有关部门制定符合本地区实际情况的清洁生产推行规划。清洁生产推行规划的内容应包括：污染状况分析，实施清洁生产的指导思想、目标任务、重点内容、主要措施和进度安排，实施清洁生产的重点工业企业名单以及清洁生产重点投资项目规划等。

（二）指导清洁生产的实施。发展改革委、环保总局要会同农业部、建设部等有关部门制定重点行业清洁生产评价指标体系，组织编制清洁生产技术指南和审核指南，指导企业正确实施清洁生产。质检总局、认监委、标准委要会同有关部门组织开展节能、节水、废物再生利用等环境与资源保护方面的产品标志认证，并制定相应的标准。各省、自治区、直辖市发展改革（经贸）和环境保护、农业、建设等有关行政主管部门要组织编制本地区的清洁生产指南和技术手册。在指导工业企业实施清洁生产的同时，逐步扩大推行清洁生产的范围，积极引导农业生产、建筑工程、矿产资源开采等领域以及旅游业、修理业等服务性企业依法实施清洁生产。

（三）完善和落实促进清洁生产的政策。各级财政、税务等行政主管部门要按照有关规定，积极落实国家对企业实施清洁生产的鼓励政策，如节能、节水、资源综合利用以及技术进步等方面减免税的优惠政策；实施清洁生产以企业投资为主，对从事清洁生产研究、示范、培训以及清洁生产重点技术改造项目，可列入国务院和县级以上地方人民政府同级财政安排的有关技术进步资金的扶持范围；对符合《排污费征收使用管理条例》规定的清洁生产项目，各级财政、环境保护行政主管部门在排污费使用上优先给予安排。为鼓励企业实施清洁生产，企业开展清洁生产审核和培训等活动的费用允许列入企业经营成本或相关费用科目。在国家设立的中小企业发展基金中，应当根据需要安排适当数额用于支持中小企业实施清洁生产；地方人民政府应当根据实际情况，为中小企业实施清洁生产提供适当财政支持。各地要结合本地实际情况，建立地方性清洁生产激励机制，积极推行清洁生产。

（四）实施清洁生产试点工作。有计划、有步骤地在重点流域、重点区域、重点城市和重点企业实施清洁生产试点。充分运用市场机制，实施企业清洁生产自愿行动计划和清洁生产区域示范试点工作，在工业企业较集中的区域，建立清洁生产示范园区，推动清洁生产工作由点到面开展。要发挥大型企业和企业集团的作用，带动中小企业全面实施清洁生产。积极稳妥地开展排污交易试点。

按照企业自愿与政府政策激励相结合，政府指导推动与企业自主实施和社会监督相结合的原则，在重点行业和重点流域组织开展创建清洁生产先进企业活动，树立一批资源利用率高、污染物排放量少、环境清洁优美、经济效益显著，具有国际竞争力的清洁生产企业。同时，要积极推广先进企业的典型经验。

三、加快结构调整和技术进步，提高清洁生产的整体水平

（一）抓好重点行业和地区的结构调整。针对我国工业技术和装备水平总体比较落后，资源利用率低，浪费大，重污染行业在工业结构中所占比重较大的现状，继续抓好冶金、有色金属、煤炭、电力、石油、石化、化工、轻工、建材等重点行业的结构调整工作，解决“结构性污染”。对国务院划定的“三河”（淮河、海河、辽河）、“三湖”（太湖、巢湖、滇池）、“两区”（酸雨控制区和二氧化硫控制区）、一市（北京市）、一海（渤海），以及113个大气污染防治重点城市、三峡库区及其上游、南水北调工程沿线地区等重点流域区域，要加快淘汰落后生产能力的进程。严格贯彻执行国家公布的限制和淘汰落后生产能力、工艺和产品目录，进一步淘汰落后的技术、工艺和设备，坚决依法关闭浪费资源、产品质量低劣、污染环境、不具备安全生产条件的厂矿。禁止淘汰的落后设备向其他地区转移。

（二）加快技术创新步伐。国务院有关部门和各级地方人民政府要加大科技投入，推动产学研结合，提高清洁生产技术开发水平和创新能力，用先进适用技术改造传统产业。科技开发计划应将清洁生产作为重点领域，积极安排清洁生产重大技术攻关项目，加大对中小企业清洁生产技术创新的支持力度。积极引导和鼓励企业开发清洁生产技术和产品，提高清洁生产技术水平。

（三）加大对清洁生产的投资力度。各级投资管理部门在制定和实施国家重点投资计划和地方投资计划时，要把节能、节水、综合利用，提高资源利用率，预防工业污染等清洁生产项目列为重点，加大投资力度。积极引导企业按照清洁生产的要求，加大资金投入，调整产品结构，努力降低污染物的产生和排放。鼓励和吸引社会资金及银行贷款投入企业实施清洁生产。

四、加强企业制度建设，推进企业实施清洁生产

（一）企业要重视清洁生产。企业是清洁生产的主体，企业管理者要转变观念，提高认识，真正把实施清洁生产作为提高企业整体素质和增强企业竞争力一项重要措施来抓。要切实加强对清洁生产工作的领导，建立健全清洁生产组织机构，明确清洁生产目标，并纳入企业发展规划，做到依法自觉实施清洁生产。

（二）认真开展清洁生产审核。清洁生产审核是企业实施清洁生产的主要手段。按照自愿审核与强制审核相结合的原则，国家鼓励和支持企业自愿开展清洁生产审核。排放污染物超过国家和地方规定的排放标准，或者超过经有关地方人民政府核定的污染物排放总量控制指标的企业，以及使用有毒有害原材料进行生产或者在生产中排放有毒、有害物质的企业，应当依法实施清洁生产审核，并按有关规定，将审核结果报当地环境保护和发展改革（经贸）行政主管部门。

（三）加快实施清洁生产方案。要坚持“积极主动、先易后难、持续实施”的原则，制订切实可行的实施计划。优先实施无费、低费方案，中、高费方案要纳入企业规划和固定资产投资计划，逐步实施。积极筹措资金，确保清洁生产方案的落实，努力提高能源、原材料的利用率，减少商品的过度包装和污染物的产生与排放，树立企业良好的社会形象。

（四）鼓励企业建立环境管理体系。环境管理体系是企业管理的组成部分，能够帮助企业从环境管理方面促进清洁生产的实施。有条件的企业，在自愿的原则下，可按照 ISO 14000 系列标准（GB/T 24000—ISO 14000）开展环境管理体系认证，提高清洁生产水平。

（五）建立企业清洁生产责任制度。要实行企业清洁生产领导责任制，做到层层负责、责任到人；加强宣传和岗位培训，努力提高职工清洁生产意识和技能；实行装置运行达标管理，避免由于管理不善而出现“跑冒滴漏”现象，造成资源浪费和环境污染；建立奖惩制度，使清洁生产工作与经济效益挂钩。通过加强企业管理，推进清洁生产的实施。

五、完善法规体系，强化监督管理

（一）完善清洁生产配套规章。按照《清洁生产促进法》的要求，发展改革委要抓紧研究制定强制回收的产品和包装物回收管理办法，制定和公布国家重点行业清洁生产技术、工艺、设备和产品导向目录，以及限期淘汰的生产技术、工艺、设备和产品的名录，并会同环保总局组织制定清洁生产审核办法等配套规章。

（二）加强对建设项目的环境管理。在固定资产投资项目中，涉及环境影响的项目，在进行环境影响评价和可行性研究中应对原料使用、资源消耗、资源综合利用以及污染物产生与处置等进行分析论证，优先选用资源利用率高以及污染物产生量小的清洁生产技术、工艺和设备，并在建设项目设计、施工和验收等各个环节中加以落实。对使用限期淘汰的落后工艺和设备的建设项目，不得批准其环境影响评价报告书（表），擅自开工建设的要依法予以关闭。

（三）实施重点排污企业公告制度。为加强公众监督，省、自治区、直辖市环境保护行政主管部门根据企业污染物的排放情况，可在当地主要媒体上定期公布污染物超标排放或者污染物排放总量超过规定限额的污染严重企业名单。列入污染严重企业名单的企业，应当按照有关规定公布主要污染物排放情况。重点排污企业的污染物排放口应安装污染物在线自动监测系统。对不公布或未按规定要求公布污染物排放情况的企业，环境保护行政主管部门应依法予以处罚。

（四）加大执法监督的力度。各级环境保护行政主管部门要严格环境执法，严肃查处各类污染环境行为，坚决制止企业非法排污。对造成重大环境污染事故的，要依法追究有关人员的责任。各级环境保护行政主管部门要会同有关部门开展经常性的环保检查和清理整顿工作，防止"十五小"、"新五小"企业死灰复燃。对检查中发现的国家明令淘汰的落后生产能力、工艺和产品，造成环境污染的，环境保护行政主管部门要依法予以处罚，吊销有关企业的排污许可证。地方各级环境保护行政主管部门在核发排污许可证时，应将清洁生产审核结果作为核定企业污染物排放总量的重要依据，对未进行清洁生产审核的企业应比照已审核的企业执行。涉及生产、销售国家明令淘汰产品的行为，由各级质量技术监督部门依法予以处罚。因排放污染物超过国家或地方排放标准，被责令限期治理的企业，应积极采用清洁生产工艺和技术并限期达到治理要求，否则环境保护行政主管部门不得同意恢复生产，有关部门不得提供相应的生产条件。环境保护行政主管部门对不按要求实施清洁生产审核或不如实报告审核结果的企业，依法予以处罚。

六、加强对推行清洁生产工作的领导

（一）加强组织领导。各级人民政府和有关部门要切实加强对推行清洁生产工作的领导，建立和完善部门间的协调机制。各级发展改革（经贸）行政主管部门要切实担负起组织、协调清洁生产促进工作的职责。各级发展改革（经贸）和环境保护等行政主管部门要加强对清洁生产的指导。各级环境保护行政主管部门要加强对清洁生产实施工作的监督管理，各级科学技术、农业、建设、水利和质量技术监督等行政主管，要各负其责，协同配合，共同做好推行清洁生产工作。

（二）做好法规宣传教育。各级人民政府和有关部门要对宣传和贯彻《清洁生产促进法》作出具体部署。要充分利用报刊、广播、电视、网络等宣传舆论工具，广泛深入持久地宣传《清洁生产促进法》，使全社会正确认识清洁生产在可持续发展中的重要作用，接受清洁生产理念，为该法的顺利实施创造良好的氛围。同时，应通过宣传和教育，鼓励公众购买和使用节能、节水、废物再生利用等有利于环境与资源保护的产品。各级人民政府和有关部门要带头倡导绿色消费，在政府采购时，应将满足使用要求的节能、节水、废物再生利用等有利于环境与资源保护的产品优先纳入采购计划。

要加强清洁生产教育和培训，特别要加强对企业管理者、技术人员及员工的培训，正确理解和掌握《清洁生产促进法》的有关规定，把清洁生产落实到产品开发、工艺技术、工程设计、装备制造和生产服务管理等各个环节。教育部要研究提出将清洁生产技术和管理课程纳入高等教育、职业教育和技术培训体系的方案。

（三）建立清洁生产信息和服务体系。各级人民政府有关部门要积极组织和支持建立清洁生产信息系统和技术咨询服务体系，向社会发布有关清洁生产技术、管理和政策等方面的信息，加强清洁生产信息交流。要积极推动清洁生产国际交流与合作，学习借鉴国外推行清洁生产的成功经验，引进清洁生产技术和设备，提高我国清洁生产水平。

要充分发挥行业协会等中介机构和科研单位、大专院校的作用，在政府领导下或接受政府委托，建立行业清洁生产中心和信息系统，制定本行业清洁生产指标体系、规划、规范，为企业开展清洁生产审核、技术开发与推广、信息咨询、宣传培训等提供服务。

（四）做好督促检查工作。各地区、各有关部门要根据《清洁生产促进法》和本意见制定具体政策措施，确保各项规定落到实处。发展改革委和环保总局对落实本意见的情况进行监督检查，并向国务院报告。

1.2 ［法规二］中华人民共和国清洁生产法

中华人民共和国清洁生产促进法

（2002年6月29日第九届全国人民代表大会常务委员会第二十八次会议通过）

目 录

第一章 总 则

第一条 为了促进清洁生产，提高资源利用效率，减少和避免污染物的产生，保护和改善环境，保障人体健康，促进经济与社会可持续发展，制定本法。

第二条 本法所称清洁生产，是指不断采取改进设计、使用清洁的能源和原料、采用先进的工艺技术与设备、改善管理、综合利用等措施，从源头削减污染，提高资源利用效率，减少或者避免生产、服务和产品使用过程中污染物的产生和排放，以减轻或者消除对人类健康和环境的危害。

第三条 在中华人民共和国领域内，从事生产和服务活动的单位以及从事相关管理活动的部门依照本法规定，组织、实施清洁生产。

第四条 国家鼓励和促进清洁生产。国务院和县级以上地方人民政府，应当将清洁生产纳入国民经济和社会发展计划以及环境保护、资源利用、产业发展、区域开发等规划。

第五条 国务院经济贸易行政主管部门负责组织、协调全国的清洁生产促进工作。国务院环境保护、计划、科学技术、农业、建设、水利和质量技术监督等行政主管部门，按照各自的职责，负责有关的清洁生产促进工作。

县级以上地方人民政府负责领导本行政区域内的清洁生产促进工作。县级以上地方人民政府经济贸易行政主管部门负责组织、协调本行政区域内的清洁生产促进工作。县级以上地方人民政府环境保护、计划、科学技术、农业、建设、水利和质量技术监督等行政主管部门，按照各自的职责，负责有关的清洁生产促进工作。

第六条 国家鼓励开展有关清洁生产的科学研究、技术开发和国际合作，组织宣传、普及清洁生产知识，推广清洁生产技术。

国家鼓励社会团体和公众参与清洁生产的宣传、教育、推广、实施及监督。

第二章 清洁生产的推行

第七条 国务院应当制定有利于实施清洁生产的财政税收政策。

国务院及其有关行政主管部门和省、自治区、直辖市人民政府，应当制定有利于实施清洁生产的产业政策、技术开发和推广政策。

第八条 县级以上人民政府经济贸易行政主管部门，应当会同环境保护、计划、科学技术、农业、建设、水利等有关行政主管部门制定清洁生产的推行规划。

第九条 县级以上地方人民政府应当合理规划本行政区域的经济布局，调整产业结构，发展循环经济，促进企业在资源和废物综合利用等领域进行合作，实现资源的高效利用和循环使用。

第十条 国务院和省、自治区、直辖市人民政府的经济贸易、环境保护、计划、科学技术、农业等有关行政主管部门，应当组织和支持建立清洁生产信息系统和技术咨询服务体系，向社会提供有关清洁生产方法和技术、可再生利用的废物供求以及清洁生产政策等方面的信息和服务。

第十一条 国务院经济贸易行政主管部门会同国务院有关行政主管部门定期发布清洁生产技术、工艺、设备和产品导向目录。

国务院和省、自治区、直辖市人民政府的经济贸易行政主管部门和环境保护、农业、建设等有关行政主管部门组织编制有关行业或者地区的清洁生产指南和技术手册，指导实施清洁生产。

第十二条 国家对浪费资源和严重污染环境的落后生产技术、工艺、设备和产品实行限期淘汰制度。国务院经济贸易行政主管部门会同国务院有关行政主管部门制定并发布限期淘汰的生产技术、工艺、设备以及产品的名录。

第十三条 国务院有关行政主管部门可以根据需要批准设立节能、节水、废物再生利用等环境与资源保护方面的产品标志，并按照国家规定制定相应标准。

第十四条 县级以上人民政府科学技术行政主管部门和其他有关行政主管部门，应当指导和支持清洁生产技术和有利于环境与资源保护的产品的研究、开发以及清洁生产技术的示范和推广工作。

第十五条 国务院教育行政主管部门，应当将清洁生产技术和管理课程纳入有关高等教育、职业教育和技术培训体系。

县级以上人民政府有关行政主管部门组织开展清洁生产的宣传和培训，提高国家工作人员、企业经营管理者和公众的清洁生产意识，培养清洁生产管理和技术人员。

新闻出版、广播影视、文化等单位和有关社会团体，应当发挥各自优势做好清洁生产宣传工作。

第十六条 各级人民政府应当优先采购节能、节水、废物再生利用等有利于环境与资源保护的产品。

各级人民政府应当通过宣传、教育等措施，鼓励公众购买和使用节能、节水、废物再生利用等有利于环境与资源保护的产品。

第十七条 省、自治区、直辖市人民政府环境保护行政主管部门，应当加强对清洁生产实施的监督；可以按照促进清洁生产的需要，根据企业污染物的排放情况，在当地主要媒体上定期公布污染物超标排放或者污染物排放总量超过规定限额的污染严重企业的名单，为公众监督企业实施清洁生产提供依据。

第三章　清洁生产的实施

第十八条 新建、改建和扩建项目应当进行环境影响评价，对原料使用、资源消耗、资源综合利用以及污染物产生与处置等进行分析论证，优先采用资源利用率高以及污染物产生量少的清洁生产技术、工艺和设备。

第十九条 企业在进行技术改造过程中，应当采取以下清洁生产措施：

（一）采用无毒、无害或者低毒、低害的原料，替代毒性大、危害严重的原料；

（二）采用资源利用率高、污染物产生量少的工艺和设备，替代资源利用率低、污染物产生量多的工艺和设备；

（三）对生产过程中产生的废物、废水和余热等进行综合利用或者循环使用；

（四）采用能够达到国家或者地方规定的污染物排放标准和污染物排放总量控制指标的污染防治技术。

第二十条 产品和包装物的设计，应当考虑其在生命周期中对人类健康和环境的影响，优先选择无毒、无害、易于降解或者便于回收利用的方案。

企业应当对产品进行合理包装，减少包装材料的过度使用和包装性废物的产生。

第二十一条 生产大型机电设备、机动运输工具以及国务院经济贸易行政主管部门指定的其他产品的企业，应当按照国务院标准化行政主管部门或者其授权机构制定的技术规范，在产品的主体构件上注明材料成分的标准牌号。

第二十二条 农业生产者应当科学地使用化肥、农药、农用薄膜和饲料添加剂，改进种植和养殖技术，实现农产品的优质、无害和农业生产废物的资源化，防止农业环境污染。

禁止将有毒、有害废物用做肥料或者用于造田。

第二十三条 餐饮、娱乐、宾馆等服务性企业，应当采用节能、节水和其他有利于环境保护的技术和设备，减少使用或者不使用浪费资源、污染环境的消费品。

第二十四条 建筑工程应当采用节能、节水等有利于环境与资源保护的建筑设计方案、建筑和装修材料、建筑构配件及设备。

建筑和装修材料必须符合国家标准。禁止生产、销售和使用有毒、有害物质超过国家标准的建筑和装修材料。

第二十五条 矿产资源的勘查、开采，应当采用有利于合理利用资源、保护环境和防止污染的勘查、开采方法和工艺技术，提高资源利用水平。

第二十六条 企业应当在经济技术可行的条件下对生产和服务过程中产生的废物、余热等自行回收利用或者转让给有条件的其他企业和个人利用。

第二十七条 生产、销售被列入强制回收目录的产品和包装物的企业，必须在产品报废和包装物使用后对该产品和包装物进行回收。强制回收的产品和包装物的目录和具体回收办法，由国务院经济贸易行政主管部门制定。

国家对列入强制回收目录的产品和包装物，实行有利于回收利用的经济措施；县级以上地方人民政府经济贸易行政主管部门应当定期检查强制回收产品和包装物的实施情况，并及时向社会公布检查结果。具体办法由国务院经济贸易行政主管部门制定。

第二十八条 企业应当对生产和服务过程中的资源消耗以及废物的产生情况进行监测，并根据需要对生产和服务实施清洁生产审核。

污染物排放超过国家和地方规定的排放标准或者超过经有关地方人民政府核定的污染物排放总量控制指标的企业，应当实施清洁生产审核。

使用有毒、有害原料进行生产或者在生产中排放有毒、有害物质的企业，应当定期实施清洁生产审核，并将审核结果报告所在地的县级以上地方人民政府环境保护行政主管部门和经济贸易行政主管部门。

清洁生产审核办法，由国务院经济贸易行政主管部门会同国务院环境保护行政主管部门制定。

第二十九条 企业在污染物排放达到国家和地方规定的排放标准的基础上，可以自愿与有管辖权的经济贸易行政主管部门和环境保护行政主管部门签订进一步节约资源、削减污染物排放量的协议。该经济贸易行政主管部门和环境保护行政主管部门应当在当地主要媒体上公布该企业的名称以及节约资源、防治污染的成果。

第三十条 企业可以根据自愿原则，按照国家有关环境管理体系认证的规定，向国家认证认可监督管理部门授权的认证机构提出认证申请，通过环境管理体系认证，提高清洁生产水平。

第三十一条 根据本法第十七条规定，列入污染严重企业名单的企业，应当按照国务院环境保护行政主管部门的规定公布主要污染物的排放情况，接受公众监督。

第四章 鼓励措施

第三十二条 国家建立清洁生产表彰奖励制度。对在清洁生产工作中做出显著成绩的单位和个人，由人民政府给予表彰和奖励。

第三十三条 对从事清洁生产研究、示范和培训，实施国家清洁生产重点技术改造项目和本法第二十九条规定的自愿削减污染物排放协议中载明的技术改造项目，列入国务院和县级以上地方人民政府同级财政安排的有关技术进步专项资金的扶持范围。

第三十四条 在依照国家规定设立的中小企业发展基金中，应当根据需要安排适当数额用于支持中小企业实施清洁生产。

第三十五条 对利用废物生产产品的和从废物中回收原料的，税务机关按照国家有关规定，减征或者免征增值税。

第三十六条 企业用于清洁生产审核和培训的费用，可以列入企业经营成本。

第五章 法律责任

第三十七条 违反本法第二十一条规定，未标注产品材料的成分或者不如实标注的，由县级以上地方人民政府质量技术监督行政主管部门责令限期改正；拒不改正的，处以五万元以下的罚款。

第三十八条 违反本法第二十四条第二款规定，生产、销售有毒、有害物质超过国家标准的建筑和装修材料的，依照产品质量法和有关民事、刑事法律的规定，追究行政、民事、刑事法律责任。

第三十九条 违反本法第二十七条第一款规定，不履行产品或者包装物回收义务的，由县级以上地方人民政府经济贸易行政主管部门责令限期改正；拒不改正的，处以十万元以下的罚款。

第四十条 违反本法第二十八条第三款规定，不实施清洁生产审核或者虽经审核但不如实报告审核结果的，由县级以上地方人民政府环境保护行政主管部门责令限期改正；拒不改正的，处以十万元以下的罚款。

第四十一条 违反本法第三十一条规定，不公布或者未按规定要求公布污染物排放情况的，由县级以上地方人民政府环境保护行政主管部门公布，可以并处十万元以下的罚款。

第六章 附 则

第四十二条 本法自 2003 年 1 月 1 日起施行。

1.3 ［法规三］中华人民共和国循环经济促进法

中华人民共和国循环经济促进法

（2008 年 8 月 29 日第十一届全国人民代表大会常务委员会
第四次会议通过）

目 录

第一章　总　则

第一条　为了促进循环经济发展，提高资源利用效率，保护和改善环境，实现可持续发展，制定本法。

第二条　本法所称循环经济，是指在生产、流通和消费等过程中进行的减量化、再利用、资源化活动的总称。

本法所称减量化，是指在生产、流通和消费等过程中减少资源消耗和废物产生。

本法所称再利用，是指将废物直接作为产品或者经修复、翻新、再制造后继续作为产品使用，或者将废物的全部或者部分作为其他产品的部件予以使用。

本法所称资源化，是指将废物直接作为原料进行利用或者对废物进行再生利用。

第三条　发展循环经济是国家经济社会发展的一项重大战略，应当遵循统筹规划、合理布局，因地制宜、注重实效，政府推动、市场引导，企业实施、公众参与的方针。

第四条　发展循环经济应当在技术可行、经济合理和有利于节约资源、保护环境的前提下，按照减量化优先的原则实施。

在废物再利用和资源化过程中，应当保障生产安全，保证产品质量符合国家规定的标准，并防止产生再次污染。

第五条 国务院循环经济发展综合管理部门负责组织协调、监督管理全国循环经济发展工作；国务院环境保护等有关主管部门按照各自的职责负责有关循环经济的监督管理工作。

县级以上地方人民政府循环经济发展综合管理部门负责组织协调、监督管理本行政区域的循环经济发展工作；县级以上地方人民政府环境保护等有关主管部门按照各自的职责负责有关循环经济的监督管理工作。

第六条 国家制定产业政策，应当符合发展循环经济的要求。

县级以上人民政府编制国民经济和社会发展规划及年度计划，县级以上人民政府有关部门编制环境保护、科学技术等规划，应当包括发展循环经济的内容。

第七条 国家鼓励和支持开展循环经济科学技术的研究、开发和推广，鼓励开展循环经济宣传、教育、科学知识普及和国际合作。

第八条 县级以上人民政府应当建立发展循环经济的目标责任制，采取规划、财政、投资、政府采购等措施，促进循环经济发展。

第九条 企业事业单位应当建立健全管理制度，采取措施，降低资源消耗，减少废物的产生量和排放量，提高废物的再利用和资源化水平。

第十条 公民应当增强节约资源和保护环境意识，合理消费，节约资源。

国家鼓励和引导公民使用节能、节水、节材和有利于保护环境的产品及再生产品，减少废物的产生量和排放量。

公民有权举报浪费资源、破坏环境的行为，有权了解政府发展循环经济的信息并提出意见和建议。

第十一条 国家鼓励和支持行业协会在循环经济发展中发挥技术指导和服务作用。县级以上人民政府可以委托有条件的行业协会等社会组织开展促进循环经济发展的公共服务。

国家鼓励和支持中介机构、学会和其他社会组织开展循环经济宣传、技术推广和咨询服务，促进循环经济发展。

第二章 基本管理制度

第十二条 国务院循环经济发展综合管理部门会同国务院环境保护等有关主管部门编制全国循环经济发展规划，报国务院批准后公布施行。设区的市级以上地方人民政府循环经济发展综合管理部门会同本级人民政府环境保护等有关主管部门编制本行政区域循环经济发展规划，报本级人民政府批准后公布施行。

循环经济发展规划应当包括规划目标、适用范围、主要内容、重点任务和保障措施等，并规定资源产出率、废物再利用和资源化率等指标。

第十三条 县级以上地方人民政府应当依据上级人民政府下达的本行政区域主要污染物排放、建设用地和用水总量控制指标，规划和调整本行政区域的产业结构，促进循环经济发展。

新建、改建、扩建建设项目，必须符合本行政区域主要污染物排放、建设用地和用水总量控制指标的要求。

第十四条 国务院循环经济发展综合管理部门会同国务院统计、环境保护等有关主管部门建立和完善循环经济评价指标体系。

上级人民政府根据前款规定的循环经济主要评价指标，对下级人民政府发展循环经济的状况定期进行考核，并将主要评价指标完成情况作为对地方人民政府及其负责人考核评价的内容。

第十五条 生产列入强制回收名录的产品或者包装物的企业，必须对废弃的产品或者包装物负责回收；对其中可以利用的，由各该生产企业负责利用；对因不具备技术经济条件而不适合利用的，由各该生产企业负责无害化处置。

对前款规定的废弃产品或者包装物，生产者委托销售者或者其他组织进行回收的，或者委托废物利用或者处置企业进行利用或者处置的，受托方应当依照有关法律、行政法规的规定和合同的约定负责回收或者利用、处置。

对列入强制回收名录的产品和包装物，消费者应当将废弃的产品或者包装物交给生产者或者其委托回收的销售者或者其他组织。

强制回收的产品和包装物的名录及管理办法，由国务院循环经济发展综合管理部门规定。

第十六条 国家对钢铁、有色金属、煤炭、电力、石油加工、化工、建材、建筑、造纸、印染等行业年综合能源消费量、用水量超过国家规定总量的重点企业，实行能耗、水耗的重点监督管理制度。

重点能源消费单位的节能监督管理，依照《中华人民共和国节约能源法》的规定执行。

重点用水单位的监督管理办法，由国务院循环经济发展综合管理部门会同国务院有关部门规定。

第十七条 国家建立健全循环经济统计制度，加强资源消耗、综合利用和废物产生的统计管理，并将主要统计指标定期向社会公布。

国务院标准化主管部门会同国务院循环经济发展综合管理和环境保护等有关主管部门建立健全循环经济标准体系，制定和完善节能、节水、节材和废物再利用、资源化等标准。

国家建立健全能源效率标识等产品资源消耗标识制度。

第三章　减量化

第十八条　国务院循环经济发展综合管理部门会同国务院环境保护等有关主管部门，定期发布鼓励、限制和淘汰的技术、工艺、设备、材料和产品名录。

禁止生产、进口、销售列入淘汰名录的设备、材料和产品，禁止使用列入淘汰名录的技术、工艺、设备和材料。

第十九条　从事工艺、设备、产品及包装物设计，应当按照减少资源消耗和废物产生的要求，优先选择采用易回收、易拆解、易降解、无毒无害或者低毒低害的材料和设计方案，并应当符合有关国家标准的强制性要求。

对在拆解和处置过程中可能造成环境污染的电器电子等产品，不得设计使用国家禁止使用的有毒有害物质。禁止在电器电子等产品中使用的有毒有害物质名录，由国务院循环经济发展综合管理部门会同国务院环境保护等有关主管部门制定。

设计产品包装物应当执行产品包装标准，防止过度包装造成资源浪费和环境污染。

第二十条　工业企业应当采用先进或者适用的节水技术、工艺和设备，制定并实施节水计划，加强节水管理，对生产用水进行全过程控制。

工业企业应当加强用水计量管理，配备和使用合格的用水计量器具，建立水耗统计和用水状况分析制度。

新建、改建、扩建建设项目，应当配套建设节水设施。节水设施应当与主体工程同时设计、同时施工、同时投产使用。

国家鼓励和支持沿海地区进行海水淡化和海水直接利用，节约淡水资源。

第二十一条　国家鼓励和支持企业使用高效节油产品。

电力、石油加工、化工、钢铁、有色金属和建材等企业，必须在国家规定的范围和期限内，以洁净煤、石油焦、天然气等清洁能源替代燃料油，停止使用不符合国家规定的燃油发电机组和燃油锅炉。

内燃机和机动车制造企业应当按照国家规定的内燃机和机动车燃油经济性标准，采用节油技术，减少石油产品消耗量。

第二十二条　开采矿产资源，应当统筹规划，制定合理的开发利用方案，采用合理的开采顺序、方法和选矿工艺。采矿许可证颁发机关应当对申请人提交的开发利用方案中的开采回采率、采矿贫化率、选矿回收率、矿山水循环利用率和土地复垦率等指标依法进行审查；审查不合格的，不予颁发采矿许可证。采矿许可证颁发机关应当依法加强对开采矿产资源的监督管理。

矿山企业在开采主要矿种的同时，应当对具有工业价值的共生和伴生矿实行综合开采、合理利用；对必须同时采出而暂时不能利用的矿产以及含有有用组分的尾矿，应当采取保护措施，防止资源损失和生态破坏。

第二十三条 建筑设计、建设、施工等单位应当按照国家有关规定和标准，对其设计、建设、施工的建筑物及构筑物采用节能、节水、节地、节材的技术工艺和小型、轻型、再生产品。有条件的地区，应当充分利用太阳能、地热能、风能等可再生能源。

国家鼓励利用无毒无害的固体废物生产建筑材料，鼓励使用散装水泥，推广使用预拌混凝土和预拌砂浆。

禁止损毁耕地烧砖。在国务院或者省、自治区、直辖市人民政府规定的期限和区域内，禁止生产、销售和使用黏土砖。

第二十四条 县级以上人民政府及其农业等主管部门应当推进土地集约利用，鼓励和支持农业生产者采用节水、节肥、节药的先进种植、养殖和灌溉技术，推动农业机械节能，优先发展生态农业。

在缺水地区，应当调整种植结构，优先发展节水型农业，推进雨水集蓄利用，建设和管护节水灌溉设施，提高用水效率，减少水的蒸发和漏失。

第二十五条 国家机关及使用财政性资金的其他组织应当厉行节约、杜绝浪费，带头使用节能、节水、节地、节材和有利于保护环境的产品、设备和设施，节约使用办公用品。国务院和县级以上地方人民政府管理机关事务工作的机构会同本级人民政府有关部门制定本级国家机关等机构的用能、用水定额指标，财政部门根据该定额指标制定支出标准。

城市人民政府和建筑物的所有者或者使用者，应当采取措施，加强建筑物维护管理，延长建筑物使用寿命。对符合城市规划和工程建设标准，在合理使用寿命内的建筑物，除为了公共利益的需要外，城市人民政府不得决定拆除。

第二十六条 餐饮、娱乐、宾馆等服务性企业，应当采用节能、节水、节材和有利于保护环境的产品，减少使用或者不使用浪费资源、污染环境的产品。

本法施行后新建的餐饮、娱乐、宾馆等服务性企业，应当采用节能、节水、节材和有利于保护环境的技术、设备和设施。

第二十七条 国家鼓励和支持使用再生水。在有条件使用再生水的地区，限制或者禁止将自来水作为城市道路清扫、城市绿化和景观用水使用。

第二十八条 国家在保障产品安全和卫生的前提下，限制一次性消费品的生产和销售。具体名录由国务院循环经济发展综合管理部门会同国务院财政、环境保护等有关主管部门制定。

对列入前款规定名录中的一次性消费品的生产和销售，由国务院财政、税务和对外贸易等主管部门制定限制性的税收和出口等措施。

第四章　再利用和资源化

第二十九条　县级以上人民政府应当统筹规划区域经济布局，合理调整产业结构，促进企业在资源综合利用等领域进行合作，实现资源的高效利用和循环使用。

各类产业园区应当组织区内企业进行资源综合利用，促进循环经济发展。

国家鼓励各类产业园区的企业进行废物交换利用、能量梯级利用、土地集约利用、水的分类利用和循环使用，共同使用基础设施和其他有关设施。

新建和改造各类产业园区应当依法进行环境影响评价，并采取生态保护和污染控制措施，确保本区域的环境质量达到规定的标准。

第三十条　企业应当按照国家规定，对生产过程中产生的粉煤灰、煤矸石、尾矿、废石、废料、废气等工业废物进行综合利用。

第三十一条　企业应当发展串联用水系统和循环用水系统，提高水的重复利用率。

企业应当采用先进技术、工艺和设备，对生产过程中产生的废水进行再生利用。

第三十二条　企业应当采用先进或者适用的回收技术、工艺和设备，对生产过程中产生的余热、余压等进行综合利用。

建设利用余热、余压、煤层气以及煤矸石、煤泥、垃圾等低热值燃料的并网发电项目，应当依照法律和国务院的规定取得行政许可或者报送备案。电网企业应当按照国家规定，与综合利用资源发电的企业签订并网协议，提供上网服务，并全额收购并网发电项目的上网电量。

第三十三条　建设单位应当对工程施工中产生的建筑废物进行综合利用；不具备综合利用条件的，应当委托具备条件的生产经营者进行综合利用或者无害化处置。

第三十四条　国家鼓励和支持农业生产者和相关企业采用先进或者适用技术，对农作物秸秆、畜禽粪便、农产品加工业副产品、废农用薄膜等进行综合利用，开发利用沼气等生物质能源。

第三十五条　县级以上人民政府及其林业主管部门应当积极发展生态林业，鼓励和支持林业生产者和相关企业采用木材节约和代用技术，开展林业废物和次小薪材、沙生灌木等综合利用，提高木材综合利用率。

第三十六条　国家支持生产经营者建立产业废物交换信息系统，促进企业交流产业废物信息。

企业对生产过程中产生的废物不具备综合利用条件的，应当提供给具备条件的生产经营者进行综合利用。

第三十七条 国家鼓励和推进废物回收体系建设。

地方人民政府应当按照城乡规划，合理布局废物回收网点和交易市场，支持废物回收企业和其他组织开展废物的收集、储存、运输及信息交流。

废物回收交易市场应当符合国家环境保护、安全和消防等规定。

第三十八条 对废电器电子产品、报废机动车船、废轮胎、废铅酸电池等特定产品进行拆解或者再利用，应当符合有关法律、行政法规的规定。

第三十九条 回收的电器电子产品，经过修复后销售的，必须符合再利用产品标准，并在显著位置标识为再利用产品。

回收的电器电子产品，需要拆解和再生利用的，应当交售给具备条件的拆解企业。

第四十条 国家支持企业开展机动车零部件、工程机械、机床等产品的再制造和轮胎翻新。

销售的再制造产品和翻新产品的质量必须符合国家规定的标准，并在显著位置标识为再制造产品或者翻新产品。

第四十一条 县级以上人民政府应当统筹规划建设城乡生活垃圾分类收集和资源化利用设施，建立和完善分类收集和资源化利用体系，提高生活垃圾资源化率。

县级以上人民政府应当支持企业建设污泥资源化利用和处置设施，提高污泥综合利用水平，防止产生再次污染。

第五章 激励措施

第四十二条 国务院和省、自治区、直辖市人民政府设立发展循环经济的有关专项资金，支持循环经济的科技研究开发、循环经济技术和产品的示范与推广、重大循环经济项目的实施、发展循环经济的信息服务等。具体办法由国务院财政部门会同国务院循环经济发展综合管理等有关主管部门制定。

第四十三条 国务院和省、自治区、直辖市人民政府及其有关部门应当将循环经济重大科技攻关项目的自主创新研究、应用示范和产业化发展列入国家或者省级科技发展规划和高技术产业发展规划，并安排财政性资金予以支持。

利用财政性资金引进循环经济重大技术、装备的，应当制定消化、吸收和创新方案，报有关主管部门审批并由其监督实施；有关主管部门应当根据实际需要建立协调机制，对重大技术、装备的引进和消化、吸收、创新实行统筹协调，并给予资金支持。

第四十四条 国家对促进循环经济发展的产业活动给予税收优惠，并运用税收等措施鼓励进口先进的节能、节水、节材等技术、设备和产品，限制在生产过程中耗能高、污染重的产品的出口。具体办法由国务院财政、税务主管部门制定。

企业使用或者生产列入国家清洁生产、资源综合利用等鼓励名录的技术、工艺、设备或者产品的，按照国家有关规定享受税收优惠。

第四十五条 县级以上人民政府循环经济发展综合管理部门在制定和实施投资计划时，应当将节能、节水、节地、节材、资源综合利用等项目列为重点投资领域。

对符合国家产业政策的节能、节水、节地、节材、资源综合利用等项目，金融机构应当给予优先贷款等信贷支持，并积极提供配套金融服务。

对生产、进口、销售或者使用列入淘汰名录的技术、工艺、设备、材料或者产品的企业，金融机构不得提供任何形式的授信支持。

第四十六条 国家实行有利于资源节约和合理利用的价格政策，引导单位和个人节约和合理使用水、电、气等资源性产品。

国务院和省、自治区、直辖市人民政府的价格主管部门应当按照国家产业政策，对资源高消耗行业中的限制类项目，实行限制性的价格政策。

对利用余热、余压、煤层气以及煤矸石、煤泥、垃圾等低热值燃料的并网发电项目，价格主管部门按照有利于资源综合利用的原则确定其上网电价。

省、自治区、直辖市人民政府可以根据本行政区域经济社会发展状况，实行垃圾排放收费制度。收取的费用专项用于垃圾分类、收集、运输、贮存、利用和处置，不得挪作他用。

国家鼓励通过以旧换新、押金等方式回收废物。

第四十七条 国家实行有利于循环经济发展的政府采购政策。使用财政性资金进行采购的，应当优先采购节能、节水、节材和有利于保护环境的产品及再生产品。

第四十八条 县级以上人民政府及其有关部门应当对在循环经济管理、科学技术研究、产品开发、示范和推广工作中做出显著成绩的单位和个人给予表彰和奖励。

企业事业单位应当对在循环经济发展中做出突出贡献的集体和个人给予表彰和奖励。

第六章 法律责任

第四十九条 县级以上人民政府循环经济发展综合管理部门或者其他有关主管部门发现违反本法的行为或者接到对违法行为的举报后不予查处，或者有其他不依法履行监督管理职责行为的，由本级人民政府或者上一级人民政府有关主管部门责令改正，对直接负责的主管人员和其他直接责任人员依法给予处分。

第五十条 生产、销售列入淘汰名录的产品、设备的，依照《中华人民共和国产品质量法》的规定处罚。

使用列入淘汰名录的技术、工艺、设备、材料的，由县级以上地方人民政府循环经济发展综合管理部门责令停止使用，没收违法使用的设备、材料，并处五万元以上二十万元以下的罚款；情节严重的，由县级以上人民政府循环经济发展综合管理部门提出意见，报请本级人民政府按照国务院规定的权限责令停业或者关闭。

违反本法规定，进口列入淘汰名录的设备、材料或者产品的，由海关责令退运，可以处十万元以上一百万元以下的罚款。进口者不明的，由承运人承担退运责任，或者承担有关处置费用。

第五十一条 违反本法规定，对在拆解或者处置过程中可能造成环境污染的电器电子等产品，设计使用列入国家禁止使用名录的有毒有害物质的，由县级以上地方人民政府产品质量监督部门责令限期改正；逾期不改正的，处二万元以上二十万元以下的罚款；情节严重的，由县级以上地方人民政府产品质量监督部门向本级工商行政管理部门通报有关情况，由工商行政管理部门依法吊销营业执照。

第五十二条 违反本法规定，电力、石油加工、化工、钢铁、有色金属和建材等企业未在规定的范围或者期限内停止使用不符合国家规定的燃油发电机组或者燃油锅炉的，由县级以上地方人民政府循环经济发展综合管理部门责令限期改正；逾期不改正的，责令拆除该燃油发电机组或者燃油锅炉，并处五万元以上五十万元以下的罚款。

第五十三条 违反本法规定，矿山企业未达到经依法审查确定的开采回采率、采矿贫化率、选矿回收率、矿山水循环利用率和土地复垦率等指标的，由县级以上人民政府地质矿产主管部门责令限期改正，处五万元以上五十万元以下的罚款；逾期不改正的，由采矿许可证颁发机关依法吊销采矿许可证。

第五十四条 违反本法规定，在国务院或者省、自治区、直辖市人民政府规定禁止生产、销售、使用黏土砖的期限或者区域内生产、销售或者使用黏土砖的，由县级以上地方人民政府指定的部门责令限期改正；有违法所得的，没收违法所得；逾期继续生产、销售的，由地方人民政府工商行政管理部门依法吊销营业执照。

第五十五条 违反本法规定，电网企业拒不收购企业利用余热、余压、煤层气以及煤矸石、煤泥、垃圾等低热值燃料生产的电力的，由国家电力监管机构责令限期改正；造成企业损失的，依法承担赔偿责任。

第五十六条 违反本法规定，有下列行为之一的，由地方人民政府工商行政管理部门责令限期改正，可以处五千元以上五万元以下的罚款；逾期不改正的，依法吊销营业执照；造成损失的，依法承担赔偿责任：

（一）销售没有再利用产品标识的再利用电器电子产品的；

（二）销售没有再制造或者翻新产品标识的再制造或者翻新产品的。

第五十七条 违反本法规定，构成犯罪的，依法追究刑事责任。

第七章 附 则

第五十八条 本法自2009年1月1日起施行。

1.4 ［法规四］国务院关于印发节能减排综合性工作方案的通知

国务院关于印发节能减排综合性工作方案的通知

各省、自治区、直辖市人民政府，国务院各部委、各直属机构：

国务院同意发展改革委会同有关部门制定的《节能减排综合性工作方案》（以下简称《方案》），现印发给你们，请结合本地区、本部门实际，认真贯彻执行。

一、进一步明确实现节能减排的目标任务和总体要求

（一）主要目标。到2010年，万元国内生产总值能耗由2005年的1.22t标准煤下降到1t标准煤以下，降低20%左右；单位工业增加值用水量降低30%。“十一五”期间，主要污染物排放总量减少10%，到2010年，二氧化硫排放量由2005年的2 549万t减少到2 295万t，化学需氧量（COD）由1 414万t减少到1 273万t；全国设市城市污水处理率不低于70%，工业固体废物综合利用率达到60%以上。

（二）总体要求。以邓小平理论和“三个代表”重要思想为指导，全面贯彻落实科学发展观，加快建设资源节约型、环境友好型社会，把节能减排作为调整经济结构、转变增长方式的突破口和重要抓手，作为宏观调控的重要目标，综合运用经济、法律和必要的行政手段，控制增量、调整存量，依靠科技、加大投入，健全法制、完善政策，落实责任、强化监管，加强宣传、提高意识，突出重点、强力推进，动员全社会力量，扎实做好节能降耗和污染减排工作，确保实现节能减排约束性指标，推动经济社会又好又快发展。

二、控制增量，调整和优化结构

（三）控制高耗能、高污染行业过快增长。严格控制新建高耗能、高污染项目。严把土地、信贷两个闸门，提高节能环保市场准入门槛。抓紧建立新开工项目管理的部门联动机制和项目审批问责制，严格执行项目开工建设“六项必要条件”（必须符合产业政策和市场准入标准、项目审批核准或备案程序、用地预审、环境影响评价审批、节能评估审查以及信贷、安全和城市规划等规定和要求）。实行新开工项目报告和公开制度。建立高耗能、高污染行业新上项目与地方节能减排指标完成进度挂钩、与淘汰落后产能相结合的机制。落实限制高耗能、高污染产品出口的各项政策。继续运用调整出口退税、加征出口关税、削减出口配额、将部分产品列入加工贸易禁止类目录等措施，控制高耗能、高污染产品出口。加大差别电价实施力度，提高高耗能、高污染产品

差别电价标准。组织对高耗能、高污染行业节能减排工作专项检查，清理和纠正各地在电价、地价、税费等方面对高耗能、高污染行业的优惠政策。

（四）加快淘汰落后生产能力。加大淘汰电力、钢铁、建材、电解铝、铁合金、电石、焦炭、煤炭、平板玻璃等行业落后产能的力度。“十一五”期间实现节能1.18亿t标准煤，减排二氧化硫240万t；今年实现节能3 150万t标准煤，减排二氧化硫40万t。加大造纸、酒精、味精、柠檬酸等行业落后生产能力淘汰力度，“十一五”期间实现减排化学需氧量（COD）138万t，今年实现减排COD62万t（详见附表）。制订淘汰落后产能分地区、分年度的具体工作方案，并认真组织实施。对不按期淘汰的企业，地方各级人民政府要依法予以关停，有关部门依法吊销生产许可证和排污许可证并予以公布，电力供应企业依法停止供电。对没有完成淘汰落后产能任务的地区，严格控制国家安排投资的项目，实行项目“区域限批”。国务院有关部门每年向社会公告淘汰落后产能的企业名单和各地执行情况。建立落后产能退出机制，有条件的地方要安排资金支持淘汰落后产能，中央财政通过增加转移支付，对经济欠发达地区给予适当补助和奖励。

（五）完善促进产业结构调整的政策措施。进一步落实促进产业结构调整暂行规定。修订《产业结构调整指导目录》，鼓励发展低能耗、低污染的先进生产能力。根据不同行业情况，适当提高建设项目在土地、环保、节能、技术、安全等方面的准入标准。尽快修订颁布《外商投资产业指导目录》，鼓励外商投资节能环保领域，严格限制高耗能、高污染外资项目，促进外商投资产业结构升级。调整《加工贸易禁止类商品目录》，提高加工贸易准入门槛，促进加工贸易转型升级。

（六）积极推进能源结构调整。大力发展可再生能源，抓紧制订出台可再生能源中长期规划，推进风能、太阳能、地热能、水电、沼气、生物质能利用以及可再生能源与建筑一体化的科研、开发和建设，加强资源调查评价。稳步发展替代能源，制订发展替代能源中长期规划，组织实施生物燃料乙醇及车用乙醇汽油发展专项规划，启动非粮生物燃料乙醇试点项目。实施生物化工、生物质能固体成型燃料等一批具有突破性带动作用的示范项目。抓紧开展生物柴油基础性研究和前期准备工作。推进煤炭直接和间接液化、煤基醇醚和烯烃代油大型台套示范工程和技术储备。大力推进煤炭洗选加工等清洁高效利用。

（七）促进服务业和高技术产业加快发展。落实《国务院关于加快发展服务业的若干意见》，抓紧制定实施配套政策措施，分解落实任务，完善组织协调机制。着力做强高技术产业，落实高技术产业发展“十一五”规划，完善促进高技术产业发展的政策措施。提高服务业和高技术产业在国民经济中的比重和水平。

三、加大投入，全面实施重点工程

（八）加快实施十大重点节能工程。着力抓好十大重点节能工程，“十一五”期间形成2.4亿t标准煤的节能能力。2007年形成5 000万t标准煤节能能力，重点是：实施钢铁、有色、石油石化、化工、建材等重点耗能行业余热余压利用、节约和替代石油、电机系统节能、能量系统优化，以及工业锅炉（窑炉）改造项目共745个；加快核准建设和改造采暖供热为主的热电联产和工业热电联产机组1 630万kW；组织实施低能耗、绿色建筑示范项目30个，推动北方采暖区既有居住建筑供热计量及节能改造1.5亿m^2，开展大型公共建筑节能运行管理与改造示范，启动200个可再生能源在建筑中规模化应用示范推广项目；推广高效照明产品5 000万支，中央国家机关率先更换节能灯。

（九）加快水污染治理工程建设。“十一五”期间新增城市污水日处理能力4 500万t、再生水日利用能力680万t，形成COD削减能力300万t；今年设市城市新增污水日处理能力1 200万t，再生水日利用能力100万t，形成COD削减能力60万t。加大工业废水治理力度，“十一五”形成COD削减能力140万t。加快城市污水处理配套管网建设和改造。严格饮用水水源保护，加大污染防治力度。

（十）推动燃煤电厂二氧化硫治理。“十一五”期间投运脱硫机组3.55亿kW。其中，新建燃煤电厂同步投运脱硫机组1.88亿kW；现有燃煤电厂投运脱硫机组1.67亿kW，形成削减二氧化硫能力590万t。今年现有燃煤电厂投运脱硫设施3 500万kW，形成削减二氧化硫能力123万t。

（十一）多渠道筹措节能减排资金。十大重点节能工程所需资金主要靠企业自筹、金融机构贷款和社会资金投入，各级人民政府安排必要的引导资金予以支持。城市污水处理设施和配套管网建设的责任主体是地方政府，在实行城市污水处理费最低收费标准的前提下，国家对重点建设项目给予必要的支持。按照“谁污染、谁治理，谁投资、谁受益”的原则，促使企业承担污染治理责任，各级人民政府对重点流域内的工业废水治理项目给予必要的支持。

四、创新模式，加快发展循环经济

（十二）深化循环经济试点。认真总结循环经济第一批试点经验，启动第二批试点，支持一批重点项目建设。深入推进浙江、青岛等地废旧家电回收处理试点。继续推进汽车零部件和机械设备再制造试点。推动重点矿山和矿业城市资源节约和循环利用。组织编制钢铁、有色、煤炭、电力、化工、建材、制糖等重点行业循环经济推进计划。加快制订循环经济评价指标体系。

（十三）实施水资源节约利用。加快实施重点行业节水改造及矿井水利用重点项目。“十一五”期间实现重点行业节水31亿m^3，新增海水淡化能力90万m^3/日，新增矿井水利用量26亿m^3；今年实现重点行业节水10亿m^3，新增海水淡化能力7万m^3/日，新增矿井水利用量5亿m^3。在城市强制推广使用节水器具。

（十四）推进资源综合利用。落实《“十一五”资源综合利用指导意见》，推进共伴生矿产资源综合开发利用和煤层气、煤矸石、大宗工业废弃物、秸秆等农业废弃物综合利用。“十一五”期间建设煤矸石综合利用电厂2 000万kW，今年开工建设500万kW。推进再生资源回收体系建设试点。加强资源综合利用认定。推动新型墙体材料和利废建材产业化示范。修订发布新型墙体材料目录和专项基金管理办法。推进第二批城市禁止使用实心黏土砖，确保2008年底前256个城市完成“禁实”目标。

（十五）促进垃圾资源化利用。县级以上城市（含县城）要建立健全垃圾收集系统，全面推进城市生活垃圾分类体系建设，充分回收垃圾中的废旧资源，鼓励垃圾焚烧发电和供热、填埋气体发电，积极推进城乡垃圾无害化处理，实现垃圾减量化、资源化和无害化。

（十六）全面推进清洁生产。组织编制《工业清洁生产审核指南编制通则》，制订和发布重点行业清洁生产标准和评价指标体系。加大实施清洁生产审核力度。合理使用农药、肥料，减少农村面源污染。

五、依靠科技，加快技术开发和推广

（十七）加快节能减排技术研发。在国家重点基础研究发展计划、国家科技支撑计划和国家高技术发展计划等科技专项计划中，安排一批节能减排重大技术项目，攻克一批节能减排关键和共性技术。加快节能减排技术支撑平台建设，组建一批国家工程实验室和国家重点实验室。优化节能减排技术创新与转化的政策环境，加强资源环境高技术领域创新团队和研发基地建设，推动建立以企业为主体、产学研相结合的节能减排技术创新与成果转化体系。

（十八）加快节能减排技术产业化示范和推广。实施一批节能减排重点行业共性、关键技术及重大技术装备产业化示范项目和循环经济高技术产业化重大专项。落实节能、节水技术政策大纲，在钢铁、有色、煤炭、电力、石油石化、化工、建材、纺织、造纸、建筑等重点行业，推广一批潜力大、应用面广的重大节能减排技术。加强节电、节油农业机械和农产品加工设备及农业节水、节肥、节药技术推广。鼓励企业加大节能减排技术改造和技术创新投入，增强自主创新能力。

（十九）加快建立节能技术服务体系。制订出台《关于加快发展节能服务产业的指导意见》，促进节能服务产业发展。培育节能服务市场，加快推行合同能源管理，重点支持专业化节能服务公司为企业以及党政机关办公楼、公共设施和学校实施节能改造提供诊断、设计、融资、改造、运行管理一条龙服务。

（二十）推进环保产业健康发展。制订出台《加快环保产业发展的意见》，积极推进环境服务产业发展，研究提出推进污染治理市场化的政策措施，鼓励排污单位委托专业化公司承担污染治理或设施运营。

（二十一）加强国际交流合作。广泛开展节能减排国际科技合作，与有关国际组织和国家建立节能环保合作机制，积极引进国外先进节能环保技术和管理经验，不断拓宽节能环保国际合作的领域和范围。

六、强化责任，加强节能减排管理

（二十二）建立政府节能减排工作问责制。将节能减排指标完成情况纳入各地经济社会发展综合评价体系，作为政府领导干部综合考核评价和企业负责人业绩考核的重要内容，实行问责制和“一票否决”制。有关部门要抓紧制订具体的评价考核实施办法。

（二十三）建立和完善节能减排指标体系、监测体系和考核体系。对全部耗能单位和污染源进行调查摸底。建立健全涵盖全社会的能源生产、流通、消费、区域间流入流出及利用效率的统计指标体系和调查体系，实施全国和地区单位 GDP 能耗指标季度核算制度。建立并完善年耗能万吨标准煤以上企业能耗统计数据网上直报系统。加强能源统计巡查，对能源统计数据进行监测。制订并实施主要污染物排放统计和监测办法，改进统计方法，完善统计和监测制度。建立并完善污染物排放数据网上直报系统和减排措施调度制度，对国家监控重点污染源实施联网在线自动监控，构建污染物排放三级立体监测体系，向社会公告重点监控企业年度污染物排放数据。继续做好单位 GDP 能耗、主要污染物排放量和工业增加值用水量指标公报工作。

（二十四）建立健全项目节能评估审查和环境影响评价制度。加快建立项目节能评估和审查制度，组织编制《固定资产投资项目节能评估和审查指南》，加强对地方开展“能评”工作的指导和监督。把总量指标作为环评审批的前置性条件。上收部分高耗能、高污染行业环评审批权限。对超过总量指标、重点项目未达到目标责任要求的地区，暂停环评审批新增污染物排放的建设项目。强化环评审批向上级备案制度和向社会公布制度。加强“三同时”管理，严把项目验收关。对建设项目未经验收擅自投运、久拖不验、超期试生产等违法行为，严格依法进行处罚。

（二十五）强化重点企业节能减排管理。“十一五”期间全国千家重点耗能企业实现节能 1 亿吨标准煤，今年实现节能 2 000 万吨标准煤。加强对重点企业节能减排工作的检查和指导，进一步落实目标责任，完善节能减排计量和统计，组织开展节能减排设备检测，编制节能减排规划。重点耗能企业建立能源管理师制度。实行重点耗能企业能源审计和能源利用状况报告及公告制度，对未完成节能目标责任任务的企业，强制实行能源审计。今年要启动重点企业与国际国内同行业能耗先进水平对标活动，推动企业加大结构调整和技术改造力度，提高节能管理水平。中央企业全面推进创建资源节约型企业活动，推广典型经验和做法。

（二十六）加强节能环保发电调度和电力需求侧管理。制定并尽快实施有利于节能减排的发电调度办法，优先安排清洁、高效机组和资源综合利用发电，限制能耗高、污染重的低效机组发电。今年上半年启动试点，取得成效后向全国推广，力争节能 2 000 万 t 标准煤，“十一五”期间形成 6 000 万 t 标准煤的节能能力。研究推行发电权交易，逐年削减小火电机组发电上网小时数，实行按边际成本上网竞价。抓紧制定电力需求侧管理办法，规范有序用电，开展能效电厂试点，研究制定配套政策，建立长效机制。

（二十七）严格建筑节能管理。大力推广节能省地环保型建筑。强化新建建筑执行能耗限额标准全过程监督管理，实施建筑能效专项测评，对达不到标准的建筑，不得办理开工和竣工验收备案手续，不准销售使用；从 2008 年起，所有新建商品房销售时在买卖合同等文件中要载明耗能量、节能措施等信息。建立并完善大型公共建筑节能运行监管体系。深化供热体制改革，实行供热计量收费。今年着力抓好新建建筑施工阶段执行能耗限额标准的监管工作，北方地区地级以上城市完成采暖费补贴“暗补”变“明补”改革，在 25 个示范省市建立大型公共建筑能耗统计、能源审计、能效公示、能耗定额制度，实现节能 1 250 万 t 标准煤。

（二十八）强化交通运输节能减排管理。优先发展城市公共交通，加快城市快速公交和轨道交通建设。控制高耗油、高污染机动车发展，严格执行乘用车、轻型商用车燃料消耗量限值标准，建立汽车产品燃料消耗量申报和公示制度；严格实施国家第三阶段机动车污染物排放标准和船舶污染物排放标准，有条件的地方要适当提高排放标准，继续实行财政补贴政策，加快老旧汽车报废更新。公布实施新能源汽车生产准入管理规则，推进替代能源汽车产业化。运用先进科技手段提高运输组织管理水平，促进各种运输方式的协调和有效衔接。

（二十九）加大实施能效标识和节能节水产品认证管理力度。加快实施强制性能效标识制度，扩大能效标识应用范围，今年发布《实行能效标识产品目录（第三批）》。加强对能效标识的监督管理，强化社会监督、举报和投诉处理机制，开展专项市场监督检查和抽查，严厉查处违法违规行为。推动节能、节水和环境标志产品认证，规范认证行为，扩展认证范围，在家用电器、照明等产品领域建立有效的国际协调互认制度。

（三十）加强节能环保管理能力建设。建立健全节能监管监察体制，整合现有资源，加快建立地方各级节能监察中心，抓紧组建国家节能中心。建立健全国家监察、地方监管、单位负责的污染减排监管体制。积极研究完善环保管理体制机制问题。加快各级环境监测和监察机构标准化、信息化体系建设。扩大国家重点监控污染企业实行环境监督员制度试点。加强节能监察、节能技术服务中心及环境监测站、环保监察机构、城市排水监测站的条件建设，适时更新监测设备和仪器，开展人员培训。加强节能减排统计能力建设，充实统计力量，适当加大投入。充分发挥行业协会、学会在节能减排工作中的作用。

七、健全法制，加大监督检查执法力度

（三十一）健全法律法规。加快完善节能减排法律法规体系，提高处罚标准，切实解决“违法成本低、守法成本高”的问题。积极推动节约能源法、循环经济法、水污染防治法、大气污染防治法等法律的制定及修订工作。加快民用建筑节能、废旧家用电器回收处理管理、固定资产投资项目节能评估和审查管理、环保设施运营监督管理、排污许可、畜禽养殖污染防治、城市排水和污水管理、电网调度管理等方面行政法规的制定及修订工作。抓紧完成节能监察管理、重点用能单位节能管理、节约用电管理、二氧化硫排污交易管理等方面行政规章的制定及修订工作。积极开展节约用水、废旧轮胎回收利用、包装物回收利用和汽车零部件再制造等方面立法准备工作。

（三十二）完善节能和环保标准。研究制订高耗能产品能耗限额强制性国家标准，各地区抓紧研究制订本地区主要耗能产品和大型公共建筑能耗限额标准。今年要组织制订粗钢、水泥、烧碱、火电、铝等22项高耗能产品能耗限额强制性国家标准（包括高耗电产品电耗限额标准）以及轻型商用车等5项交通工具燃料消耗量限值标准，制（修）订36项节水、节材、废弃产品回收与再利用等标准。组织制（修）订电力变压器、静电复印机、变频空调、商用冰柜、家用电冰箱等终端用能产品（设备）能效标准。制订重点耗能企业节能标准体系编制通则，指导和规范企业节能工作。

（三十三）加强烟气脱硫设施运行监管。燃煤电厂必须安装在线自动监控装置，建立脱硫设施运行台账，加强设施日常运行监管。2007年底前，所有燃煤脱硫机组要与省级电网公司完成在线自动监控系统联网。对未按规定和要求运行脱硫设施的电厂要扣减脱硫电价，加大执法监管和处罚力度，并向社会公布。完善烟气脱硫技术规范，开展烟气脱硫工程后评估。组织开展烟气脱硫特许经营试点。

（三十四）强化城市污水处理厂和垃圾处理设施运行管理和监督。实行城市污水处理厂运行评估制度，将评估结果作为核拨污水处理费的重要依据。对列入国家重点环境监控的城市污水处理厂的运行情况及污染物排放信息实行向环保、建设和水行政主管部门季报制度，限期安装在线自动监控系统，并与环保和建设部门联网。对未按规定和要求运行污水处理厂和垃圾处理设施的城市公开通报，限期整改。对城市污水处理设施建设严重滞后、不落实收费政策、污水处理厂建成后一年内实际处理水量达不到设计能力60%的，以及已建成污水处理设施但无故不运行的地区，暂缓审批该地区项目环评，暂缓下达有关项目的国家建设资金。

（三十五）严格节能减排执法监督检查。国务院有关部门和地方人民政府每年都要组织开展节能减排专项检查和监察行动，严肃查处各类违法违规行为。加强对重点耗能企业和污染源的日常监督检查，对违反节能环保法律法规的单位公开曝光，依法查处，对重点案件挂牌督办。强化上市公司节能环保核查工作。开设节能环保违法行为和事件举报电话和网站，充分发挥社会公众监督作用。建立节能环保执法责任追究制度，对行政不作为、执法不力、徇私枉法、权钱交易等行为，依法追究有关主管部门和执法机构负责人的责任。

八、完善政策，形成激励和约束机制

（三十六）积极稳妥推进资源性产品价格改革。理顺煤炭价格成本构成机制。推进成品油、天然气价格改革。完善电力峰谷分时电价办法，降低小火电价格，实施有利于烟气脱硫的电价政策。鼓励可再生能源发电以及利用余热余压、煤矸石和城市垃圾发电，实行相应的电价政策。合理调整各类用水价格，加快推行阶梯式水价、超计划超定额用水加价制度，对国家产业政策明确的限制类、淘汰类高耗水企业实施惩罚性水价，制定支持再生水、海水淡化水、微咸水、矿井水、雨水开发利用的价格政策，加大水资源费征收力度。按照补偿治理成本原则，提高排污单位排污费征收标准，将二氧化硫排污费由目前的每公斤0.63元分三年提高到每公斤1.26元；各地根据实际情况提高COD排污费标准，国务院有关部门批准后实施。加强排污费征收管理，杜绝“协议收费”和“定额收费”。全面开征城市污水处理费并提高收费标准，吨水平均收费标准原则上不低于0.8元。提高垃圾处理收费标准，改进征收方式。

（三十七）完善促进节能减排的财政政策。各级人民政府在财政预算中安排一定资金，采用补助、奖励等方式，支持节能减排重点工程、高效节能产品和节能新机制推广、节能管理能力建设及污染减排监管体系建设等。进一步加大财政基本建设投资向节能环保项目的倾斜力度。健全矿产资源有偿使用制度，改进和完善资源开发生态补偿机制。开展跨流域生态补偿试点工作。继续加强和改进新型墙体材料专项基金和散装水泥专项资金征收管理。研究建立高能耗农业机械和渔船更新报废经济补偿制度。

（三十八）制定和完善鼓励节能减排的税收政策。抓紧制定节能、节水、资源综合利用和环保产品（设备、技术）目录及相应税收优惠政策。实行节能环保项目减免企业所得税及节能环保专用设备投资抵免企业所得税政策。对节能减排设备投资给予增值税进项税抵扣。完善对废旧物资、资源综合利用产品增值税优惠政策；对企业综合利用资源，生产符合国家产业政策规定的产品取得的收入，在计征企业所得税时实行减计收入的政策。实施鼓励节能环保型车船、节能省地环保型建筑和既有建筑节能改造的税收优惠政策。抓紧出台资源税改革方案，改进计征方式，提高税负水平。适时出台燃油税。研究开征环境税。研究促进新能源发展的税收政策。实行鼓励先进节能环保技术设备进口的税收优惠政策。

（三十九）加强节能环保领域金融服务。鼓励和引导金融机构加大对循环经济、环境保护及节能减排技术改造项目的信贷支持，优先为符合条件的节能减排项目、循环经济项目提供直接融资服务。研究建立环境污染责任保险制度。在国际金融组织和外国政府优惠贷款安排中进一步突出对节能减排项目的支持。环保部门与金融部门建立环境信息通报制度，将企业环境违法信息纳入人民银行企业征信系统。

九、加强宣传，提高全民节约意识

（四十）将节能减排宣传纳入重大主题宣传活动。每年制订节能减排宣传方案，主要新闻媒体在重要版面、重要时段进行系列报道，刊播节能减排公益性广告，广泛宣传节能减排的重要性、紧迫性以及国家采取的政策措施，宣传节能减排取得的阶段性成效，大力弘扬“节约光荣，浪费可耻”的社会风尚，提高全社会的节约环保意识。加强对外宣传，让国际社会了解中国在节能降耗、污染减排和应对全球气候变化等方面采取的重大举措及取得的成效，营造良好的国际舆论氛围。

（四十一）广泛深入持久开展节能减排宣传。组织好每年一度的全国节能宣传周、全国城市节水宣传周及世界环境日、地球日、水日宣传活动。组织企事业单位、机关、学校、社区等开展经常性的节能环保宣传，广泛开展节能环保科普宣传活动，把节约资源和保护环境观念渗透在各级各类学校的教育教学中，从小培养儿童的节约和环保意识。选择若干节能先进企业、机关、商厦、社区等，作为节能宣传教育基地，面向全社会开放。

（四十二）表彰奖励一批节能减排先进单位和个人。各级人民政府对在节能降耗和污染减排工作中做出突出贡献的单位和个人予以表彰和奖励。组织媒体宣传节能先进典型，揭露和曝光浪费能源资源、严重污染环境的反面典型。

十、政府带头，发挥节能表率作用

（四十三）政府机构率先垂范。建设崇尚节约、厉行节约、合理消费的机关文化。建立科学的政府机构节能目标责任和评价考核制度，制订并实施政府机构能耗定额标准，积极推进能源计量和监测，实施能耗公布制度，实行节奖超罚。教育、科学、文化、卫生、体育等系统，制订和实施适应本系统特点的节约能源资源工作方案。

（四十四）抓好政府机构办公设施和设备节能。各级政府机构分期分批完成政府办公楼空调系统低成本改造；开展办公区和住宅区供热节能技术改造和供热计量改造；全面开展食堂燃气灶具改造，“十一五”时期实现食堂节气20%；凡新建或改造的办公建筑必须采用节能材料及围护结构；及时淘汰高耗能设备，合理配置并高效利用办公设施、设备。在中央国家机关开展政府机构办公区和住宅区节能改造示范项目。推动公务车节油，推广实行一车一卡定点加油制度。

（四十五）加强政府机构节能和绿色采购。认真落实《节能产品政府采购实施意见》和《环境标志产品政府采购实施意见》，进一步完善政府采购节能和环境标志产品清单制度，不断扩大节能和环境标志产品政府采购范围。对空调机、计算机、打印机、显示器、复印机等办公设备和照明产品、用水器具，由同等优先采购改为强制采购高效节能、节水、环境标志产品。建立节能和环境标志产品政府采购评审体系和监督制度，保证节能和绿色采购工作落到实处。

1.5 ［法规五］清洁生产审核暂行办法

清洁生产审核暂行办法

目　录

第一章　总　则

第一条　为促进清洁生产，规范清洁生产审核行为，根据《中华人民共和国清洁生产促进法》，制定本办法。

第二条　本办法所称清洁生产审核，是指按照一定程序，对生产和服务过程进行调查和诊断，找出能耗高、物耗高、污染重的原因，提出减少有毒有害物料的使用、产生，降低能耗、物耗以及废物产生的方案，进而选定技术经济及环境可行的清洁生产方案的过程。

第三条　本办法适用于中华人民共和国境内所有从事生产和服务活动的单位以及从事相关管理活动的部门。

第四条　国家发展和改革委员会会同国家环境保护总局负责管理全国的清洁生产审核工作。各省、自治区、直辖市、计划单列市及新疆生产建设兵团发展改革（经济贸易）行政主管部门会同环境保护行政主管部门，根据本地区实际情况，组织开展清洁生产审核。

第五条　清洁生产审核应当以企业为主体，遵循企业自愿审核与国家强制审核相结合、企业自主审核与外部协助审核相结合的原则，因地制宜、有序开展、注重实效。

第二章　清洁生产审核范围

第六条　清洁生产审核分为自愿性审核和强制性审核。

第七条　国家鼓励企业自愿开展清洁生产审核。污染物排放达到国家或者地方排放标准的企业，可以自愿组织实施清洁生产审核，提出进一步节约资源、削减污染物排放量的目标。

第八条 有下列情况之一的，应当实施强制性清洁生产审核：

（一）污染物排放超过国家和地方排放标准，或者污染物排放总量超过地方人民政府核定的排放总量控制指标的污染严重企业；

（二）使用有毒有害原料进行生产或者在生产中排放有毒有害物质的企业。

有毒有害原料或者物质主要指《危险货物品名表》（GB 12268）、《危险化学品名录》、《国家危险废物名录》和《剧毒化学品目录》中的剧毒、强腐蚀性、强刺激性、放射性（不包括核电设施和军工核设施）、致癌、致畸等物质。

第九条 第八条第一项规定实施强制性清洁生产审核的企业名单，由所在地环境保护行政主管部门按照管理权限提出初选名单，逐级报省、自治区、直辖市、计划单列市及新疆生产建设兵团环境保护行政主管部门核定后确定，每年发布一批，书面通知企业，并抄送同级发展改革（经济贸易）行政主管部门；同时，将名单在当地主要媒体上公布。

第八条第二项规定实施强制性清洁生产审核的企业名单，由各省、自治区、直辖市、计划单列市及新疆生产建设兵团环境保护行政主管部门会同发展改革（经济贸易）行政主管部门，结合本地开展清洁生产审核工作的实际情况，在分析企业有毒有害原料使用量或者有毒有害物质排放量，以及可能造成环境影响严重程度的基础上，分期分批确定，书面通知企业，并在当地主要媒体上公布。

第三章 清洁生产审核的实施

第十条 第八条第一项规定实施强制性清洁生产审核的企业，应当在名单公布后一个月内，在所在地主要媒体上公布主要污染物排放情况。公布的主要内容应当包括：企业名称、法人代表、企业所在地址、排放污染物名称、排放方式、排放浓度和总量、超标、超总量情况。省级以下环境保护行政主管部门按照管理权限对企业公布的主要污染物排放情况进行核查。

第十一条 列入实施强制性清洁生产审核名单的企业应当在名单公布后二个月内开展清洁生产审核。

第八条第二项规定实施强制性清洁生产审核的企业，两次审核的间隔时间不得超过五年。

第十二条 自愿实施清洁生产审核的企业可以向有管辖权的发展改革（经济贸易）行政主管部门和环境保护行政主管部门提供拟进行清洁生产审核的计划，并按照清洁生产审核计划的内容、程序组织清洁生产审核。

第十三条 清洁生产审核程序原则上包括审核准备，预审核，审核，实施方案的产生、筛选和确定，编写清洁生产审核报告等。

（一）审核准备。开展培训和宣传，成立由企业管理人员和技术人员组成的清洁生产审核工作小组，制定工作计划。

（二）预审核。在对企业基本情况进行全面调查的基础上，通过定性和定量分析，确定清洁生产审核重点和企业清洁生产目标。

（三）审核。通过对生产和服务过程的投入产出进行分析，建立物料平衡、水平衡、资源平衡以及污染因子平衡，找出物料流失、资源浪费环节和污染物产生的原因。

（四）实施方案的产生和筛选。对物料流失、资源浪费、污染物产生和排放进行分析，提出清洁生产实施方案，并进行方案的初步筛选。

（五）实施方案的确定。对初步筛选的清洁生产方案进行技术、经济和环境可行性分析，确定企业拟实施的清洁生产方案。

（六）编写清洁生产审核报告。清洁生产审核报告应当包括企业基本情况、清洁生产审核过程和结果、清洁生产方案汇总和效益预测分析、清洁生产方案实施计划等。

第四章　清洁生产审核的组织和管理

第十四条　清洁生产审核以企业自行组织开展为主。不具备独立开展清洁生产审核能力的企业，可以委托行业协会、清洁生产中心、工程咨询单位等咨询服务机构协助开展清洁生产审核。

第十五条　协助企业组织开展清洁生产审核工作的咨询服务机构，应当具备下列条件：

（一）具有独立的法人资格；

（二）拥有熟悉相关行业生产工艺、技术和污染防治管理，了解清洁生产知识，掌握清洁生产审核程序的技术人员；

（三）具备为企业清洁生产审核提供公平、公正、高效率服务的制度措施。

第十六条　列入实施强制性清洁生产审核名单的企业，应当在名单公布之日起一年内，将清洁生产审核报告报送当地环境保护行政主管部门和发展改革（经济贸易）行政主管部门。中央直属企业应当将清洁生产审核报告报送当地环境保护和发展改革（经济贸易）行政主管部门，同时抄报国家环境保护总局和国家发展和改革委员会。

第十七条　自愿开展清洁生产审核的企业，可以参照本办法第十六条规定报送清洁生产审核报告。

第十八条　各级发展改革（经济贸易）行政主管部门和环境保护行政主

管部门，应当积极指导和督促企业按照清洁生产审核报告中提出的实施计划，组织和落实清洁生产实施方案。

第十九条 各级发展改革（经济贸易）行政主管部门、环境保护行政主管部门以及咨询服务机构应当为实施清洁生产审核的企业保守技术和商业秘密。

第二十条 国家发展和改革委员会会同国家环境保护总局建立国家级清洁生产专家库，发布重点行业清洁生产导向目录和行业清洁生产审核指南，组织开展清洁生产培训，为企业开展清洁生产审核提供信息和技术支持。

地方各级发展改革（经济贸易）行政主管部门会同环境保护行政主管部门可以根据本地实际情况，组织开展清洁生产审核培训，建立地方清洁生产专家库。

第五章 奖励和处罚

第二十一条 对自愿实施清洁生产审核，以及清洁生产方案实施后成效显著的企业，由省级以上发展改革（经济贸易）和环境保护行政主管部门对其进行表彰，并在当地主要媒体上公布。

第二十二条 各级发展改革（经济贸易）行政主管部门在制定和实施国家重点投资计划和地方投资计划时，应当将企业清洁生产实施方案中的节能、节水、综合利用，提高资源利用率，预防污染等清洁生产项目列为重点领域，加大投资支持力度。

第二十三条 排污收费可以用于支持企业实施清洁生产。对符合《排污费征收使用管理条例》规定的清洁生产项目，各级财政部门、环保部门在排污费使用上优先给予安排。

第二十四条 中小企业发展基金应当根据需要安排适当数额用于支持中小企业实施清洁生产。

第二十五条 企业开展清洁生产审核的费用，允许列入企业经营成本或者相关费用科目。

第二十六条 企业可以根据实际情况建立企业内部清洁生产表彰奖励制度，对清洁生产审核工作中成效显著的人员，给予一定的奖励。

第二十七条 对违反第十条规定的企业，按《中华人民共和国清洁生产促进法》第四十一条规定处罚；对第八条第二项规定的企业，违反第十六条规定的，按照《中华人民共和国清洁生产促进法》第四十条规定处罚。

第二十八条 企业委托的咨询服务机构不按照规定内容、程序进行清洁生产审核，弄虚作假、提供虚假审核报告的，由省、自治区、直辖市、计划单列市及新疆生产建设兵团发展改革（经济贸易）部门会同环境保护行政主管部门责令其改正，并公布其名单。造成严重后果的，将追究其法律责任。

第二十九条 有关发展改革（经济贸易）行政主管部门会同环境保护行政主管部门的工作人员玩忽职守，泄露企业技术和商业秘密，造成企业经济损失的，按照国家相应法律法规予以处罚。

第六章 附 则

第三十条 本办法由国家发展和改革委员会和国家环境保护总局负责解释。

第三十一条 各省、自治区、直辖市、计划单列市及新疆生产建设兵团可以依照本办法制定实施细则。

第三十二条 军工企业清洁生产审核可以参照本办法执行。

第三十三条 本办法自2004年10月1日起施行。

1. 6 ［法规六］原国家环境保护总局关于印发重点企业清洁生产审核程序的规定的通知

国家环境保护总局关于印发重点企业清洁生产审核程序的规定的通知

各省、自治区、直辖市、计划单列市环境保护局（厅）：

为规范有序地开展全国重点企业清洁生产审核工作，根据《中华人民共和国清洁生产促进法》、《清洁生产审核暂行办法》（国家发展和改革委员会、国家环境保护总局令第16号）的规定，我局制定了《重点企业清洁生产审核程序的规定》。现印发给你们，请遵照执行。

附件：1. 重点企业清洁生产审核程序的规定

2. 需重点审核的有毒有害物质名录（第一批）

二〇〇五年十二月十三日

附件一：重点企业清洁生产审核程序的规定

第一条 为规范清洁生产审核工作，根据《中华人民共和国清洁生产促进法》和《清洁生产审核暂行办法》（国家发展和改革委员会、国家环保总局令第16号令）的规定制定本规定。

第二条 本规定所称重点企业是指《中华人民共和国清洁生产促进法》第二十八条第二、第三款规定应当实施清洁生产审核的企业，包括：

（一）污染物超标排放或者污染物排放总量超过规定限额的污染严重企业（以下简称“第一类重点企业”）；

（二）生产中使用或排放有毒有害物质的企业（有毒有害物质是指被列入《危险货物品名表》（GB 12268）、《危险化学品名录》、《国家危险废物名录》和《剧毒化学品目录》中的剧毒、强腐蚀性、强刺激性、放射性（不包括核电设施和军工核设施）、致癌、致畸等物质，以下简称“第二类重点企业”）。

第三条 国家环保总局将根据各地环境污染状况以及开展清洁生产审核工作的实际情况，在分析企业有毒有害物质使用或排放情况，以及可能造成环境影响严重程度的基础上，分期分批公布《需重点审核的有毒有害物质名录》（以下简称《名录》）。

第四条 第一类重点企业名单的确定及公布程序：

（一）按照管理权限，由企业所在地县级以上环境保护行政主管部门根据日常监督检查的情况，提出本辖区内应当实施清洁生产审核企业的初选名单，附环境监测机构出具的监测报告或有毒有害原辅料进货凭证、分析报告，将初选名单及企业基本情况报送设区的市级环境保护行政主管部门；

（二）设区的市级环境保护行政主管部门对初选企业情况进行核实后，报上一级环境保护行政主管部门；

（三）各省、自治区、直辖市、计划单列市环境保护行政主管部门按照《中华人民共和国清洁生产促进法》的规定，对企业名单确定后，在当地主要媒体公布应当实施清洁生产审核企业的名单。公布的内容应包括：企业名称、企业注册地址（生产车间不在注册地的要公布其所在地的地址）、类型（第一类重点企业或第二类重点企业）。企业所在地环境保护行政主管部门在名单公布后，依据管理权限书面通知企业。

第二类重点企业名单的确定及公布程序，由各级环境保护行政主管部门会同同级相关行政主管部门参照上述规定执行。

第五条 列入公布名单的第一类重点企业，应在名单公布后一个月内，在当地主要媒体公布其主要污染物的排放情况，接受公众监督。公布的内容应包括：企业名称、规模；法人代表、企业注册地址和生产地址；主要原辅材料（包括燃料）消耗情况；主要产品名称、产量；主要污染物名称、排放方式、去向、污染物浓度和排放总量、应执行的排放标准、规定的总量限额以及排污费缴纳情况等。

第六条 重点企业的清洁生产审核工作可以由企业自行组织开展，或委托相应的中介机构完成。

自行组织开展清洁生产审核的企业应在名单公布后45个工作日之内，将审核计划、审核组织、人员的基本情况报当地环境保护行政主管部门。

委托中介机构进行清洁生产审核的企业应在名单公布后45个工作日之内，将审核机构的基本情况及能证明清洁生产审核技术服务合同签订时间和履行合同期限的材料报当地环境保护行政主管部门。

上述企业应在名单公布后两个月内开始清洁生产审核工作，并在名单公布后一年内完成。第二类重点企业每隔五年至少应实施一次审核。

对未按上述规定执行清洁生产审核的第二类重点企业，由其所在地的省、自治区、直辖市、计划单列市环境保护行政主管部门责令其开展强制性清洁生产审核，并按期提交清洁生产审核报告。

第七条 自行组织开展清洁生产审核的企业应具有5名以上经国家培训合格的清洁生产审核人员并有相应的工作经验，其中至少有1名人员具备高级职称并有**5**年以上企业清洁生产审核经历。

第八条 为企业提供清洁生产审核服务的中介机构应符合下述基本条件：

（一）具有法人资格，具有健全的内部管理规章制度。具备为企业清洁生产审核提供公平、公正、高效率服务的质量保证体系；

（二）具有固定的工作场所和相应工作条件，具备文件和图表的数字化处理能力，具有档案管理系统；

（三）有**2**名以上高级职称、**5**名以上中级职称并经国家培训合格的清洁生产审核人员；

（四）应当熟悉相应法律、法规及技术规范、标准，熟悉相关行业生产工艺、污染防治技术，有能力分析、审核企业提供的技术报告、监测数据，能够独立完成工艺流程的技术分析、进行物料平衡、能量平衡计算，能够独立开展相关行业清洁生产审核工作和编写审核报告；

（五）无触犯法律、造成严重后果的记录；未处于因提供低质量或者虚假审核报告等被责令整顿期间。

第九条 企业完成清洁生产审核后，应将审核结果报告所在地的县级以上地方人民政府环境保护行政主管部门，同时抄报省、自治区、直辖市、计划单列市环境保护行政主管部门及同级发展改革（经济贸易）行政主管部门。

各省、自治区、直辖市、计划单列市环境保护行政主管部门应组织或委托有关单位，对重点企业的清洁生产审核结果进行评审验收。

国家环保总局组织或委托有关单位，对环境影响超越省级行政界区企业的清洁生产审核结果进行抽查。

第十条 各级环境保护行政主管部门应当积极指导和督促企业完成清洁生产实施方案。每年**12**月**31**日之前，各省、自治区、直辖市、计划单列市环境保护行政主管部门应将本行政区域内清洁生产审核情况以及下年度的重点地区、重点企业清洁生产审核计划报送国家环保总局，并抄报国家发展和改革委员会。

国家环保总局会同相关行政主管部门定期对重点企业清洁生产审核的实施情况进行监督和检查。

第十一条 对在清洁生产审核工作中取得成绩的企业、部门、机构和个人，按照有关规定，可享受相关鼓励政策或给予一定的奖励。

第十二条 有关其他奖惩等本规定未明确事宜，按照《清洁生产审核暂行办法》执行。新疆生产建设兵团环保局可以参照本规定执行。本规定由国家环保总局负责解释，自发布之日起实施。

附件二：需重点审核的有毒有害物质名录（第一批）

序号	物质类别	物质来源
1	医药废物	医用药品的生产制作
2	染料、涂料废物	油墨、染料、颜料、油漆、真漆、罩光漆的生产配制和使用
3	有机树脂类废物	树脂、胶乳、增塑剂、胶水/胶合剂的生产、配制和使用
4	表面处理废物	金属和塑料表面处理
5	含铍废物	稀有金属冶炼及铍化合物生产
6	含铬废物	化工（铬化合物）生产；皮革加工（鞣革）；金属、塑料电镀；酸性媒介染料染色；颜料生产与使用；金属铬冶炼（修合金）；表面钝化（电解锰等）
7	含铜废物	有色金属采选及冶炼；金属、塑料电镀；铜化合物生产
8	含锌废物	有色金属采选及冶炼；金属、塑料电镀；颜料、油漆、橡胶加工；锌化合物生产；含锌电池制造业
9	含砷废物	有色金属采选及冶炼；砷及其化合物的生产；石油化工；农药生产；染料和制革业
10	含硒废物	有色金属冶炼及电解；硒化合物生产；颜料、橡胶、玻璃生产
11	含镉废物	有色金属采选及冶炼；镉化合物生产；电池制造；电镀
12	含锑废物	有色金属冶炼；锑化合物生产和使用
13	含碲废物	有色金属冶炼及电解；硫化合物生产和使用
14	含汞废物	化学工业含汞催化剂制造与使用；含汞电池制造；汞冶炼及汞回收；有机汞和无机汞化合物生产；农药及制药；荧光屏及汞灯制造及使用；含汞玻璃计器制造及使用；汞法烧碱生产
15	含铊废物	有色金属冶炼及农药生产；铊化合物生产及使用
16	含铅废物	铅冶炼及电解；铅（酸）蓄电池生产；铅铸造及制品生产；铅化合物制造和使用
17	无机氰化物废物	金属制品业；电镀业和电子零件制造业；金矿开采与筛选；首饰加工的化学抛光工艺；其他生产过程
18	有机氰化物废物	合成、缩合等反应；催化、精馏、过滤过程
19	含酚废物	石油、化工、煤气生产
20	废卤化有机溶剂	塑料橡胶制品制造；电子零件清洗；化工产品制造；印染涂料调配
21	废有机溶剂	塑料橡胶制品制造；电子零件清洗；化工产品制造；印染染料调配
22	含镍废物	镍化合物生产；电镀工艺
23	含钡废物	钡化合物生产；热处理工艺
24	无机氟化物废物	电解铝生产；其他金属冶炼

1.7 ［法规七］环境保护部关于进一步加强重点企业清洁生产审核工作的通知

环境保护部关于进一步加强重点企业清洁生产审核工作的通知

各省、自治区、直辖市环境保护局（厅），新疆生产建设兵团环境保护局：

当前，全国污染减排任务十分艰巨。国务院颁布的《节能减排综合性工作方案》对推行清洁生产工作提出明确要求，原国家环保总局印发的《“十一五”主要污染物总量减排核查办法（试行）》和《主要污染物总量减排核查细则（试行）》，明确规定了通过清洁生产核算化学需氧量（COD）、二氧化硫（SO_2）总量减排量的办法。为进一步发挥清洁生产在污染减排工作中的重要作用，加强重点企业的清洁生产审核工作，现通知如下：

一、明确环保部门在重点企业清洁生产审核工作中的职责和作用

清洁生产审核是实施清洁生产的前提和基础，督促重点企业实施强制性清洁生产审核，有效促进污染减排目标的实现，是环保部门的职责和任务。各级环保部门要依照《清洁生产促进法》的规定，监督污染物排放超过国家和地方规定的排放标准或者超过经有关地方人民政府核定的污染物排放总量控制指标的企业（通称“双超”企业），以及使用有毒、有害原料进行生产或者在生产中排放有毒、有害物质的企业（通称“双有”企业，需重点审核的有毒有害物质名录见附件一及原国家环保总局环发〔2005〕151号文），实施强制性清洁生产审核。

各省（自治区、直辖市）及新疆生产建设兵团环境保护局（厅）要按照原国家环保总局《关于印发重点企业清洁生产审核程序的规定的通知》（环发〔2005〕151号）要求公布重点企业名单，督促企业按期实施清洁生产审核，组织对重点企业清洁生产审核评估、验收，促进污染减排目标的完成。各地公布的重点企业名单和数量，要充分满足当地主要污染物减排计划和指标的要求。地方环保部门应将重点企业清洁生产审核工作纳入当地政府年度考核体系，积极推进重点企业清洁生产审核工作的开展。

“十一五”期间，地方各级环保部门要围绕火电、钢铁、有色、电镀、造纸、建材、石化、化工、制药、食品、酿造、印染等重污染行业和“三河三湖”等重点流域，加快推进强制性清洁生产审核。各地也可以根据污染减排工作的需要，将国家、省级环保部门确定的污染减排重点污染源企业纳入强制性清洁生产审核的范围。

二、抓好重点企业清洁生产审核、评估和验收

我部监督和管理全国重点企业强制性清洁生产审核、评估和验收工作，将逐步建立重点企业清洁生产审核公报制度。

各省（自治区、直辖市）及新疆生产建设兵团环境保护局（厅）要按照《重点企业清洁生产审核评估、验收实施指南》（见附件二）的要求，开展重点企业强制性清洁生产审核评估与验收工作，并以此作为核算清洁生产形成的COD、SO_2 减排量各项参数的依据。

各省（自治区、直辖市）及新疆生产建设兵团环境保护局（厅）应于每年3月31日之前将本辖区内重点企业清洁生产审核、评估与验收工作的情况报送我部。

三、加强清洁生产审核与现有环境管理制度的结合

各级环保部门要加强清洁生产审核与现有环境管理制度的结合。新、改、扩建项目进行环境影响评价时要考虑清洁生产的相关要求；限期治理企业应同时进行强制性清洁生产审核，并通过评估、验收；通过清洁生产审核评估、验收的企业，其清洁生产审核结果应作为核准排污许可证载明的排污量的依据。未能按期完成减排任务的企业，要实行强制性清洁生产审核，确保完成减排任务。

四、规范管理清洁生产审核咨询机构，提高审核质量

各省（自治区、直辖市）及新疆生产建设兵团环境保护局（厅）要加强对清洁生产审核咨询机构及人员的管理。清洁生产审核咨询机构应按照机构申请、专家评审、省级环保部门推荐、对外公示的程序确定。

对清洁生产审核咨询机构进行定期评审，表彰优秀的清洁生产审核咨询机构。评审内容可包括咨询机构履行合同情况，在清洁生产审核各阶段所起的作用，根据物料、水平衡和能量平衡发现企业清洁生产潜力，独立提出清洁生产方案的能力及清洁生产审核绩效评估。发现咨询机构不按规定内容、程序进行清洁生产审核，弄虚作假，或者技术服务能力达不到要求的，在两年内不得开展企业清洁生产审核咨询服务，并在当地主要媒体上公告。

五、重点企业清洁生产审核的奖惩措施

企业通过清洁生产审核评估，其清洁生产审核费用、实施清洁生产方案费用优先享受地方各级政府固定资产投资、技改资金、清洁生产专项资金、污染减排专项资金和环保专项资金的支持。

对公布应开展强制性清洁生产审核的企业，拒不开展清洁生产审核、不申请评估、验收或评估、验收“不通过”的，视情况由省级环保部门在地方主要

媒体公开曝光，要求其重新进行清洁生产审核、评估和验收，并依法进行处罚。

我部将组织对全国重点企业清洁生产审核工作的督导和抽查。对未按要求公布重点企业名单，不能及时组织实施重点企业清洁生产审核及评估、验收工作，不能按时上报本辖区重点企业清洁生产工作总结以及下一年度重点企业清洁生产审核工作计划的地方环保部门，将予以通报。

附件：1. 需重点审核的有毒有害物质名录（第二批）

2. 重点企业清洁生产审核评估、验收实施指南（试行）

二〇〇八年七月一日

附件一：需重点审核的有毒有害物质名录（第二批）

序号	物质类别	物质来源
1	精（蒸）馏残渣	炼焦制造、基础化学原料制造——有机化工及其他非特定来源
2	感光材料废物	印刷、专用化学产品制造、电子元件制造
3	含金属羰基化合物	在金属羰基化合物生产以及使用过程中产生的含有羰基化合物成分的废物、精细化工产品生产——金属有机化合物的合成
4	有机磷化合物废物	有机化工行业
5	含醚废物	有机生产、配制过程中产生的醚类残液、反应残余物、废水处理污泥及过滤渣
6	废矿物油	天然原油和天然气开采、精炼石油产品的制造、船舶及浮动装置制造及其他非特定来源
7	废乳化液	从工业生产、金属切削、机械加工、设备清洗、皮革、纺织印染、农药乳化等过程产生的混合物
8	废酸	无机化工、钢的精加工过程中产生的废酸性洗液、金属表面处理及热处理加工、电子元件制造
9	废碱	毛皮鞣制及制品加工、纸浆制造及其他非特定来源
10	废催化剂	石油炼制、化工生产、制药过程
11	石棉废物	石棉采选、水泥及石膏制品制造、耐火材料制品制造、船舶及浮动装置制造
12	含有机卤化物废物	有机化工、无机化工
13	农药废物	杀虫、杀菌、除草、灭鼠和植物生物调节剂的生产
14	多溴二苯醚（PBDE） 多溴联苯（PBB）废物	电子信息产品制造业及其他非特定来源

附件二：重点企业清洁生产审核评估、验收实施指南
（试　行）

一、总　则

第一条　为了指导重点企业有效开展清洁生产，规范清洁生产审核行为，确保取得清洁生产实效，根据《中华人民共和国清洁生产促进法》、《清洁生产审核暂行办法》、《重点企业清洁生产审核程序的规定》制定本指南。

第二条　本指南所称清洁生产审核评估是指按照一定程序对企业清洁生产审核过程的规范性，审核报告的真实性，以及清洁生产方案的科学性、合理性、有效性等进行评估。

本指南所称清洁生产审核验收是指企业通过清洁生产审核评估后，对清洁生产中/高费方案实施情况和效果进行验证，并做出结论性意见。

第三条　本指南适用于《清洁生产促进法》中规定的“污染物排放超过国家和地方规定的排放标准或者超过经有关地方人民政府核定的污染物排放总量控制指标的企业；使用有毒、有害原料进行生产或者在生产中排放有毒、有害物质的企业”，也适用于国家和省级环保部门根据污染减排工作需要确定的重点企业。

第四条　环境保护部负责监督管理全国重点企业清洁生产审核评估与验收工作。各省（自治区、直辖市）及新疆生产建设兵团环保部门组织专家或委托相关机构，开展辖区内重点企业清洁生产审核评估与验收工作。环境保护部组织有关技术支持单位和专家对各省（自治区、直辖市）及新疆生产建设兵团环保部门开展的辖区内重点企业清洁生产审核评估与验收工作进行指导、督查，对各省清洁生产审核评估机构的评估、验收能力进行考核。

二、重点企业清洁生产审核评估

第五条　申请清洁生产审核评估的企业必须具备以下条件：

1. 完成清洁生产审核过程，编制了《清洁生产审核报告》。
2. 基本完成清洁生产无/低费方案。
3. 技术装备符合国家产业结构调整和行业政策要求。
4. 清洁生产审核期间，未发生重大及特别重大污染事故。

第六条　申请清洁生产审核评估的企业需提交的材料：

1. 企业申请清洁生产审核评估的报告。
2. 《清洁生产审核报告》。
3. 有相应资质的环境监测站出具的清洁生产审核后的环境监测报告。

4. 协助企业开展清洁生产审核工作的咨询服务机构资质证明及参加审核人员的技术资质证明材料复印件。

第七条 申请评估企业向当地环保部门提出评估申请（企业需在上交清洁生产审核报告后一个月内提交评估申请）；当地环保部门对申请企业的条件、提交的材料进行初审，初审合格后，将材料逐级上报。省级环保部门组织专家或委托相关机构对初审合格的企业进行材料审查、现场评估，并形成书面意见，定期在当地主要媒体上公布通过清洁生产审核评估的企业名单。

第八条 重点企业清洁生产审核评估过程

1. 阅审企业清洁生产审核报告等有关文字资料。

2. 召开评估会议，企业主管领导介绍企业基本情况、清洁生产审核初步成果、无/低费方案实施情况、中/高费方案实施情况及计划等；企业清洁生产审核主要人员介绍清洁生产审核过程、清洁生产审核报告书主要内容等。

3. 资料查询及现场考察，主要内容为无/低费和已实施中/高费方案实施情况，现场问询，查看工艺流程、企业资源能源消耗、污染物排放记录、环境监测报告、清洁生产培训记录等。

4. 专家质询，针对清洁生产审核报告及现场考察过程中发现的问题进行质询。

5. 根据现场考察结果以及报告书质量，对企业清洁生产审核工作进行评定，并形成评估意见。

第九条 重点企业清洁生产审核评估标准和内容：

1. 领导重视、机构健全、全员参与，进行了系统的清洁生产培训。

2. 根据源头削减、全过程控制原则进行了规范、完整的清洁生产审核，审核过程规范、真实、有效，方法合理。

3. 审核重点的选择反映了企业的主要问题，不存在审核重点设置错误，清洁生产目标的制定科学、合理，具有时限性、前瞻性。

4. 提交了完整、详实、质量合格的清洁生产审核报告，审核报告如实反映了企业的基本情况，对企业能源资源消耗，产排污现状，各主要产品生产工艺和设备运行状况，以及末端治理和环境管理现状进行了全面的分析，不存在物料平衡、水平衡、能源平衡、污染因子平衡和数据等方面的错误。

5. 企业在清洁生产审核过程中按照边审核、边实施、边见效的要求，及时落实了清洁生产无/低费方案。

6. 清洁生产中/高费方案科学、合理、有效，通过实施清洁生产中/高费方案，预期效果能使企业在规定的期限内达到国家或地方的污染物排放标准、核定的主要污染物总量控制指标、污染物减排指标；对于已经发布清洁生产标准的行业，企业能够达到相关行业清洁生产标准的三级或三级以上指标的要求。

7. 企业按国家规定淘汰明令禁止的生产技术、工艺、设备以及产品。

第十条 评估结果分为“通过”和“不通过”两种。对满足第九条全部要求的企业，其评估结果为“通过”。有下列情况之一的，评估不通过：

1. 不满足第九条要求中的任何一条。

2. 清洁生产审核报告质量上存在重大问题，主要指：

（1）审核重点设置错误或清洁生产目标设置不合理。

（2）没有对本次审核范围做全面的清洁生产潜力分析。

（3）数据存在重大错误，包括相关数据与环境统计数据偏差较大情况。

3. 企业没有按国家规定淘汰明令禁止的生产技术、工艺、设备以及产品。

4. 在清洁生产审核过程中弄虚作假。

三、重点企业清洁生产审核验收

第十一条 申请清洁生产审核验收的企业必须具备以下条件：

1. 通过清洁生产审核评估后按照评估意见所规定的验收时间，综合考虑当地政府、环保部门时限要求提出验收申请（一般不超过两年）。

2. 通过清洁生产审核评估之后，继续实施清洁生产中/高费方案，建设项目竣工环保验收合格 3 个月后，稳定达到国家或地方的污染物排放标准、核定的主要污染物总量控制指标、污染物减排指标。

第十二条 申请验收企业需填报《清洁生产审核验收申请表》（附表），连同清洁生产审核报告、环境监测报告、清洁生产审核评估意见、清洁生产审核验收工作报告报送各省（自治区、直辖市）及新疆生产建设兵团环保部门，各省（自治区、直辖市）及新疆生产建设兵团环保部门组织验收。

第十三条 重点企业清洁生产审核验收过程：

1. 审阅第十二条所列有关文件资料；

2. 资料查询及现场考察，查验、对比企业相关历史统计报表（企业台账、物料使用、能源消耗等基本生产信息）等，对清洁生产方案的实施效果进行评估并验证，提出最终验收意见。

第十四条 重点企业清洁生产审核验收标准和内容：

1. 清洁生产审核验收工作报告如实反映了企业清洁生产审核评估之后的清洁生产工作。企业持续实施了清洁生产无/低费方案，并认真、及时地组织实施了清洁生产中/高费方案，达到了“节能、降耗、减污、增效”的目的。

2. 根据源头削减、全过程控制原则实施了清洁生产方案，并对各清洁生产方案的经济和环境绩效进行了详实统计和测算，其结果证明企业通过清洁生产审核达到了预期的清洁生产目标。

3. 有资质的环境监测站出具的监测报告证明自清洁生产中/高费方案实施后，企业稳定达到国家或地方的污染物排放标准、核定的主要污染物总量控制指标、污染物减排指标。对于已经发布清洁生产标准的行业，企业达到相关行业清洁生产标准的三级或三级以上指标的要求。

4. 企业生产现场不存在明显的跑、冒、滴、漏等现象。

5. 报告中体现的已实施的清洁生产方案纳入了企业正常的生产过程。

第十五条 验收结果分为“通过”和“不通过”两种。对满足第十四条全部要求的企业，其验收结果为“通过”。有下列情况之一的，验收不通过：

1. 不满足第十四条中的任何一条。

2. 企业在方案实施过程中弄虚作假，虚报环境和经济效益的，包括相关数据与环境统计数据偏差较大情况。

四、重点企业清洁生产审核评估与验收费用

第十六条 各省（自治区、直辖市）及新疆生产建设兵团环保部门安排不低于10%的环保专项资金用于重点企业的清洁生产审核评估、验收，积极争取各级发展和改革部门、财政部门和经济贸易部门对重点企业清洁生产审核评估与验收费用的支持。

五、清洁生产审核评估、验收的监督和管理

第十七条 环境保护部负责对全国的重点企业清洁生产审核工作进行监督和管理，定期对全国重点企业清洁生产审核评估、验收工作情况及评估、验收的相关机构进行抽查，并通过主要媒体向社会公告监督、抽查情况。

第十八条 各省（自治区、直辖市）及新疆生产建设兵团环保部门每年按要求将本辖区开展清洁生产审核评估、验收工作情况报送环境保护部。

第十九条 承担清洁生产审核的相关机构和专家要执行回避制度，不得对其曾经提供过清洁生产审核的企业进行评估、验收。

第二十条 公布开展强制性清洁生产审核的企业，拒不开展清洁生产审核、不申请评估、验收或评估、验收“不通过”的，视情况由各省（自治区、直辖市）及新疆生产建设兵团环保部门在地方主要媒体公开曝光，要求其重新进行清洁生产审核、评估和验收，依法进行处罚。

六、附　则

第二十一条 本指南引用的有关规定，如有修改，按修改的执行。

第二十二条 本办法由环境保护部负责解释，自发布之日起施行。

第2章　国家重点行业清洁生产技术导向目录

2.1　国家清洁生产技术导向目录（第一批）（表5-1）

表5-1　国家清洁生产技术导向目录（第一批）

（国经贸资源［2000］137号　2000年2月15日）

编号	技术名称	适用范围	主要内容	投资及效益分析
冶金行业				
1	干法熄焦技术	焦化企业	干法熄焦是用循环惰性气体做热载体，由循环风机将冷的循环气体输入到红焦冷却室，冷却高温焦炭至250℃以下排出。吸收焦炭显热后的循环热气导入废热锅炉回收热量产生蒸汽。循环气体冷却、除尘后再经风机返回冷却室，如此循环冷却红焦	按100×10^4t/年焦计，投资2.4亿元人民币，回收期（在湿法熄焦基础上增加的投资）6~8年。建成后可产蒸汽（按压力为4.6MPa）5.9×10^5t/年。此外，干法熄焦还提高了焦炭质量，其抗碎强度M_{40}提高3%~8%，耐磨强度M_{10}提高0.3%~0.8%，焦炭后应性和反应后强度也有不同程度的改善。由于干法熄焦于密闭系统内完成熄焦过程，湿法熄焦过程中排放的酚、HCN、H_2S、NH_3基本消除，减少焦尘排放，节省熄焦用水
2	高炉富氧喷煤工艺	炼铁高炉	高炉富氧喷煤工艺是通过在高炉冶炼过程中喷入大量的煤粉并结合适量的富氧，达到节能降焦、提高产量、降低生产成本和减少污染的目的。目前，该工艺的正常喷煤量为200kg/t-Fe，最大能力可达250kg/t-Fe以上	经济效益以日产量9 500t铁（年产量为346万t铁）计算，喷煤比为120kg/t-Fe时，年经济效益为1 895万元；喷煤比为200kg/t-Fe时，年经济效益为6 160万元
3	小球团烧结技术	大、中、小型烧结厂的老厂改造和新厂建设	通过改变混合机工艺参数，延长混合料在混合机内的有效滚动距离，加雾化水，加布料刮刀等，使烧结混合料制成3mm以上的小球大于75%，通过蒸汽预热，燃料分加，偏析布料，提高料层厚度等方法，实现厚料层、低温、匀温、高氧化性气氛烧结。通过这种方法烧出的烧结矿，上下层烧结矿质量均匀。烧结矿强度高、还原性好	以1台$90m^2$烧结机的改造和配套计算，总投资约380万元，投资回收期0.5年，年直接经济效益895万元，年净效益798万元。使用该技术还可减少燃料消耗、废气排放量及粉尘排放量；提高烧结矿质量和产量。同时可较大幅度降低烧结工序能耗，提高炼铁产量和降低炼铁工序能耗，促进炼铁工艺技术进步

续表

编号	技术名称	适用范围	主要内容	投资及效益分析
4	烧结环冷机余热回收技术	大、中型烧结机	通过对现有的冶金企业烧结厂烧结冷却设备，如冷却机用台车罩子、落矿斗、冷却风机等进行技术改造，再配套除尘器、余热锅炉、循环风机等设备，可充分回收烧结矿冷却过程中释放的大量余热，将其转化为饱和蒸汽，供用户使用。同时除尘器所捕集的烟尘，可返回烧结利用	按照烧结厂烧结机 $90m^2 \times 2$ 估算投资，约需 4 000 万元人民币。烧结环冷机余热得到回收利用，实际平均蒸汽产量 16.5t/h；由于余热废气闭路循环，当废气经过配套除尘器时，可将其中的烟尘（主要是烧结矿粉）捕集回收，既减少烟尘排放，又回收了原料，烧结矿粉回收量 336kg/h
5	烧结机头烟尘净化电除尘技术	$24 \sim 450m^2$ 各种规格烧结机机头烟尘净化	电除尘器是用高压直流电在阴阳两极间造成一个足以使气体电离的电场，气体电离产生大量的阴阳离子，使通过电场的粉尘获得相同的电荷，然后沉积于与其极性相反的电极上，以达到除尘的目的	以将原 4 台 $75m^2$ 烧结机的多管除尘器改为 4 台 $104m^2$ 三电场电除尘器计算，总投资 1 100 万元，回收期 15 年，年直接经济效益 255 万元，年创净效益 71 万元。同时烧结机头烟尘达标排放，年减少烟尘排放 6 273t
6	焦炉煤气 H.P.F 法脱硫净化技术	煤气的脱硫、脱氰净化	焦炉煤气脱硫脱氰有多种工艺，近年来国内自行开发了以氨为碱源的 H.P.F 法脱硫新工艺。H.P.F 法是在 H.P.F（醌钴铁类）复合型催化剂作用下，H_2S、HCN 先在氨介质存在下溶解、吸收，然后在催化剂作用下铵硫化合物等被湿式氧化形成元素硫、硫氰酸盐等，催化剂则在空气氧化过程中再生。最终，H_2S 以元素硫形式，HCN 以硫氰酸盐形式被除去	按处理 30 $000m^3/h$ 煤气量计算，总投资约 2 200 万元，其中工程费约 1 770 万元。主要设备寿命约 20 年。同时每年从煤气中（按含 H_2S $6g/Nm^3$ 计）除去 H_2S 约 1 570t，减少 SO_2 排放量约 2 965t/年，并从 H_2S 有害气体中回收硫磺，每年约 740t。此外，由于采用了洗氨前煤气脱硫，此工艺与不脱硫的硫铵终冷工艺相比，可减少污水排放量，按相同规模可节省污水处理费用约 200 万元/年
7	石灰窑废气回收液态 CO_2	石灰窑废气回收利用	以石灰窑窑顶排放出来的含有约 35% CO_2 的窑气为原料，经除尘和洗涤后，采用“BV”法，将窑气中的 CO_2 分离出来，得到高纯度的食品级的 CO_2 气体，并压缩成液体装瓶	以 5 000t/年液态 CO_2 规模计，总投资约 1 960 万元，投资回收期为 7.5 年，净效益 160 万元/年。同时每年可减少外排粉尘 600t，减少外排 CO_2 5 000t，环境效益显著
8	尾矿再选生产铁精矿	磁选厂尾矿资源的回收利用	利用磁选厂排出的废弃尾矿为原料，通过磁力粗选得到粗精矿，经磨矿单体充分解离，再经磁选及磁力过滤得到合格的铁精矿，供高炉冶炼	按照处理尾矿量 160 万 t/年、生产铁精矿 4 万 t/年（铁品位 65% 以上）的规模计算，总投资约 630 万元，投资回收期 1 年，年净经济效益 680 万元，减少尾矿排放量 4 万 t/年，具有显著的经济效益和环境效益，亦有助于生态保护

续表

编号	技术名称	适用范围	主要内容	投资及效益分析
9	高炉煤气布袋除尘技术	中小型高炉煤气的净化	高炉煤气布袋除尘是利用玻璃纤维具有较高的耐温性能（最高300℃），以及玻璃纤维滤袋具有筛滤、拦截等效应，能将粉尘阻留在袋壁上，同时稳定形成的一次压层（膜）也有滤尘作用，从而使高炉煤气通过这种滤袋得到高效净化，以提供高质量煤气给用户使用	以300m^3级高炉为例，总投资约600万元，其中投资回收期2年，直接经济效益300万元/年，净效益270万元/年。减少煤气洗涤污水排放量300万m^3/年，主要污染物排放量200t/年，节约循环水300万~400万m^3/年，节电80万~100万kW·h/年，节约冶金焦炭1 500t/年，高炉增产3 000t/年
10	LT法转炉煤气净化与回收技术	大型氧气转炉炼钢厂	转炉吹炼时，产生含有高浓度CO和烟尘的转炉煤气（烟气）。为了回收利用高热值的转炉煤气，需对其进行净化。首先将转炉煤气经过废气冷却系统，然后进入蒸发冷却器，喷水蒸发使烟气得到冷却，并由于烟气在蒸发器中得到减速，使其粗颗粒的粉尘沉降下来。此后将烟气导入设有4个电场的静电除尘器，在电场作用下，使粉尘和雾状颗粒吸附在收尘极板上，这样得到精净化。当符合煤气回收条件时，回收侧的阀门自动开启，高温净煤气进入煤气冷却器喷淋降温至约73℃，而后进入煤气储柜。经加压机加压后将高洁度的转炉煤气（含尘10mg/Nm^3）提供给用户使用	以年产300万t炼钢为例：LT废气冷却系统，如按回收蒸汽平均90kg/t-S计算，相当于10kg/t-S（标准煤），年回收标准煤约3万t。LT煤气净化回收系统，回收煤气量75~90N kg/t-S，相当于23kg/t-S（标准煤），年回收煤气折算标准煤7万t。每年回收总二次能源（折算标准煤）10万t
11	LT法转炉粉尘热压块技术	与LT法转炉煤气净化回收技术配套	粉尘在充氮气保护下，经输送和储存，将收集的粉尘按粗、细粉尘以0.67:1的配比混合，加入间接加热的回转窑内进行氮气保护加热。当粉尘被加热至580℃时，即可输入辊式压块机，在高温、高压下压制成45mm×35mm×25mm成品块。约500℃的成品块经冷却输送链在机力抽风冷却下，成品块温度降至约80℃，装入成品仓内。定期用汽车运往炼钢厂作为矿石重新入炉冶炼	LT系统年回收含铁高的粉尘16kg/t-S×3 000 000t/年=48 000t/年，可以全部压制成块（45mm×35mm×25mm）用于炼钢

续表

编号	技术名称	适用范围	主要内容	投资及效益分析
12	轧钢氧化铁皮生产还原铁粉技术	适用大中型轧钢厂(低碳、低合金钢轧制过程)产生的氧化铁皮,也可用于高品位铁精矿、铁砂等含铁资源的综合利用	采用隧道窑固体碳还原法生产还原铁粉,主要工序有还原、破碎、筛分、磁选。铁皮中的氧化铁在高温下逐步被碳还原,而碳则气化成CO。通过二次精还原提高铁粉的总铁含量,降低O、C、S含量,消除海绵铁粉碎时所产生的加工硬化,从而改善铁粉的工艺性能	按年产12 000t还原铁粉计算,总投资约10 600万元,投资回收期5年。净效益2 190万元/年。按此规模每年可综合利用20 000t轧钢氧化铁皮
13	锅炉全部燃烧高炉煤气技术	一切具有富裕高炉煤气的冶金企业	冶金高炉煤气含有一定量的CO,煤气热值约3 100kJ/m^3。除用于钢铁厂炉窑的燃料外,余下煤气可供锅炉燃烧。由于锅炉一般是缓冲用户,煤气参数不稳定,长期以来仅为小比例掺烧,多余煤气排入大气,这样既浪费了能源又污染了大气环境。当采用稳定煤气压力且对锅炉本体进行改造等措施后,可实现高炉煤气的全部利用,并可以确保锅炉安全运行	与新建燃煤锅炉房相比,全烧高炉煤气锅炉房由于没有上煤、除灰设施,具有占地小、投资省、运行费用低等优点。以一台75t/h全烧高炉煤气锅炉为例,年燃用高炉煤气583×10^6立方米/年,仅此一项,年节约能源5.2万t标准煤,减少向大气排放CO 134×10^6立方米/年,具有明显的经济效益和环境效益
石油化工行业				
14	含硫污水汽提氨精制	炼油行业含硫污水汽提装置	从汽提塔的侧线抽出的富氨气,经逐级降温、降压、高温分水,低温固硫三级分凝后,反应获得粗氨气,粗氨气进入冷却结晶器,获得含有少量H_2S的精氨气,再使其进入脱硫剂罐,硫固定在脱硫剂的空隙内,氨气得到进一步脱硫,脱硫后的氨气经氨压机压缩,进入另一个脱硫剂罐,经两段脱硫和压缩的氨气,冷却成为产品液氨外销或内用	以100t/h加工能力的含硫污水汽提装置计算,总投资为1 506万元。每年回收近千吨液氨,回收的液氨纯度高,可外销,也可内部使用,从而节约大量资金。污水汽提净化水中的H_2S、氨氮的含量大幅度降低,减少了对污水处理场的冲击,使污水处理场总排放口合格率保持100%。污水汽提装置运行以后,厂区的大气环境得到了明显改善,不再被恶臭气味困扰
15	淤浆法聚乙烯母液直接进蒸馏塔	淤浆法聚乙烯生产工艺	原来母液经离心机分离后通过泵将母液送至蒸馏塔中,再从蒸馏塔打进汽提塔,将母液中的低聚物与己烷分离。现改为母液直接进塔,这样则可以使母液的温度不会下降,从而达到了节能的效果;同时也可以防止低聚物析出沉淀在蒸馏塔内,减轻大检修时的清理工作。更主要的是,母液直接进塔可增加汽提塔的处理能力,负荷可提高5t以上,从而确保生产的正常运行	技术改造属中小型,总投资仅4万元,全年运行总节省资金达142万元。减少清理费2万元,同时减少因清理储罐和管线造成的环境污染,生产装置的安全也得到了保证

续表

编号	技术名称	适用范围	主要内容	投资及效益分析
16	含硫污水汽提装置的除氨技术	非加氢型含硫污水汽提装置	解决了汽提后净化水中残存 NH_3-N 的形态分析研究，建立了相应分析方法，根据分析获得的固定铵含量，采用注入等当量的强碱性物质进行汽提，并经过精确的理论计算，以确定最佳注入塔盘的位置。经工业应用，可有效地将 NH_3-N 脱除至15~30ppm	80t/h汽提装置需增加一次性投资约60万元。注碱后，成本增加及设备折旧每年需54万元。注碱后通过增加回收液氨、节约新鲜水和节约软化水等，经济效益约每年97万元。由于废水的回用，每年污水处理场少处理废水 36×10^4t，节约108万元，同时由于 NH_3-N 达标，可节省污水处理场技术改造一次性投资上千万元
17	汽提净化水回用	石油炼制	含硫污水净化后可以代替新鲜水使用，通过原油的抽提作用可以减少污染物排放总量，其中酚去除率85%以上，COD去除率约60%。二次加工装置的部分工艺注水也可以用净水代替，这些工艺注水变成含硫污水回用到污水汽提装置，形成闭路循环	以每小时回用30t含硫污水为例，净化水回用管网系统投资70万元，投资回收期8个月，经济效益198.4万元，减少废水排放量36万t/年，减少COD排放量54t/年
18	成品油罐三次自动切水	油品储罐	利用连通器原理和油水之间的密度差，有效地分离成品油中的水和切水中的油，并自动将回收的成品油送回成品库	以10t/h储罐为例，总投资37万元，半年时间可回收投资，经济、环境、社会效益显著
19	火炬气回收利用技术	石油炼制	在火炬顶部安装两种高空点火装置，利用电焊发弧装置，产生面状电弧火源，两种装置交替或同时工作，保证安全可靠。利用PCC和计算机全线自动监控，对点火过程、水封罐、各种气体流量自动调节，并自动记录系统动作	全国石化生产企业现有火炬130支，年排放可燃气体约100万~150万t，全部回收利用，经济效益可达10亿~15亿元/年，目前经治理可回收利用80%的资源，投资回收期0.5~0.8年
20	含硫污水汽提装置扩能改造	石油化工等含硫含氨污水预处理	对含硫污水汽提塔中LPC-1（100X）高效陶瓷规整填料及18-8不锈钢阶梯环进行了通量、传质和压降性能的测试，其特点为：在老塔塔体不变的情况下，更换填料可使处理量提高70%以上；传质效果好，分离效率高，提高了净化水的质量；压降低，可降低装置能耗；操作弹性大，处理量变化时，只需要相应调整蒸汽用量即可保证净化水合格	以处理能力由28万t/年提高到48万t/年计算，总投资665万元（包括机泵、仪表、填料、除油器等）。改造后处理能力扩大到60t/h以上，能耗下降，每年节约184万元，投资偿还期约3.6年。改造后净化水质量提高，H_2S 在50mg/L以下，NH_3-N 为50~150mg/L，净化水回注率25%~30%，降低了下游污水处理的费用

续表

编号	技术名称	适用范围	主要内容	投资及效益分析
21	延迟焦化冷焦处理炼油厂“三泥”	燃料型炼油厂污水处理产生的“三泥”与生产石油焦的延迟焦化装置	利用延迟焦化装置正常生产切换焦炭塔后，焦炭塔内焦炭的热量将“三泥”中的水分轻油汽化，大于350℃的重质油焦化，并利用焦炭塔泡沫层的吸附作用，将“三泥”中的固体部分吸附，蒸发出来的水分、油气至放空塔，经分离、冷却后，污水排向含硫污水汽提装置进行净化处理，油品进行回收利用	以10.25t/塔计算，总投资约30万元，净利润80万元/年，投资偿还期0.37年。使用该技术每年可回收油品816t，节省用于“三泥”处理的设备投资和运行费用，防止由此而引起的二次污染，经济效益、环境效益和社会效益显著
22	合建池螺旋鼓风曝气技术	大、中、小炼油（燃料油、润滑油、化工型）厂	空气从底部进入，气泡旋转上升径向混合、反向旋转，使气泡多次被切割，直径变小，气液激烈掺混，接触面增大，以利于氧的转移。在曝气器中因气水混合液的密度小，形成较大的上升流速，使曝气器周围的水向曝气器入口处流动，形成水流大循环，有利于曝气器的提升、混合、充氧等	以800～1 000t/h污水处理能力计算，总投资80万～120万元，主要设备寿命15～20年。具有操作人员少、节电、维修费用少、处理效果好、排水合格率高等优点，总计每年可节省费用约40万～80万元
23	PTA（精对苯二甲酸装置）母液冷却技术	PTA装置	利用空气鼓风机与特殊结构的喷嘴使物料喷雾，并与空气进行逆向接触冷却物料，利用新型塔板的不同排列实现了固体物料的防堵和良好的冷却效果，并成功地设计了在线清堵流程，实现了不停车即可清除物料	35万t/年PTA装置的母液冷却装置，总投资约355万元，经济效益87万元/年。污水温度可降到45℃，保护了污水处理中分解分离菌，有利于污水的处理
化工行业				
24	合成氨原料气净化精制技术	大、中、小型合成氨厂	此工艺是合成氨生产中一项新的净化技术，是在合成氨生产工艺中，利用原料气中CO、CO_2与H_2合成，生成甲醇或甲基混合物。流程中将甲醇化和甲烷化串接起来，把甲醇化、甲烷化作为原料气的净化精制手段，既减少了有效氢消耗，又副产甲醇，实现变废为宝	以年产5万t氨、副产1万t甲醇计，总投资300万～500万元，投资回收期2～3年。因没有铜洗，吨氨节约物耗（铜、冰醋酸、液氨）14元，节约蒸汽30元，节约氨耗6.5元等，每万吨合成氨可节约74万元；副产甲醇，按氨醇比5:1计算，1万t氨副产2 000t甲醇，利润40万～100万元，年产5万t的合成氨装置可获得经济效益570万～870万元

续表

编号	技术名称	适用范围	主要内容	投资及效益分析
25	合成氨气体净化新工艺——NHD技术	各种工艺气体的净化，特别是以煤为原料的硫化氢、二氧化碳含量高的氨合成气、甲醇合成气和羰基合成气的净化	NHD溶剂是国内新开发的一种高效优质的气体净化剂，其有效成分为多聚乙二醇二甲醚的混合物，是一种有机溶剂，对天然气、合成气等气体中的酸性气（硫化氢、有机硫、二氧化碳等）具有较强的选择吸收能力。该溶剂脱除酸性气采用物理吸收、物理再生工艺，能使净化气中的酸性气达到生产合成氨、甲醇、制氢等的工艺要求	以年产40 000t合成氨计，改造总投资（由碳丙工艺改造，含基建投资、设备投资等）约80万元，投资回收期0.31年。新建总投资（基建投资、设备投资等）约400万元，投资回收期0.89年。应用此项技术的企业年经济效益均在200万元以上
26	天然气换热式转化造气新工艺及换热式转化炉	以天然气、炼厂气、甲烷富气等为原料，生产合成氨及甲醇的生产装置。也适用于小氮肥装置的技术改造和技术革新	该工艺是将加压蒸汽转化的方箱式一段炉改为换热式转化炉，一段转化所需的反应热由二段转化出口高温气来提供，不再由烧原料气来提供。由于二段高温转化气的可用热量是有限的，不能满足一段炉的需要，又受氢氮比所限，因此在二段炉必须加入富氧空气（或纯氧）	按照装置设计能力为年产15 000t合成氨规模的粗合成气计算，项目总投资1 300万元，投资利润率约9%，投资利税率约10%，投资收益率约20%。本技术在节能方面有较大的突破，这将大大增强小厂产品竞争能力
27	水煤浆加压气化制合成气	以煤化工为原料的行业	德士古煤气化炉是高浓度水煤浆（煤浓度达70%）进料、液态排渣的加压纯氧气流床气化炉，可直接获得烃含量很低（含CH_4低于0.1%）的原料气，适合于合成氨、合成甲醇等使用	年产30万t合成氨、52万t尿素装置以及辅助装置约需30.5亿元，投资回收期12年，主要设备使用寿命15~20年
28	磷酸生产废水封闭循环技术	料浆法3万t/年磷铵装置；二水法1.5万t/年H_3PO_4（以P_2O_5计）装置	二水法磷酸生产中的含氟含磷污水，经多次串联利用后，进入盘式过滤机冲洗滤盘，产生冲盘磷石膏污水。冲盘污水经过二级沉降，分离出大颗粒和细颗粒。二级沉降的底流进入稠浆槽作为二洗液返回盘式过滤机，清液作为盘式过滤机冲洗水利用，实现冲盘污水的封闭循环	1.5万吨/年H_3PO_4（以P_2O_5计）装置总投资为54万元，投资回收期1年。回收污水中可溶性P_2O_5，污水回用后节水效益和节省排污费每年达63万元
29	磷石膏制硫酸联产水泥	磷肥行业	磷石膏是磷铵生产过程中的废渣，用磷石膏、焦碳及辅助材料按照配比制成生料，在回转窑内发生分解反应。生成的氧化钙与物料中的二氧化硅、三氧化二铝、三氧化二铁等发生矿化反应形成水泥熟料。含7%~8%二氧化硫的窑气经除尘、净化、干燥、转化、吸收等过程制得硫酸	年产15万t磷铵、20万t硫酸、30万t水泥的装置总投资95 975万元，每年可实现销售收入84 000万元，利税22 216万元，投资回收期4.32年。每年能吃掉60万t废渣，13万t含8%硫酸的废水，节约堆存占地费300万元，节约水泥生产所用石灰石开采费10 500万元和硫酸生产所需的硫铁矿开采费16 000万元。从根本上解决了石膏污染地表水和地下水的问题

续表

编号	技术名称	适用范围	主要内容	投资及效益分析
30	利用硫酸生产中产生的高、中温余热发电	适用于硫酸生产行业	利用硫铁矿沸腾炉炉气高温（约 900℃）余热及 SO_2 转化成 SO_3 后放出的中温（约 200℃）余热生产中压过热蒸汽，配套汽轮发电机发电。蒸汽量达到 0.9t/t 酸，蒸汽消耗指标为 5.94kg/(kW·h)。汽轮机采用凝结式汽机，冷凝水可回收利用	新建 3 000kW 机组，总投资 680 万元。年创利税 190 万元，投资回收期 3.5 年。每年可节约 6 000t 标准煤；减排 SO_2 192t，CO 8t，NO_x 54t，经济效益、环境效益显著
31	气相催化法联产三氯乙烯、四氯乙烯	该技术应用于有机化工生产，适用于改造 5 000 t/年以上三氯乙烯装置	将乙炔、三氯乙烯分别经氯化生成四氯乙烷或五氯乙烷，二者混合后（亦可用单一的四氯乙烷或五氯乙烷）经气化进入脱 HCI 反应器，生成三氯乙烯、四氯乙烯。反应产物在解吸塔除去 HCI 后，导入分离系统，经多塔分离，分出精三氯乙烯和精四氯乙烯，未反应的物料返回脱 HCI 反应器，循环使用。精三氯乙烯部分送氯化塔生成五氯乙烷，部分经后处理加入稳定剂作为产品。精四氯乙烯经后处理加入稳定剂，即为成品	以 1 万 t/年（三氯乙烯 5 000t，四氯乙烯 5 000t）计，总投资 3 000 万元，投资回收期 2~3 年。新工艺比皂化法工艺成本降低约 10%，新增利税每年 800 万~1 000 万元。同时彻底消除了皂化工艺造成的污染，改善了环境
32	利用蒸氨废液生产氯化钙和氯化钠	纯碱生产	氨碱法生产纯碱后的蒸氨废液中含有大量的 $CaCl_2$ 和 NaCl，其溶解度随温度而变化，经多次蒸发将 $CaCl_2$ 和 NaCl 分离，制成产品	按照 NaCl、$CaCl_2$ 年产量分别为 13 000t 和 28 000t 计算，年经济效益为 1 551 万元和 3 477 万元，合计 5 028 万元
33	蒽醌法固定床钯触媒制过氧化氢	化肥、氯碱化工、石化等具有副产氢气的行业	该技术以 2－乙基蒽醌为载体，与重芳烃等混合溶剂一起配制成工作液。将工作液与氢气一起通入一装有钯触媒的氢化塔内，进行氢化反应，得到相应的 2－乙基氢蒽醌。2－乙基氢蒽醌再被空气中的氧氧化恢复成原来的 2－乙基蒽醌，同时生成过氧化氢。利用过氧化氢在水和工作液中溶解度的不同以及工作液和水的密度差，用水萃取含有过氧化氢的工作液得到过氧化氢的水溶液。后者再经溶剂净化处理、浓缩等，得到不同浓度的过氧化氢产品	年产 10 000 t 27.5% H_2O_2，总投资约 3 000 万元；投资回收期 3 年左右。该技术具有明显的经济效益，按上述生产规模计算，每年可获得税后利润 500 万元左右。由于该技术中采用以污治污技术，环境效益明显

续表

编号	技术名称	适用范围	主要内容	投资及效益分析
轻工行业				
34	碱法/硫酸盐法制浆黑液碱回收	适用于碱法/硫酸盐法蒸煮工艺，对所产生的黑液进行碱及热能回收，并大幅度降低污染	碱回收主要包括黑液的提取、蒸发、燃烧、苛化等工段。提取：要求提取率高，浓度高，温度高。蒸发：提取的稀黑液需进入蒸发工段浓缩，使黑液固形物含量达55%～60%以上。燃烧：浓黑液送燃烧炉利用其热值燃烧。燃烧后有机物转化为热能回收，无机物以熔融状流出燃烧炉进入水中形成滤液。苛化：澄清后的滤液进入苛化器与石灰反应，转化为NaOH及Na_2S	在稳定、正常运行条件下，碱回收的投资回收期约5～10年，木浆回收期较短，非木浆较长。按年产34 000t浆（日产100t浆）计算，碱回收的直接经济效益（商品碱价按1 700元/t，回收碱按800元/t计）7 344万元/年。按吨浆COD产生量1 400kg，碱回收去除COD80%计，日产100t浆的企业每年可减少COD排放38 080t
35	射流气浮法回收纸机白水技术	适用于造纸白水中纤维、填料及水的回收；也适用于各类废水处理中的固液分离及污泥浓缩	压力溶气水经减压释放出直径约为50mm气泡的气—水混合液与含有悬浮物的废水（如纸和白水中的纤维及填料）混合，形成气—固复合物进入气浮池进行分离。分离后的水则由设在气浮池适当位置的集水管道收集后送至清水池，浮在池表面的悬浮物（如纸浆、填料）则收集到浆池，不能上浮的沉淀物沉积在气浮池的泥斗中，定期排放，以保证出水水质稳定	以回收纸机白水300m^3/d为例，总投资35万元，回收年限1.5年，年净效益23万元，年削减废水排放量81万m^3，SS 596t，COD 300t。年节约水量81万t，节约纸浆180t
36	多盘式真空过滤机处理纸机白水	年产1万t以上的大、中型纸浆造纸厂，用于造纸白水中纤维、填料及水的回收	滤盘表面覆盖着滤网，为了回收白水中细小纤维，预先在白水中加入一定量的长纤维作预挂浆，滤盘在液槽内转动，预挂浆在网上形成一定厚度的浆层，并依靠水退落差造成的负压（或抽真空），使白水中的细小纤维附着在表面，当浆层露出液面，负压作用消失，高压喷水把浆层剥落，滤盘周而复始工作，白水中细小纤维和化学物质得到回收，同时也净化了白水	以年产1万t的纸浆造纸厂为例，采用多盘式真空过滤机处理纸机白水，总投资62万元，回收期1年。年直接经济效益96万元，净效益92万元；年回收纸浆（绝干）纤维1 462t，年节约清水137万t；年少排废水108万t；悬浮物1 919t，少缴排污费约2万元
37	超效浅层气浮设备	水的回收和污水净化	超效气浮在原理上与传统溶气气浮相同。所不同的是，它是以先进的快速气浮系统，成功地运用了浅池理论和“零速”原理，通过精心设计，集凝聚、气浮、撇渣、沉淀、刮泥为一体，是一种水质净化处理的高效设备	以6 000m^2/d处理设备为例，设备投资为100万元左右。设备用作OCC废纸中段水、纸机的白水回收，投资回收期约一年，即使考虑土建投资在内，投资回收期也不足一年

续表

编号	技术名称	适用范围	主要内容	投资及效益分析
38	玉米酒精糟生产全干燥蛋白饲料(DDGS)	地处能源丰富，以玉米为原料的大、中型酒精生产企业	玉米酒精糟固液分离，分离后的滤液部分回用，部分蒸发浓缩至糖浆状，再将浓缩后的浓缩物与分离的湿糟混合、干燥制成全干燥酒精糟蛋白饲料。DDGS蛋白含量达27%以上，其营养价值可与大豆相当，是十分畅销的精饲料	6万t酒精DDGS蛋白饲料生产线，总投资2 988万元；年产DDGS蛋白饲料5.4万～5.6万t；废水达标排放，彻底消除污染
39	差压蒸馏	大、中型酒精生产装置	差压蒸馏在两塔以上的生产工艺中使用，各塔在不同的压力下操作，第一效蒸馏直接用蒸汽加热，塔顶蒸汽作为第二效塔釜再沸温度器的加热介质，它本身在再沸器中冷凝，依次逐渐进行，直到最后一效塔顶蒸汽用冷却水冷凝	配套3万t酒精蒸馏生产线（大部分采用不锈钢材质）投资1 100万元（不包括土建）。吨酒精节约蒸汽3.6t，年节约蒸汽10.8万t
40	薯类酒精糟厌氧—好氧处理	以薯类为原料的大、中、小酒精生产工艺	薯类酒精糟通过厌氧发酵，既可去除有机污染物，产生沼气(甲烷含量大于56%)用于燃料、发电等，又可以把废液中植物不能直接利用的氮、磷、钾转化为可利用的有机肥料。发酵后的消化液分离污泥后进入曝气池进行好氧处理，出水达标排放。厌氧污泥脱水后可作优质肥料，曝气池产生的剩余活性污泥返回厌氧罐进行处理	以年产1万t的酒精厂计算，总投资550万元，投资回收期6年(含建设期)。年直接经济效益厌氧部分：沼气用于烧锅炉70万元，沼气用于发电200万元；好氧部分：废水达标排放，节省排污费54.4万元；干污泥（含水80%）用作肥料，年收益20万元。采用厌氧处理方式COD可达98.3%，BOD_5 99.1%，SS 99.2%，废水全部达标排放
41	饱和盐水转鼓腌制法保存原皮技术	大、中、小型皮革企业猪、牛皮原料皮的保藏	饱和盐水转鼓腌制法保存原皮技术是一种动态腌皮加工过程。在腌制过程中，皮、盐在转鼓中均匀混合，盐里腌，利用率高，其用量仅为皮重的30%左右	以年产30万张猪皮制革厂为例，投资约20万元。传统撒盐法年消耗盐用量约1 050t，饱和盐水转鼓腌制法年耗盐450t，年节约资金20万元，一年即可收回投资。同时饱和盐水转鼓腌制法保存原皮技术克服了传统撒盐法由于原皮带有的污染或粪便对盐腌皮质量产生的不利影响，以及被污染的腌皮场地和旧盐对原皮造成的损害，提高了盐腌皮的保存期，具有较好的环境效益和经济效益
42	含铬废液补充新鞣液直接循环再利用技术	适用于各种类型的制革厂	建立一封闭的铬液循环系统，将制革生产的浸酸操作和鞣制操作分开，设置专门的铬鞣区域，使废铬液与其他废液彻底分开，并循环利用	建立一套完善的500t/d的废铬液循环利用系统需资金约20万元，系统建成使用后一年即可收回投资，同时减少了含铬废液的排放

续表

编号	技术名称	适用范围	主要内容	投资及效益分析
43	啤酒酵母回收及综合利用	各种规模啤酒厂的废啤酒酵母回收利用	将啤酒发酵过程中产生的废酵母泥进行固液分离以回收啤酒和酵母。分离后的啤酒应用膜分离技术进行微孔精滤，去除杂菌及酵母菌，精滤后的啤酒清澈透明，以1%比例兑入成品啤酒中，不影响啤酒质量。酵母饼经自溶、烘干，粉碎得酵母粉，是优质蛋白饲料添加剂	以年产5万t啤酒厂为例，总投资80万元，投资回收期12~14个月。直接经济效益76万元/年，净效益70万元/年。啤酒酵母回收后可减少啤酒废水污染负荷50%左右(COD)，减少废水治理基建投资37%，减少酒损1%
44	味精发酵液除菌体生产高蛋白饲料，浓缩等电点提取谷氨酸，浓缩废母液生产复合肥技术	味精厂	避免菌体及其破裂后的残片释放出的胶蛋白、核蛋白和核糖核酸影响谷氨酸的提取与精制；发酵液除菌体与浓缩均能提高谷氨酸提取率与精制得率；发酵液提取谷氨酸后废母液COD高达100 000mg/L，有利于进一步生产复合有机肥料而消除污染	以年产5 000t谷氨酸计，若全部采用国产设备总投资600万元，若提取采用进口设备总投资2 800万元。年产蛋白饲料600t，复合有机肥6 000t。综合利用部分产出可抵消废水处理运转费用。对排放口进行的72h连续监测，日COD减少80%(约20t)，BOD减少91%，SS减少71%，NH3-N减少85%，为废水的二级生化处理创造了条件
纺织行业				
45	转移印花新工艺	涤纶、锦纶、丙纶等合成纤维织物	利用分散染料将预先绘制的图案印在纸上（80g/m重新闻纸），再利用分散染料加热升华及合成纤维加热膨胀特性，通过加热、加压将染料转移到合成纤维中，冷却后达到印花的目的	印纸机20万~30万元/台，转移印花机10万~20万元/台，投资回收期为0.5~1年，设备寿命10~15年。同时消除了印染废水的产生和排放
46	超滤法回收染料	棉印染行业，回收还原性染料等疏水性染料	将聚砜材料（成膜剂）、二甲基甲酰胺（溶剂）、乙二醇甲醚（添加剂）通过铸膜器，采用急剧凝胶工艺制成具有一定微孔的聚砜超滤膜，组装成超滤器，在压力0.2MPa下，对氧化后的还原染料残液进行过滤、回收	超滤器约5万元/台，一年左右可以回收设备费用。降低了废水中的色度，减少了印染废水中COD的产生量
47	涂料染色新工艺	棉染整行业，针织染整行业、毛巾、床单行业等织物染色	采用涂料着色剂（非致癌性）和高强度黏合剂（非醛类交联剂）制成轧染液，通过浸轧均匀渗透并吸附在布上，再通过烘干、焙烘，使染液（涂料和黏合剂）交联，固着在织物上，常温自交联黏合，不需要焙烘即可固着在织物上，染后无须洗涤可直接出成品	利用原有部分染色设备，无须再投资，工艺简单、成本低；目前涂料染色占织物染色总量的30%左右，比使用传统染料染色，节省了显色、固色、皂洗、水洗等诸多工序，节约了大量水、汽、电的消耗

续表

编号	技术名称	适用范围	主要内容	投资及效益分析
48	涂料印花新工艺	棉印染行业、针织印染行业	采用涂料（颜料超细粉）、着色剂及交联黏合剂制成印浆，通过印花、烘干、焙固三个步骤即可完成印花，比传统的染料印花减少了显色、固色、皂洗、水洗等诸多工序，节约了水、汽、电，并减少了废水排放量	利用原有设备，不需再投资。与传统印花相比，各项费用可节省15%～20%。目前涂料印花数量占印花织物总量的60%。节约了水、汽、电，并减少了废水排放量
49	棉布前处理冷轧堆一步法工艺	棉印染行业、针织印染行业、毛巾和浴巾加工、床单行业等使用棉及涤棉织物前处理	采用高效炼漂助剂及碱氧一步法工艺，使传统前处理工艺退浆、煮炼、漂白三个工序合并成经浸轧堆置水洗一道工序，成品质量可达到三道工序的质量水平	新建一条生产线，设备投资180万～250万元，每年节省劳工费用45万元，总计节约350万～400万元
50	酶法水洗牛仔织物	棉型牛仔织物	采用纤维素酶水洗牛仔布（布料或成衣），可以达到采用火山石磨洗效果	提高了产品质量，改善了服用性能，手感好，但成本与石磨法基本持平，产品附加值增加。同时降低了废水的pH值，减少了废水中悬浮物的含量，提高了废水的可生化性
51	丝光淡碱回收技术	棉及涤棉织物的棉印染行业	丝光时采用250g/L以上的浓碱液（NaOH）浸轧织物，丝光后产生50g/L的残碱液。通过采用过滤（去除纤维等杂质）、蒸浓（三效真空蒸发器）技术，使残碱液浓缩至260g/L以上。再回用于丝光、煮炼等工艺	一套碱回收装置及配套设备，总投资300万～400万元，年回收碱液5 400t，价值约270万元，减少废水COD排放量40%，并改善废水pH值
52	红外线定向辐射器代替普通电热原件及煤气	棉印染行业、棉针织染整行业，造纸、轻工、烟草等行业烘干工艺	利用双孔石英玻璃壳体（背面镀金属膜），直接反射能量，提高热效率。能谱集中在2.5～15mm，辐射能量与烘干介质能有效匹配，采用高温电热合金材料为激发元件的发热体和冷端处理工艺，延长了辐射器的使用寿命，热惯性小，升温快，辐射表面温场分布均匀	改造一台定型机10万元、一台烘干机2万～3万元，投资2～3个月即可回收。改善了操作环境，热效率高，提高了能源的利用率
53	酶法退浆	棉及涤棉织物、人造棉、涤粘织物	利用高效淀粉酶（BF－7658酶）代替烧碱（NaOH）去除织物上的淀粉浆料，退浆效率高，无损织物，减少对环境的污染	沉淀酶、果胶酶等与烧碱价格基本持平，但由于产品质量好（特别是高档免烫织物），附加值也高。同时降低了废水的pH值，提高了废水的可生化性

续表

编号	技术名称	适用范围	主要内容	投资及效益分析
54	粘胶纤维厂蒸煮系统废气回收利用	以棉短绒为原料的人造纤维厂	采用蓄热器（40m^3），气、液、固三相分离器（分离出短纤维），蒸气喷射式热泵，将热能加以回收，再用于新料的加热等，形成一个封闭的系统，实现生产全过程自动控制	若按15个蒸球计算，总投资36万元，3年即可回收投资
55	用高效活性染料代替普通活性染料，减少染料使用量	使用活性染料较多的棉印染行业及针织、巾被等行业	采用新型双活性基团（一氯均三嗪和乙烯砜基团）代替普通活性染料，提高染料上染率，减少废水中染料残留量	每百米节约染料费10～20元，节约能源（水、电、汽）费用4元；年产2 000万m中型企业，年节约费用280万～480万元
56	从洗毛废水中提取羊毛脂	进口羊毛，国产新疆、内蒙古等地区羊毛	在连续式五槽洗毛机中，利用逆流漂洗原理，在第二、三槽中投加纯碱及洗涤剂以去除羊毛所含油脂并利用蝶片式离心机将油脂分离出来。第四、五槽漂洗液不断向第一、二、三槽补充，大大减少洗毛废水排放量和新鲜用水量	总投资38.5万元（一条洗毛线提取羊毛脂及其配套设备），每年节约费用36.7万元（包括节省药剂、新鲜水及提取羊毛脂），投资回收期1.4年。同时减少了洗毛废水排放量和新鲜用水量
57	涤纶纺真丝绸印染工艺碱减量工段废碱液回用技术	涤纶碱减量工艺中的碱回收（适宜间断式挂炼槽工艺）	涤纶碱减量废液中，含有对苯二甲基酸甲酯、乙二胺及较大量碱残留液，通过适度冷却采用专用的加压过滤设备，使碱液保留在净化液中，经过补碱重新回用于生产中	总投资10万元，综合经济效益每年4.1万元，投资回收期2.8年，主体设备寿命7年

2.2 国家重点行业清洁生产技术导向目录（第二批）（表5-2）

表5-2 国家重点行业清洁生产技术导向目录（第二批）

（国家经贸委 环保总局2003年第21号公告）

编号	技术名称	适用范围	主要内容	投资及效益分析
	冶金行业			
1	高炉余压发电技术	钢铁企业	将高炉副产煤气的压力能、热能转换为电能，既回收了减压阀组释放的能量，又净化了煤气，降低了由高压阀组控制炉顶压力而产生的超高噪声污染，且大大改善了高炉炉顶压力的控制品质，不产生二次污染，发电成本低，一般可回收高炉鼓风机所需能量的25%～30%	投资一般在3 000万～5 000万元，投资回收期大约在3～5年，节能环保效果明显

续表

编号	技术名称	适用范围	主要内容	投资及效益分析
2	双预热蓄热式轧钢加热炉技术	型材、线材和中板轧机的加热炉	采用蓄热方式（蓄热室）实现炉窑废气余热的极限回收，同时将助燃空气、煤气预热至高温，从而大幅度提高炉窑热效率的节能、环保新技术	对中小型材、线材、中板、中宽带及窄带钢的加热炉（每小时加热能力100t左右），改造投资在800万~1 000万元（其中蓄热式系统投资200万~300万元），在正常运行情况下，整个加热炉改造投资回收期为1年左右。废气中有害物质排放大幅度降低
3	转炉复吹溅渣长寿技术	转炉	采用“炉渣—金属蘑菇头”生成技术，在炉衬长寿的同时，保护底吹供气元件在全炉役始终保持良好的透气性，使底吹供气元件的一次性寿命与炉龄同步，复吹比100%，提高复吹炼钢工艺的经济效益	改造投资100万~500万元，投资回收期在1年之内
4	高效连铸技术	炼钢厂	用洁净钢水，高强度、高均匀度的一冷、二冷，高精度的振动、导向、拉矫、切割设备运行，在高质量的基础上，以高拉速为核心，实现高连浇率、高作业率的连铸系统技术与装备，主要包括接近凝固温度的浇铸、中间包整体优化、结晶器及振动高优化、二冷水动态控制与铸坯变形优质化、引锭、电磁连铸六大方面的技术和装备	投资：方坯连铸10~30元/t能力，板坯连铸30~50元/t能力，比相同生产能力的常规连铸机投资减少40%以上，提高效率60%~100%，节能20%，经济效益50~80元/t坯，投资回收期小于1年
5	连铸坯热送热装技术	同时具备连铸机和型线材或板材轧机的钢铁企业	该技术是在冶金企业现有的连铸车间与型线材或板材轧制车间之间，利用现有的连铸坯输送辊道或输送火车（汽车），增加保温装置，将原有的冷坯输送改为热连铸坯输送至轧制车间热装进行轧制，该技术分为热装、直接热装和直接轧制3种形式。该技术的使用，大大降低了轧钢加热炉加热连铸坯的能源消耗，同时减少了钢坯的氧化烧损，并提高了轧机产量	一般连铸方坯投资在1 000万~2 000万元；连铸板坯投资在3 000万~5 000万元。正常运行情况下，1~2年即可收回投资
6	交流电机变频调速技术	使用同步电动机、异步电动机的冶金、石化、纺织、化工、煤炭、机械、建材等行业	把电网的交流电经变流装置，直接变换成频率可调的交流电供给电机。改变变流器的输出电压（或频率），即可改变电机的速度，达到调速的目的	在总装机容量为10万kW的热连轧采用，节能率12%~16%。风机、水泵类应用，一般可节电20%以上

续表

编号	技术名称	适用范围	主要内容	投资及效益分析
7	转炉炼钢自动控制技术	转炉炼钢厂	在转炉炼钢三级自动化控制设备基础上，通过完善控制软件，开发和应用计算机通信自动恢复程序、静态模型和动态模型系数优化、转炉长寿炉龄下保持复吹等技术，实现转炉炼钢从吹炼条件、吹炼过程控制，直至终点前动态预测和调整，吹制设定的终点目标自动提枪的全程计算机控制，实现转炉炼钢终点成分和温度达到双命中，做到快速出钢，提高钢水质量，提高劳动生产率，降低成本	投资约为7 300万元人民币。该技术使吹炼氧耗降低4.27标准 m^3/（t·s），铝耗减少0.276kg/（t·s），钢水铁损耗降低1.7kg/（t·s），既减少了钢水过氧化造成的烟尘量，又节约了能源，年经济效益可达千万元以上
8	电炉优化供电技术	大于30吨交流电弧炉	通过对电弧炉炼钢过程中供电主回路的在线测量，获取电炉变压器一次侧和二次侧的电压、电流、功率因数、有功功率、无功功率及视在功率等电气运行参数。对以上各项电气运行参数进行分析处理，可得到电弧炉供电主回路的短路电抗、短路电流等基本参数，进而制定电弧炉炼钢的合理供电曲线	以一座年产钢20万t炼钢电弧炉为例，采用该技术后，平均可节电10～30kW·h/t，冶炼通电时间可缩短3分钟左右，年节电300万kW·h/t，电炉炼钢生产效率可提高5%左右。利税增加100万元以上
9	炼焦炉烟尘净化技术	机械化炼焦炉	采用有效的烟尘捕集、转换连接、布袋除尘器、调速风机等设施，将炼焦炉生产的装煤、出焦过程中产生的烟尘有效净化	以JN43焦炉两座炉一组（能力为年产焦炭60万t）的装煤、出焦除尘为例，投资为2 600万元（装煤除尘地面站为1 200万元，出焦除尘地面站为1 400万元）。年回收粉尘1万多吨，环境效益显著
10	洁净钢生产系统优化技术	大中型钢铁厂	对转炉钢铁企业现有冶金流程进行系统优化，采用高炉出铁槽脱硅，铁水包脱硫，转炉脱磷，复吹转炉冶炼，100%钢水精炼，中间包冶金后进入高效连铸机保护浇铸，生产优质洁净钢，提高钢材质量，降低消耗和成本	设备投资约20～50元/t钢，增加效益为20～30元/t钢，投资回收期小于2年，环境效益显著
11	铁矿磁分离设备永磁化技术	金属矿（磁性）分选和非金属矿的除杂（铁、钛）	采用高性能的稀土永磁材料，经过独特的磁路设计和机械设计，精密加工而成的高场强的磁分离设备，分选磁通量密度最高达1.8T	与电磁设备相比，节约电能90%以上，节水40%以上，设备重量减轻60%，使用寿命可达20年。与淘汰设备相比，节水70%，提高回收率20%以上

续表

编号	技术名称	适用范围	主要内容	投资及效益分析
12	长寿高效高炉综合技术	1 000m^3 以上高炉	在确保冷却水无垢无腐蚀的前提下，应用长寿冷却壁设计、长寿炉缸炉底设计及长寿冷却器选型及布置技术，通过采用专家系统技术、人工智能控制技术、现代项目管理等技术，严格规范高炉设计、建设、操作及维护，从而确保一代高炉寿命达到15年以上	以1 000m^3 高炉计算，采用长寿高效高炉综合技术，一次性投资比普通高炉提高1 000万元左右，但寿命可达到15年以上，减少大修费用约8 000万元，去除喷补费用，加上增加的产量，年经济效益为9 000万～10 000万元
13	转炉尘泥回收利用技术	转炉炼钢	转炉尘泥量大，不易利用，浪费资源，污染环境。本技术是回收转炉尘泥，制成化渣剂用于转炉生产，可有效缓解转炉炉渣返干，减少粘枪事故，提高氧枪寿命，改进转炉顺行；同时，可降低原料用量，增加冶炼强度，缩短冶炼时间，提高生产效率，使转炉炼钢指标得到显著改善	采用此技术，仅计算提高金属收得率和降低石灰用量所降低的成本，扣除用球增加的成本，可降低炼钢成本8.34元/t，年经济效益为1 000多万元
14	转炉汽化冷却系统向真空精炼供汽技术	转炉炼钢厂真空精炼工程	将转炉汽化冷却系统改造之后，使之具有“一机两用”功能，既优先向真空泵供汽、又能将多余蒸汽外送	以80t转炉配置真空精炼炉为例，建设投资节约750万元，与锅炉供汽工艺相比年节约运行费约300万元。真空炉越大经济效益越好
机械行业				
15	铸态球墨铸铁技术	球墨铸铁生产厂	通过控制铸件冷却速度、加入合金元素、调整化学成分、采用复合孕育等措施，使铸件铸态达到技术条件规定的金相组织和机械性能，从而取消正火或退火等热处理工序。铸态稳定生产的球铁牌号为QT400—15、QT450—10、QT500—7、QT600—3、QT700—2	无须增加硬件设施，重点是调整化学成分和生产工艺。取消热处理工序后，每吨铸件可节省100～180kg标准煤，节约热处理费用约600元。目前我国球铁产量约为150万t，若有1/4采用铸态球铁，则每年可节省3.75万～6.75万t标准煤，降低成本2.25亿元
16	铸铁型材水平连续铸造技术	生产铸铁型材的矿山机械、通用机械、冶金、农机等行业	铁水熔化控制成分温度，经炉前处理得到的合格铁水，注入保温炉内，然后流入等截面形状的水冷石墨型结晶器，经冷却表面形成有足够强度的凝固外壳，由牵引机拉出，定时向保温炉内注入定量铁水，铁水不断流入结晶器，如此冷却—凝固—牵引，反复连续工作生产出所需产品。现可生产直径30～4 250mm圆形及相应尺寸方形和异型截面的灰铁和球铁型材	年产3 000t型材厂，总投资600万元，年利润200万～300万元，投资回收期3年。与砂型铸造相比具有效率高、质量好、污染少等优点

续表

编号	技术名称	适用范围	主要内容	投资及效益分析
17	V法铸造技术（真空密封造型）	中、大型无芯、少芯，内腔不太复杂的铸铁、铸钢及有色金属等铸件	借助真空吸力将加热呈塑性的塑料薄膜覆盖在模型及型板上，喷刷涂料，放上特制砂箱，并加入无粘结剂的干砂，振实，复面膜，抽真空，借助砂型内外压力差，使砂紧实并具有一定硬度，起膜后制成砂型。下芯、合型后即可浇注，待铸件凝固后，除去真空，砂型自行溃散，取出铸件。最大砂箱尺寸达mm：7 000 × 4 000 ×1 100/800	年产5 000t半机械化V法铸造厂，约需投资500万元，其中设备投资250万～300万元，达产后年产值约2 000万元，投资回收期3～4年。由于采用干砂造型，落砂清理方便，劳动量可减少35%左右，劳动强度降低，作业环境好，铸件尺寸精度高，表面光洁，轮廓清晰，成本低
18	消失模铸造技术	多品种、一定批量、形状复杂中小型铸件	采用聚苯乙烯（EPS）或聚甲基丙烯酸甲酯（EPMMA）泡沫塑料模型代替传统的木制或金属制模型。EPS珠粒经发泡、成型、组装后，浸敷涂料并烘干，然后置于可抽真空的特制砂箱内，充填无粘结剂的干砂，振实，在真空条件下浇注。金属液进入型腔时，塑料模型迅速气化，金属液占据模型位置，凝固后形成铸件	年产3 000t消失模铸件厂约需投资600万元，年产值1 500万～2 000万元，投资回收期约3年。由于不用砂芯，没有分型面，铸件披缝少，砂子为干砂，砂子与金属液间有涂料层相隔，落砂容易清理，减少扬尘，且劳动量减少30%～50%；铸件综合成本比高压造型和树脂砂降低20%～30%
19	离合器式螺旋压力机和蒸空模锻锤改换电液动力头	模锻锤等高能耗设备的更新和改造	国内自主开发的6 300～25 000kN系列离合器式高能螺旋压力机作精密模锻主机，与加热、制坯、切边和传送装置配套，适用于批量较大的精锻件生产。用电液动力头替换蒸空模锻锤汽缸，节能效果显著，投资较少。适用于投资少、锻件精度要求较低的企业	离合器式高能螺旋压力机比蒸空锻锤节材10%～15%，节能95%，模具寿命提高50%～200%，锻件精度高、生产率高、节省后续加工，比双盘摩擦压力机节能、精度高，比热模锻压力机显著节约投资
20	回转塑性加工与精密成形复合工艺及装备	汽车、拖拉机、农机、机床、五金工具等行业中各种精密锻件批量生产	回转塑性加工成形主要包括辊锻、楔横轧、摆辗、轧环等，既可用于直接生产锻件，也可与精密成形设备组合，采用复合工艺生产各种实心轴、空心轴、汽车前轴、连杆曲柄、摇臂、轿车传动轴、喷油器等精密成形零件	以年产10万件8t以下载重车前轴计，采用复合工艺主机只要2 500t高能螺旋压力机（或摩擦压力机），投资约1 500万元，投资回收期3年，较通常的万吨热模锻压力机节省投资1亿元。具有节省投资、质量好、产品成本低、减少噪声的特点
21	真空加热油冷淬火、常压和高压气冷淬火技术	切削刀具、模具、航空器械零部件的热处理	在冷壁式炉中实施钢件的真空加热、油中淬火和在1－20巴（bar）压力下的中性或惰性气体中的冷却，可使工模具、飞机零件获得无氧化、无脱碳的光亮表面，明显减少零件热处理畸变，数倍延长其使用寿命。真空热处理技术的普及程度是当前热处理技术是否先进的主要标志，而气冷淬火更是先进的清洁生产技术	微型轴承用真空热处理取代盐浴和氨分解保护加热淬火，可节电约62%，劳动生产率提高100%，人工减少40%，成本降低75%，零件畸变减少1/2～2/3，使用寿命增长一倍以上，消除环境污染。自攻螺丝搓丝板用真空淬火代替盐浴，完全杜绝废盐、废水排放，工件表面光亮，畸变减少5/6，使用寿命提高2～3倍，人工费减少50%

续表

编号	技术名称	适用范围	主要内容	投资及效益分析
22	低压渗碳和低压离子渗碳气冷淬火技术	汽车、摩托车、船舶、发动机、齿轮、特大型轴承套圈的优质无污染渗碳淬火	高温渗碳可明显提高生产效率，低压渗碳在10－30毫巴（mbar）脉冲供气亦可明显提高渗速。使用真空炉有条件提高渗碳温度（从900～930℃提高到1 030～1 050℃）。在工件和电极上施加电场的低压离子渗碳能更进一步发挥低压渗碳的优越性，并使在低压下使用甲烷渗碳成为可能。渗碳后施行高压气淬能使工件畸变减至最低程度	低压渗碳和低压离子渗碳虽一次投资比气体渗碳高20%～60%，但由于生产过程中水电消耗少，节省清洗工序，生产成本降低5%，零件质量好，能延长寿命至少30%，设备投资3～5年即可收回，而设备寿命一般在20年以上。由于低压用气量很少，又可以省略清洗工序，无废气，环境效益明显
23	真空清洗干燥技术	机器零件、切削刀具、模具热处理的前后清洗	用加热的水系清洗液、清水、防锈液在负压下对零件施行喷淋、浸泡、搅动清洗，随后冲洗、防锈和干燥。在负压下，清洗液的沸点比常压低，容易冲洗干净和干燥。此方法可代替碱液和用氟氯烷溶剂清洗，能实行废液的无处理排放，不使用破坏大气臭氧层物质	一次投资30万～40万元，主要设备可使用10～15年，真空清洗干净，工件表面残留物少，对环境没有污染
24	机电一体化晶体管感应加热淬火成套技术	汽车、拖拉机、摩托车、冶金、工程机械、工具等行业零件的热处理	采用新型电子器件SIT、IGBT全晶体管感应电源，将三相工频电流通过交—直—交转换和逆变形成稳定的大功率高频电流，配之以数控淬火机床、计算机能量监控系统、热交换自动温控冷却系统，组成机电一体化感应加热淬火成套装备，实现被加热零件的连续加热和淬火冷却，可列入加工生产线的自动化生产	电效率比电子管式电源由50%提高到80%。由于加热快，用水基介质冷却，完全无污染。一条PC钢棒调质生产线，年处理3 000～5 000t，创利达600万～1 000万元
25	埋弧焊用烧结焊剂成套制备技术	化工设备、锅炉、压力容器、油气管线等产品的焊接	国内现有埋弧焊用的熔炼焊剂，在制造过程中能源消耗大，严重污染环境。烧结焊剂制备技术，是将按一定配比要求的矿石粉和铁合金用液体粘结剂制粒后，经低温烘干（200～300℃），高温烧结（700～950℃）后，经分筛处理即成成品焊剂	该技术需建设一条烧结焊剂生产线，根据年产量不同，设备投资约200万元～500万元，可生产碳素钢和低合金钢埋弧焊用通用焊剂。生产上述类型烧结焊剂按年产2 000t计算，年可获利110万元，2～3年收回成本，比熔炼焊剂节电50%～60%，无污染
26	无毒气保护焊丝双线化学镀铜技术	制造镀铜气体保护焊焊丝	采用可靠的镀铜前脱脂除锈工艺，如砂洗、电解热碱洗、电解酸洗等，再采用优化的镀铜液，确保化学置换反应稳定可靠，最终使镀铜质量达到国家镀铜焊丝优等品标准。该技术无任何毒性，比氰化电镀在环保上有明显优势	投资约100万元，回收期1.5～2年

续表

编号	技术名称	适用范围	主要内容	投资及效益分析
27	氯化钾镀锌技术	各种钢铁零件电镀锌	氯化钾镀锌技术无氰无毒无铵，镀液中的氯化钾对锌虽有络合作用，但它主要是起导电作用，氯的存在有助于阳极溶解。其镀液稳定，电流效率高，沉积速度快，镀层结晶细微光亮，废水易于处理	主要设备与氰化镀锌、碱性锌酸盐镀锌相同，投资相近，但原料费用可降低1/3。槽液无氰无毒无铵，减少污染，废水处理费用低
28	镀锌层低铬钝化技术	机电、仪表、机械配件和日用五金零件等产品的电镀处理	镀锌层对铁基金属有很好的保护作用，但锌是活性很强的两性金属，需用铬酸溶液进行钝化处理。低铬钝化液与高铬钝化液不同，它的钝化膜不是在空气中形成，而是在溶液中形成，因此其钝化膜致密，耐蚀性高	低铬钝化与高铬钝化的设备相同，但低铬钝化铬酸浓度低，因而铬的流失率低，可使清洗水中流失的铬减少80%，降低原料成本；废水中六价铬浓度低，处理费用低，同时也减少污染
29	镀锌镍合金技术	钢板、车辆、家用电器和食品包装盒等产品的电镀处理	镀锌层在大陆性气候条件下防护性较好，但在海洋性气候中易被腐蚀。镉镀层在海洋性气候条件下，耐蚀性能好，但镉的毒性大，污染严重。锌镍合金镀层具有良好的防护性，且可减少氢脆和镉脆。	设备与氰化镀锌、氯化钾镀锌相同，投资相近。镀锌镍合金技术的生产成本较低，防护性能高，可焊性好，毒性降低，减少污染
30	低铬酸镀硬铬技术	耐磨、耐腐蚀等钢铁零部件，以及修复磨损的零部件和切削过度的工件	通过将原镀铬液中铬酐浓度由250g/L降低至150g/L以下，严格控制工艺，获得硬度HV900以上的铬层，节省资源	可利用原有设备，无须投资，原料利用率高，成本降低。低铬酸镀硬铬工艺产生的铬雾气体和铬件带出液中含铬量减少1/3以上，处理费用降低，有利于环境保护
有色金属行业				
31	选矿厂清洁生产技术	矿山选矿	简化碎矿工艺，减少中间环节，降低电耗；采用多碎少磨技术降低碎矿产品粒径；采用新型选矿药剂CTP部分代替石灰，提高选别指标；安装用水计量装置降低吨矿耗水量；将防尘水及厂前废水经处理后重复利用，提高选矿回水率；采用大型高效除尘系统替代小型分散除尘器，减少水耗、电耗，提高除尘效率	以3万t/d生产能力的选矿厂计，改造项目总投资265万元，其中设备投资98万元，年创经济效益406.8万元，同时，降低物耗、能耗，减少污染物的排放，改善车间作业环境

续表

编号	技术名称	适用范围	主要内容	投资及效益分析
32	白银炉炼铜工艺技术	铜冶炼	白银炉炼铜技术是铜精矿焙烧和熔炼相结合的一种方法，是以压缩空气（或富氧空气）吹入熔体中，激烈搅动熔体的动态熔炼为特征。技术特点：炉料制备简单；熔炼炉料效率高；炉渣含三氧化二铁（Fe_2O_3）少，含铜低；能耗低，提高铜回收率；烟尘少，环境污染小	建一座100m^2 白银炉投资约5 000万元，年产粗铜5万t，2年可收回全部投资，经济效益显著，同时大大减少了废气、烟尘的排放，具有良好的环境效益
33	闪速法炼铜工艺技术	大型铜、镍冶炼	粉状铜精矿经干燥至含水分低于0.3%后，由精矿喷嘴高速喷入闪速炉反应塔中，在塔内的高温和高氧化气氛下精矿迅速完成氧化造渣过程，继而在下部的沉淀池中将铜锍和炉渣澄清分离，含高浓度二氧化硫的冶炼烟气经余热锅炉冷却后送烟气制酸系统	能耗仅为常规工艺的1/3～1/2，冶炼过程余热可回收发电；原料中硫的回收率高达95%；炉体寿命可达10年。高浓度烟气便于采用双接触法制酸，转化率99.5%以上，尾气中二氧化硫低于300mg/m^3（Vn），减少污染
34	诺兰达炼铜技术	年产粗铜10万t以上的铜冶炼行业	该技术的核心是诺兰达卧式可转动的圆筒形炉，炉料从炉子的一端抛撒在熔体表面迅速被熔体浸没而熔于熔池中。液面下面的风口鼓入富氧空气，使熔体剧烈搅动，连续加入炉内的精矿在熔池内产生气、固、液三相反应，生成铜锍、炉渣和烟气，熔炼产物在靠近放渣端沉淀分离，烟气经冷却制酸	炉体结构简单，使用寿命长，对物料适应性大，金银和铜的回收率高，能生产高品位冰铜。由于没有水冷元件，热损失小，能充分利用原料的化学反应热，综合能耗低。技改投资为国内同类投资的一半，经济效益显著。硫实收率大于96%，具有良好的环境效益
35	尾矿中回收硫精矿选矿技术	伴生有硫铁矿（黄铁矿）的有色金属硫化矿、贵金属矿及单一硫铁矿等矿产资源和含有硫铁矿的选矿废弃尾矿等	将尾矿库储存浸染矿选铜尾矿和现产浸染矿选铜尾矿，电铲采集，运至造浆厂房矿仓，1.2MPa水枪造浆，擦洗机擦洗与粉碎，旋硫器与浓密机分级浓缩至要求浓度后送浮选作业，添加丁基黄药与2#油，产出硫精矿；浸选铜尾矿直接加入硫酸铜（$CuSO_4$）活化，加入丁基黄药与2#油，产出硫精矿。一尾选硫与浸选硫可单选，也可合选。技术关键是尾矿水力造浆技术、擦洗机破碎与擦洗技术、旋流器分级技术、浮选选硫技术、运输、卸车防粘技术。特点是应用范围广，分选效率高	投资1 500万元，年产值4 253万元，利润535万元，投资回收期小于3年。减少尾渣排放量20%，缓解硫资源紧张的矛盾

续表

编号	技术名称	适用范围	主要内容	投资及效益分析
36	氢氧化铝气态悬浮焙烧技术	1 300 t/d以上规模的氧化铝生产	焙烧系统是由一台稀相闪速焙烧主炉和一组内衬耐火材料的高效旋风换热设备组成。其主要工作原理为含水10%的氢氧化铝经文丘里预热干燥器及两级旋风预热器预热至425℃左右后，进入焙烧炉锥部。在焙烧炉内与高热气流（1 100℃）进行快速热交换。由于炉体结构及物料、高温气流的合理配置，使氢氧化铝始终处于悬浮状态，从而能够快速完成焙烧过程。经焙烧后的氧化铝经高温旋风筒分离，进入由四级旋风筒和一级硫化床组成的冷却系统。冷却后的氧化铝（低于80℃）进入下一道工序。废气经一级预热旋风分离后进入电除尘器，经除尘后（含尘浓度低于$50mg/m^3$（Vn））排入大气。其主要特点是热效率高，能耗低，不产生燃烧烟尘	总投资5 000万元，较引进设备节省投资4 000万元人民币，投资回收期2.2年；因电耗、煤气消耗的降低以及收尘系统的优化，使吨氧化铝焙烧成本降低约26.3元，年节约运行费用1 340万元。由于采用煤气为燃料，消除了“煤烟型”污染和无组织排放；工艺物料经高效回收，粉尘浓度远远低于排放标准
37	串级萃取分离法生产高纯稀土技术	有色金属元素分离提取，如钴、镍、铜、锂等；放射性元素分离提纯，如铀、钍等；制药行业中有效药物的提取；污水中重金属有害元素的去除	在生产高纯稀土元素及其化合物工业生产中，广泛使用溶剂萃取法分离稀土元素。有机萃取剂能与稀土元素生成络合物，但与不同元素生成的络合物稳定性不相同，利用这种稳定性的差异可以使稀土元素获得分离。但一次萃取作用不能使某种元素获得产品要求的纯度，需进行连续多次萃取分离，这就是串级萃取分离技术。萃取技术可分为液相—液相萃取和液相—固相萃取，固相一般是指将被萃物制备成微小颗粒的矿浆，也称为矿浆萃取	生产规模10 000 t/年，总投资5 000万元，产值1亿元，利润1 000万元。不产生废气、废渣，废水经处理后排放或回用
38	电热回转窑法从冶炼砷灰中生产高纯白砷技术	有色金属冶炼砷烟尘处理	高砷烟尘中的砷主要以三氧化二砷的形态存在，它是一种低沸点的氧化物，并具有“升华”的特性。利用这一性质，在高温条件下使三氧化二砷在回转窑内挥发，随烟气进入冷凝收尘系统，温度降低再结晶析出，得到白砷产品。高砷烟尘中的锡、铅、铁等氧化物因沸点较高，在电热回转窑控制的温度条件下不挥发，进入残渣，从而达到三氧化二砷与锡、铅、铁等氧化物分离的目的。锡在残渣（窑渣）中富集，返回锡系统处理可以得到回收	以高砷烟尘处理量4～9t/d（1 200～2 700t/年）计，总投资约100万元。每年可产出白砷420多吨，回收锡75t（拆合精锡65t），总产值160万元，利润70多万元。同时，可避免砷灰对环境的污染，资源得到综合利用

续表

编号	技术名称	适用范围	主要内容	投资及效益分析
39	低浓度二氧化硫烟气制酸技术	冶炼化工等低浓度（1% ~3%）二氧化硫烟气治理	由铅烧结机排出的二氧化硫烟气，经过湿法动力波洗涤净化，经加热达到转化器的操作温度后，在转化器内转化为三氧化硫，经冷却形成部分硫酸蒸气。在WSA冷凝器内，硫酸蒸气与三氧化硫气体全部冷凝成硫酸。产酸浓度大于96%，制酸尾气二氧化硫浓度小于200mg/m^3（Vn），尾气达标排放	总投资1.4亿元，SO_2转化率>99.2%，年产成品酸63 000t以上，经济效益明显。尾气SO_2<200ppm，硫酸雾<45mg/m^3（Vn），年削减SO_2排放2.8万t左右，减少粉尘排放量100t，确保粉尘、二氧化硫、三氧化硫达标排放，大大改善环境质量
40	从尾矿中回收绢云母技术	金属矿山开采	从金属矿山尾矿库获取尾矿，利用特殊的分级设备及选矿设备回收加工 -10μ、-5μ、-3μ以及更细的绢云母，经过改性设备并辅以改性药方得到改性产品。改性产品可应用于橡胶工业作增强剂，应用于工程塑料行业作填充剂，应用于油漆工业作特种防污防锈涂料，应用于造纸、化妆品行业作填充料	以新建10 000吨/年绢云母回收厂为例，总投资1 270万元，年销售收入2 393万元，利税总额1 849万元，投资回收期0.9年，主要设备的使用寿命为10年，减少矿山尾矿排放量
41	煅烧炉余热利用新技术	炭素行业	采用新型有机热载体，利用煅烧炉排出的高温烟气，通过热媒交换炉将热媒加热，通过管道送至炭素生产工艺中的沥青熔化、混捏等用热设备，改变了传统采用蒸汽加热方式，节约能源。经过热媒交换炉后的烟气由于温度较高，经过水加热器还可生产热水。采用热媒加热后，提高了沥青熔化温度，改善了产品质量，提高了生产效率	单台改造投资340万元。按照炭素厂年产阳极糊1万t、炭阳极小块2.1万t、炭阳极大块2.4万t计算，年可节约蒸汽消耗9.6万t，扣除电耗、热媒消耗、设备折旧等，年创经济效益460万元，投资回收期0.74年
42	电解铝、炭素生产废水综合利用技术	铝电解及炭素生产行业	电解铝及炭素生产废水主要污染物是悬浮物、氟化物、石油类等，污水经格栅除去杂物后，进入隔油池除去大部浮油，加入药剂经反应池和平流沉淀池沉降浮油，渣进入储油池，底泥浓缩压滤，澄清水经超效气浮，投加药剂深度处理，再经高效纤维过滤，送各车间循环利用	总投资646万元，年节约新水225万t，废水经处理后循环利用

续表

编号	技术名称	适用范围	主要内容	投资及效益分析
43	氧化铝含碱废水综合利用技术	氧化铝生产行业	含碱污水经格栅、沉砂池除去杂物及泥沙后，进入两个平流沉淀池进行沉淀处理，底流由虹吸泥机吸出送脱硅热水槽加热后再送二沉降赤泥洗涤，溢流进入三个清水缓冲池，再用泵送高效纤维过滤器进一步除去悬浮物，净化后得到再生水送厂内各工序回用。避免了生产原料碱的浪费，节约水资源，而且降低了废水的处理成本	以处理水量 840m^3/h 计，总投资 600 万元。年节约新水 264 万 t；回收污水中的碱（折合碳酸钠）1 500 t，节约费用 165 万元；水处理成本费 194 万元/年（水处理成本 0.3 元/立方米），年经济效益为 208 万元。废水基本实现“零排放”
石油行业				
44	双保钻井液技术	石油钻井作业	采用毒性小、生物降解性好的环保型钻井液添加剂配制保护环境、保护油层的“双保”钻井液体系，强化固相控制技术，可从源头控制生产过程中污染物的产生，最大限度的减少钻井废物量，降低钻井污染；对废弃钻井液进行化学强化固液分离、电絮凝浮选和固化等处置方法，实现废物的综合利用	投资 800 万元，综合经济效益 700 万元/年，投资回收期 1.1 年
45	废弃钻井液固液分离技术	石油钻井作业	采用特殊脱稳剂和高效絮凝剂与废弃钻井液进行絮凝反应，反应物以高效离心机进行强化离心分离，离心分离脱出的废液进行处理后达标排放；离心分离出的固相达标可外排填埋/固化，满足环保标准要求	投资 1 000 万元，经济效益 500 万元/年，投资回收期 2 年
46	废弃钻井液固化技术	石油钻井作业	在废弃钻井液中加入高价金属离子盐和高效絮凝剂可以使废弃钻井液失稳脱水，再与胶结材料混合，可发生固结反应，生成一定强度的固结体，将废弃钻井液中的有害物质固结成一体，减弱废物对环境的影响	总投资 1 000 万元，投资回收期 1.9 年
47	炼油化工污水回用技术	炼油行业	采用絮凝、浮选和杀菌等工序处理，控制循环水补充水的油、化学需氧量（COD）、悬浮物、氨氮、电导率等水质指标，使指标达到回用要求	总投资 160 万元，经济效益可达 37 万元/年，投资回收期约 4.3 年

续表

编号	技术名称	适用范围	主要内容	投资及效益分析
建材行业				
48	新型干法水泥窑纯余热发电技术	水泥行业	窑头、窑尾分别加设余热锅炉回收余热。回收窑头、窑尾余热时，优先考虑满足生产工艺要求，在确保煤磨和原料磨的烘干所需热量后，剩余的废热通过余热锅炉回收生产蒸汽。一般窑尾余热锅炉直接产生过热蒸汽提供给汽轮机发电，窑头锅炉若带回热系统的可直接生产过热蒸汽，若不带回热系统的则生产部分饱和蒸汽和过热水送至窑尾锅炉过热	以2 000 t/d 新型干法水泥窑，发电系统装机3 000 kW 计，总投资2 088万元。按达到的生产水平2 300 kW 计算，年新增发电能力1 623万 kW · h，扣去自耗电 12%，年供电量1 428万 kW · h，可降低生产成本297.7 万元，投资净利润率14.26%，具有良好的经济效益
49	新型干法水泥采用低挥发份煤技术	水泥行业	为保证低挥发份燃煤在回转窑和分解炉内的稳定正常着火和燃烧，采取以下主要措施：一是采用新型大推力多通道煤粉燃烧器，强化煤粉与空气的混合；二是采用部分离线型分解炉，使初始燃烧区有较高的氧浓度和燃烧温度，适当加大分解炉炉容，延长煤粉停留时间；三是增加煤粉细度，提高煅烧速率，缩短燃尽时间	该技术可以大幅度降低水泥燃料成本，减少污染物排放。按年产 30 万 t 水泥熟料计，总投资约 260 万元，投资回收期为 1 ~2 年
50	利用工业废渣制造复合水泥技术	水泥行业	使用钢渣、磷渣、铜渣、粉煤灰、煤矸石多种工业废渣作为水泥掺和料与少量熟料（≤30%）一起，采用机械激发、复合胶凝效应等多机理激发的技术手段制造水泥。对性能不明的工业废渣作掺和料，要进行必要的物理化学性能测试	以年产 10 万 t 水泥规模为例。按老厂改造、分别粉磨方案计算，需要投资 440 万元。按老厂改造、混合粉磨方案计算，需要投资 190 万元。按建新厂、分别粉磨方案计算，需要投资1 100万元。从经济上看，建新厂 2.5 年可收回全部投资；按老厂改造、分别粉磨方案 1 年可收回全部投资；按老厂改造、混合粉磨方案，0.5 年可收回全部投资。与传统工艺相比，粉尘产生量可减少 35% 以上，二氧化碳、氮氧化物产生量减少 40% 以上，吨水泥熟料消耗和煤耗均减少 40% 以上，水泥生产成本大大降低；同时，使工业废渣得到综合利用
51	环保型透水陶瓷铺路砖生产技术	陶瓷行业	利用煤矸石及工业尾矿、建筑垃圾废砖瓦、生活垃圾废玻璃等作为骨料，加入粘结剂和成孔剂，烧制成具有良好透水性、防滑性、耐磨性、吸声性的陶瓷铺路砖	年产 120 万 m^2 环保型透水陶瓷砖，投资3 600万元，年销售额9 700万元，投资回收期约 2.5 年

续表

编号	技术名称	适用范围	主要内容	投资及效益分析
52	挤压联合粉磨工艺技术	年产20万~100万吨水泥企业的生料和水泥成品的粉磨作业，以及高炉矿渣、煤等脆性物料的粉磨作业	由关键设备辊压机、打散分级机以及传统粉磨设备球磨机构成。挤压后的物料粒度大幅度下降，易磨性显著改善，与辊压机配套使用的打散分级机集料饼打散与颗粒分级两项功能，球磨机选用先进的高细高产磨技术，开路操作。高效率的磨内筛分装置具有类似选粉机的分选功能，可有效抑制过粉磨现象；强化研磨功能的微段研磨体的加入以及极具针对性的研磨体级配可有效提高粉磨效率，实现大幅度增产	日产700t挤压粉磨系统，投资600万元；日产1 000 t挤压粉磨系统，投资800万元；日产2 000t挤压粉磨系统，投资1 800万元。投资回收期约3年。该技术节能效果明显，台时产量增加80%~90%，节电30%，研磨体消耗降低60%；同时，设备噪声明显降低，粉尘排放得到有效控制
53	开流高细、高产管磨技术	水泥生料、熟料，非金属矿、工业废渣的高细粉磨和深加工	该技术是对普通开流管磨机内的隔仓板及出口篦板进行改造，并在隔仓板间增设筛分装置，使物料能在磨内实现颗粒分级，从而大大提高系统的粉磨效率	根据磨机的规格不同，投资规模在20万~50万元不等。投资回收期为0.5~1年。该技术不造成任何环境污染，磨机台时产量增加30%~40%，降低钢材消耗及能耗25%~30%
54	快速沸腾式烘干系统	水泥、非金属、化工及各类工业废渣的烘干处理	该技术是对回转式烘干系统进行综合技术改造，其中供热系统采用小炉床型高温沸腾炉；烘干机内部使用新型组合式物料装置；通风、除尘系统因条件不同有针对性地选用收尘设备。整套系统集烘干、节能、环保为一体，从而大大提高系统的热效率	根据生产规模不同，总投资在10万~80万元不等，投资回收期为3~6个月，主要设备使用寿命为5~8年，该项技术是对各类工业废渣及粉尘进行综合治理，废气中粉尘排放浓度低于80mg/m^3（Vn），台时产量增加80%~120%，节能40%~80%，能达到增产增效、综合利用废渣、降低能耗及粉尘治理之目的
55	高浓度、防爆型煤粉收集技术	建材、冶金、电力行业煤粉制备系统	采用全新的防燃、防爆结构设计，外加齐全的安全监测与消防措施，消除了收尘器内部燃烧、爆炸的隐患；采用微机自动控制高压脉冲多点喷吹清灰，确保收尘器长期稳定、高效的运行	以10t/h煤粉规模为例，投资98万元，仅节电一项，一年可创效益30万元
56	散装水泥装、运、储、用技术	水泥、流通、建筑业	散装水泥采用密封装、卸、运输方式，不存在破包问题，可大量减少水泥粉尘排放，同时，可降低袋装水泥包装物的消耗，降低生产和使用的成本	袋装水泥生产和使用的综合成本要比散装水泥高出约50元/t。若全部实现散装化，全国每年能节约240亿元，投入产出效益为1∶3

2.3 国家重点行业清洁生产技术导向目录（第三批）（表5-3）

表5-3 国家重点行业清洁生产技术导向目录（第三批）

序号	技术名称	适用范围	主要内容	主要效果
1	利用焦化工艺处理废塑料技术	钢铁联合企业焦化厂	利用成熟的焦化工艺和设备，大规模处理废塑料，使废塑料在高温、全封闭和还原气氛下，转化为焦炭、焦油和煤气，使废塑料中有害元素氯以氯化铵可溶性盐方式进入炼焦氨水中，不产生剧毒物质二噁英（Dioxins）和腐蚀性气体，不产生二氧化硫、氮氧化物及粉尘等常规燃烧污染物，实现废塑料大规模无害化处理和资源化利用	对原料要求低，可以是任何种类的混合废塑料，只需进行简单破碎加工处理。在炼焦配煤中配加2%的废塑料，可以增加焦炭反应后强度3%～8%，并可增加焦炭产量
2	冷轧盐酸酸洗液回收技术	钢铁酸洗生产线	将冷扎盐酸酸洗废液直接喷入焙烧炉与高温气体接触，使废液中的盐酸和氯化亚铁蒸发分解，生成 Fe_2O_3 和 HCl 高温气体。HCl气体从反应炉顶引出、过滤后进入预浓缩器冷却，然后进入吸收塔与喷入的新水或漂洗水混合得到再生酸，进入再生酸贮罐，补加少量新酸，使HCl含量达到酸洗液浓度要求后送回酸洗线循环使用。通过吸收塔的废气送入收水器，除水后由烟囱排入大气。流化床反应炉中产生的氧化铁排入氧化铁料仓，返回烧结厂使用	此技术回收废酸并返回酸洗工序循环使用，降低了生产成本，减少了环境污染。废酸回收后的副产品氧化铁（F_2O_3）是生产磁性材料的原料，可作为产品销售，也可返回烧结厂使用
3	焦化废水A/O生物脱氮技术	焦化企业及其他需要处理高浓度COD、氨氮废水的企业	焦化废水A/O生物脱氮是硝化与反硝化过程的应用。硝化反应是废水中的氨氮在好氧条件下，被氧化为亚硝酸盐和硝酸盐；反硝化是在缺氧条件下，脱氮菌利用硝化反应所产生的 NO_2^- 和 NO_3^- 来代替氧进行有机物的氧化分解。此项工艺对焦化废水中的有机物、氨氮等均有较强的去除能力，当总停留时间大于30h后，COD、BOD、SCN^-的去除率分别为67%、38%、59%，酚和有机物的去除率分别为62%、36%，各项出水指标均可达到国家污水排放标准	工艺流程和操作管理相对简单，污水处理效率高，有较高的容积负荷和较强的耐负荷冲击能力，减少了化学药剂消耗，减轻了后续好氧池的负荷及动力消耗，节省运行费用

续表

序号	技术名称	适用范围	主要内容	主要效果
4	高炉煤气等低热值煤气高效利用技术	钢铁联合企业	高炉等副产煤气经净化加压后与净化加压后的空气混合进入燃气轮机混合燃烧，产生的高温高压燃气进入燃气透平机组膨胀作功，燃气轮机通过减速齿轮传递到汽轮发电机组发电；燃气轮机作功后的高温烟气进入余热锅炉，产生蒸汽后进入蒸汽轮机作功，带动发电机组发电，形成煤气—蒸汽联合循环发电系统	该技术的热电转换效率可达40%~45%，接近以天然气和柴油为燃料的类似燃气轮机联合循环发电水平；用相同的煤气量，该技术比常规锅炉蒸汽多发电70%~90%，同时，用水量仅为同容量常规燃煤电厂的1/3，污染物排放量也明显减少
5	转炉负能炼钢工艺技术	大中型转炉炼钢企业	此项技术可使转炉炼钢工序消耗的总能量小于回收的总能量，故称为转炉负能炼钢。转炉炼钢工序过程中消耗的能量主要包括氧气、氮气、焦炉煤气、电和使用外厂蒸汽，回收的能量主要是转炉煤气和蒸汽，煤气平均回收量达到90m³/t钢；蒸汽平均回收量80kg/t钢	吨钢产品可节能23.6kg标准煤，减少烟尘排放量10mg/m³，有效地改善区域环境质量。我国转炉钢的比例超过80%，推广此项技术对钢铁行业清洁生产意义重大
6	新型顶吹沿没喷枪富氧熔池炼锡技术	金属锡冶炼企业	该技术将一根特殊设计的喷枪插入熔池，空气和粉煤燃料从喷枪的末端直接喷入熔体中，在炉内形成一个剧烈翻腾的熔池，强化了反应传热和传质过程，加快了反应速度，提高了熔炼强度	该技术熔炼效率高，是反射炉的15~20倍，燃煤消耗降低50%；热利用效率高，每年可节约燃料煤万吨以上；环保效果好，烟气总量小，可以有效地脱除二氧化硫
7	300kA大型预焙槽加锂盐铝电解生产技术	大型预焙铝电解槽	在铝电介质预焙槽电解工艺中加入锂盐，降低电解质的初晶点，提高电解质导电率，降低电解质密度，使生产条件优化，产量提高	大型预焙槽添加锂盐后，电流效率明显提高，每吨铝直流电单耗下降368kW·h、氟化铝单耗下降8.51kg，槽日产提高55.69kg
8	管—板式降膜蒸发器装备及工艺技术	氧化铝生产行业	采取科学的流场和热力场设计，开发应用方管结构，改善了受力状况，提高蒸发效率的同时大幅度降低制造费用；利用分散、均化技术，简化布膜结构，实现免清理；利用蒸发表面积和合理的结构配置，实现了汽水比0.21~0.23的国际领先水平，大幅度降低了系统能耗；引入外循环系统改变蒸发溶液参数，从而避免了碳酸钠在蒸发器内结晶析出	氧化铝的单位汽耗由原来的6.04t降到4.10t，年均节煤8万t以上，年均节水200万t，同时减排污水230万t

续表

序号	技术名称	适用范围	主要内容	主要效果
9	无钙焙烧红矾钠技术	红矾钠生产企业	将铬矿、纯碱与铬渣粉碎至200目后，按配比在回转窑中高温焙烧，使 $FeO \cdot Cr_2O_3$ 氧化成铬酸钠。将焙烧后的熟料进行湿磨、过滤、中和、酸化，使铬酸钠转化成红矾钠，并排出芒硝渣，蒸发（酸性条件）后得到红矾钠产品	与传统有钙焙烧红矾钠工艺相比，无钙焙烧工艺不产生致癌物铬酸钙，每吨产品的排渣量由2t降到0.8t，渣中 Cr^{+6} 含量由2%降低到0.1%
10	节能型隧道窑焙烧技术	烧结墙体材料行业	以煤矸石或粉煤灰为原料，使用宽断面隧道窑“快速焙烧”工艺，设置快速焙烧程序和“超热焙烧”过程，实现降低焙烧周期、提高能源利用效率的目的	砖瓦焙烧周期由45～55h降低为16～24h。置换出来的热量得到充分利用，热利用率达67%，热工过程节能效率达40%
11	煤粉强化燃烧及劣质燃料燃烧技术	建材、冶金及化工行业回转窑煤粉燃烧	该技术采用了热回流技术和浓缩燃烧技术，有效实现了“节能和环保”。由于强化回流效应，使煤粉迅速燃烧，特别有利于烧劣质煤、无烟煤等低活性燃料，因此可采用当地劣质燃料，促进能源合理使用，提高资源利用效率。一次风量小，节能显著	对煤种的适应性强，可烧灰分35%的劣质煤，降低一次风量的供应，一次风量占燃烧空气量小于7%；NO_x 减少30%以上
12	少空气快速干燥技术	陶瓷、电瓷、耐火材料、木材、墙体材料生产企业	采用低温高湿方法，使湿坯体在低温段由于坯体表面蒸气压的不断增大，阻碍外扩散的进行，吸收的热量用于提升坯体内部温度，提高内扩散速度，使预热阶段缩短。等速干燥阶段借助强制排水的方法，进一步提高干燥的效率，达到快速干燥的目的	干燥周期缩短至6～8h，节能50%以上。干燥占地面积减少1/2，产品合格率提高5%
13	石英尾砂利用技术	硅质原料生产企业	新型提纯石英尾砂的“无氟浮选技术”，精砂产率高、质量好、无二次氟污染，产品广泛用于无碱电子玻璃纤维、高白料玻璃器皿及装饰玻璃、电子级硅微粉等行业，同时解决了石英尾砂综合利用的问题。此工艺产生的废水经处理后返回生产过程循环使用	此项技术可解决石英尾砂占地和随风飞沙造成的环境污染问题
14	水泥生产粉磨系统技术	水泥原料、熟料、矿渣、钢渣、铁矿石等物料粉磨工艺	采用“辊压机浮动压辊轴承座的摆动机构”和“辊压机折页式复合结构的夹板”专利技术，设计粉磨系统，可大幅降低粉磨电耗，节约能源，改善产品性能	水泥产量大幅度提高，单位电耗下降约20%

续表

序号	技术名称	适用范围	主要内容	主要效果
15	水泥生产高效冷却技术	水泥生产企业	将篦床划分成为足够小的冷却区域，每个区域由若干封闭式篦板梁和盒式篦板构成的冷却单元(通称“充气梁”）组成，用管道供以冷却风。这种配风工艺可显著降低单位冷却风量，提高单位篦面积产量。另外，该技术降低料层阻力的影响，使冷却风合理分布，进一步提高冷却效率	与二代篦冷机相比，新篦冷系统热耗降低 25 ~ 30kCal/kg · cl（熟料），降低熟料总能耗3%（冷却系统热耗约占熟料总能耗15%）
16	水泥生产煤粉燃烧技术	新型干法水泥生产线	煤粉燃烧系统是水泥熟料生产线的热能提供装置，主要用于回转窑内的煤粉燃烧。此技术可用各种低品位煤种，利用不同风道层间射流强度的变化，在煤粉燃烧的不同阶段，控制空气加入量，确保煤粉在低而平均的过剩系数条件下完全燃烧，有效控制一次风量，同时减少有害气体氮氧化物的产生	提高水泥熟料产量 5% ~10%，提高熟料早期强度 3 ~5MPa，单位熟料节省热耗约2%
17	玻璃熔窑烟气脱硫除尘专用技术	浮法玻璃、普通平板玻璃、日用玻璃生产企业	以氢氧化镁为脱硫剂，与溶于水的 SO_2 反应生成硫酸镁盐，达到脱去烟气中 SO_2 的目的。经净化后的烟气，在脱硫除尘装置内进行脱水。脱水后的烟气，不会造成引风机带水、积灰和腐蚀	脱硫效率 82.9%，除尘效率93.5%
18	干法脱硫除尘一体化技术与装备	燃煤锅炉和生活垃圾焚烧炉的尾气处理	向含有粉尘和二氧化硫的烟气中喷射熟石灰干粉和反应助剂，使二氧化硫和熟石灰在反应助剂的辅助下充分发生化学反应，形成固态硫酸钙（$CaSO_4$），附着在粉尘上或凝聚成细微颗粒随粉尘一起被袋式除尘器收集下来。此工艺的突出特点是集脱硫、脱有害气体、除尘于一体，可满足严格的排放要求	能有效脱除烟气中粉尘、SO_2、NO_x 等有害气体，粉尘排放浓度 $<50mg/m^3$（Vn），SO_2 排放浓度 $<200mg/m^3$（Vn），NO_x 排放浓度 $<300mg/m^3$（Vn），HCl 及重金属含量满足国家排放标准
19	煤矿瓦斯气利用技术	煤矿瓦斯气丰富的大型矿区	把目前向大气直排瓦斯气改为从矿井中抽出瓦斯气，经收集、处理和存储，调压输送到城镇居民区，提供生活燃气	节约能源，减少因燃煤产生的环境污染

续表

序号	技术名称	适用范围	主要内容	主要效果
20	柠檬酸连续错流变温色谱提纯技术	柠檬酸生产企业	采用弱酸强碱两性专用合成树脂吸附发酵提取液中的柠檬酸。新工艺用80℃左右的热水，从吸附了柠檬酸的饱和树脂上将柠檬酸洗脱下来。用热水代替酸碱洗脱液，彻底消除酸、碱污染。废糖水循环发酵，提高柠檬酸产率，基本消除废水排放，柠檬酸收率大于98%，产品质量明显提高	柠檬酸产率提高10%，每吨柠檬酸产生的废水由40t下降为4t，并无固体废渣和废气产生
21	香兰素提取技术	香兰素生产	从化学纤维浆废液中提取香兰素。基本原理是利用纳滤膜不同分子量的截止点，在压力作用下使化学纤维浆废液中低分子量的香兰素（152左右）几乎全部通过，而大分子量（5 000以上）的苏质素磺酸钠和树脂绝大部分留存，将香兰素和木质素分开，使香兰素产品纯度提高	香兰素提取率从80%提高到95%以上，半成品纯度由65%提高到87%，工艺由原传统的18道简化为9道
22	木塑材料生产工艺及装备	木塑型材、板材的生产	利用废旧塑料和木质纤维（木屑、稻壳、秸秆等）按一定比例混合，添加特定助剂，经高温、挤压、成型可生产木塑复合材料。木塑材料具有同木材一样的良好加工性能，握钉力优于其他合成材料；具有与硬木相当的物理机械性能；可抗强酸碱、耐水、耐腐蚀、不易被虫蛀、不长真菌，其耐用性明显优于普通木质材料	由于采用的原料95%以上为废旧材料，实现废物利用和资源保护，所加工的产品也可回收再利用
23	超级电容器应用技术	可替代铅酸电池，为电动车辆提供动力电源	超级电容器是采用电化学技术，提高电容器的比能量（W·h/kg）和比功率（W/kg）制成的高功率电化学电源，有牵引型和启动型两类。牵引型电容器比能量10W·h/kg，比功率600W/kg，循环寿命大于50 000次，充放电效率大于95%。启动型电容器比能量3W·h/kg，比功率1 500 W/kg，循环寿命大于20万次，充放电效率大于99%	超级电容器是一种清洁的储能器件，充电快、寿命长，全寿命期的使用成本低，维护工作少，对环境不产生污染，可取代铅酸电池作为电力驱动车辆的电源

续表

序号	技术名称	适用范围	主要内容	主要效果
24	对苯二甲酸的回收和提纯技术	涤纶织物碱减量工艺	采用在一体化设备内，采用二次加酸反应，经离心分离后，回收粗对苯二甲酸。粗对苯二甲酸含杂质 12% ~ 18%，经提纯后，含杂量低于 1.5%，可以直接与乙二醇合成制涤纶切片。对苯二甲酸的回收率大于 95%（当浓度以 COD 计大于 20 000 mg/L 时）。处理后尾水呈酸性，可以中和大量碱性印染废水	以日处理废水 100t 的碱减量回收设备为例，处理每吨废水电耗 1 ~ 1.5kW · h，回收粗对苯二甲酸约 2t
25	上浆和退浆液中 PVA（聚乙烯醇）回收技术	纺织上浆、印染退浆工艺	上浆废水和退浆废水都是高浓度有机废水，其化学需氧量（COD）高达 4 000 mg/L ~ 8 000 mg/L。目前主要浆料是 PVA（聚乙烯醇），它是涂料、浆料、化学浆糊等主要原料，此项技术利用陶瓷膜“亚滤”设备，浓缩、回收 PVA 并加以利用，同时减少废水污染	上浆、退浆液中 PVA（聚乙烯醇）回收技术的应用，可以大幅度削减 COD 负荷，使印染厂废水处理难度大为降低，同时回收了资源，可以生产产品，达到清洁生产和资源回收目标，具有重要意义
26	气流染色技术	织物印染	有别于常规喷射溢流染色，气流染色技术采用气体动力系统，织物由湿气、空气与蒸汽混合的气流带动在下专用管路中运行，在无液体的情况下，织物在机内完成染色过程，当中无须特别注液	与传统喷射染色技术相比，气流染色技术具有超低浴比，大量减少用水、减少化学染料和助剂用量，并缩短染色时间，节省能源，产品质量明显提高
27	印染业自动调浆技术和系统	纺织印染企业	通过计算和自动配比，用工业控制机自动将对应阀门定位到电子称上，并按配方要求来控制阀门加料，实现自动调浆，达到高精度配比	应用此项技术可节省水、能源，减少染化料消耗，降低打样成本，提高生产效率 30%
28	畜禽养殖及酿酒污水生产沼气技术	大型畜禽养殖场，发酵酿酒厂废水处理	经固液分离的畜禽养殖废水、发酵酿酒废水在污水处理厂沉淀后，进行厌氧处理，副产沼气，再经耗氧处理后，达标排放。沼气经气水分离以及脱硫处理以后送储气柜，通过管网引入用户，作为工业或民用燃料使用	采用此项技术可将沼气收集起来，经处理后储存在储气柜内，通过管网引入用户，作为工业或民用染料使用。同时还有效地减少污水处理中产生沼气（属危害严重的温室气体）排放到大气中的数量

2.4 案例

2.4.1 利用焦化工艺处理废塑料技术

一、所属行业 钢铁

二、技术名称 利用焦化工艺处理废塑料技术

三、技术类型 环保、资源综合利用技术

四、适用范围 钢铁联合企业焦化厂

五、技术内容

1. 技术原理

利用现有成熟的焦化工艺和设备大规模处理废塑料，使废塑料在高温、全封闭和还原气氛下，转化为焦炭、焦油和煤气，使废塑料中有害元素氯以氯化铵可溶性盐方式进入炼焦氨水中，不产生剧毒物质二噁英（Dioxins）和腐蚀性气体，不产生二氧化硫、氮氧化物及粉尘等常规燃烧污染物，彻底实现废塑料大规模无害化处理和资源化利用。

2. 工艺流程

利用焦化工艺处理废塑料技术的工艺流程如图5-1所示。

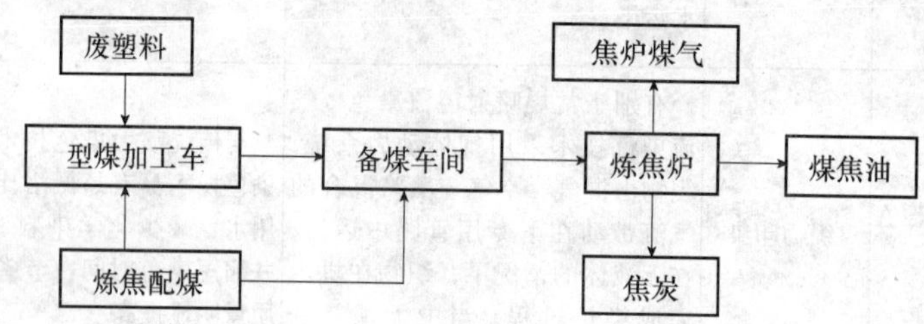

图5-1 利用焦化工艺处理废塑料技术的工艺流程

六、主要设备

该技术的主要装备包括废塑料垃圾专用给料机、废塑料垃圾专用皮带输送机、专用振动筛、除铁器、废塑料垃圾专用打散机、废塑料垃圾专用撕碎机、废塑料垃圾专用破碎机、定量混合设备、专用热熔融机、专用热熔融物料成型机等。

七、主要技术经济指标

首钢开发的技术与日本新日铁技术相比主要具有以下特点。

首钢工艺省略了日本工艺中的细破碎工艺和脱氯工艺、对废塑料原料要求低，可以是任何种类的混合废塑料，只进行简单破碎加工处理，配加2%的废塑料垃圾后可以增加焦炭反应后强度3%~8%，并可增加焦炭产量。

八、技术应用情况

焦化工艺处理废塑料技术属创新技术，在国外钢铁企业中，仅有日本新日铁公司成功开发并应用，新日铁工艺废塑料配加量一般控制在1%以内，采用人工分选，多级破碎、脱氯、挤塑成型和造粒等复杂工艺对废塑料进行预处理，投资较大，相比较首钢技术更适合中国国情，具有综合效益。

九、技术使用单位

首钢技术开发已经完成了项目的实验室研究，小试规模研究，中试规模研究以及工业规模试验，并建立了年生产能力为10 000t的小规模示范工程。通过前期研究和技术开发，首钢已经能够自主提供全套技术参数和主要设备指标；已开发具有我国自主知识产权的“利用焦化工艺处理废塑料”专利技术，并通过了北京市科委技术成果鉴定。

十、技术推广的建议

废塑料可以用作炼焦原料和高炉喷吹原料，并代替部分优质炼焦煤和高炉喷吹煤粉，煤焦化工艺处理废塑料技术主要应用于焦化生产，利用生产过程的高温特点，可大规模处理城市固体废物，体现了循环经济的理念，也表明钢铁工业可为城市发展更好地服务。我国每年废塑料产生量为500万~600万t，不少废塑料尚未能得到合理处置，市场潜力为125亿~150亿元。若应用此技术将废塑料进行无害化处理和资源化利用，则可以减少填埋土地4 500万~5 400万m^2，节约炼焦用煤500万~600万t，同时减少由此带来的环境污染问题。因此，该技术推广具有十分广阔的市场前景，带来十分可观的社会环境效益和一定的经济效益。

此技术还需不断完善，在推广应用过程中，应当充分考虑当地政府有关资源利用及垃圾处理方面的政策，需要保证废塑料来源和质量相对稳定，同时应首先在具备干熄焦技术的焦炉采用。

2.4.2 冷轧盐酸酸洗液回收技术

一、所属行业 钢铁

二、技术名称 冷轧盐酸酸洗液回收技术

三、技术类型 资源回收技术

四、适用范围 钢铁酸洗生产线

五、技术内容

1. 技术原理

目前，盐酸酸洗废液回收方法有高温直接焙烧法、减压硫酸分解法和氯化法，其中高温直接焙烧法是主导技术。

高温直接焙烧法以其加热方式不同，又分为顺流加热的流化床焙烧法

(鲁奇法）和逆流加热的喷雾焙烧法（鲁特纳法）。

冷轧盐酸酸洗液回收技术原理是盐酸废液直接喷入焙烧炉与高温气体相接触，在高温状态下与水、氧气发生化学反应，使废液中的盐酸和氯化亚铁蒸发分解，生成 Fe_2O_3 和 HCl。

2. 工艺流程

（1）流化床焙烧法流程

废酸洗液进入废酸贮罐，用泵提升进入预浓缩器，与反应炉产生的高温气体混合、蒸发，经过浓缩的废酸用泵提升喷入流化床反应炉内，在反应炉高温状态下 $FeCl_2$ 与 H_2O、O_2 发生化学反应生成 Fe_2O_3 和 HCl 高温气体。HCl 气体上升到反应炉顶，先经过旋风分离器，除去气体中携带的部分 Fe_2O_3 粉再入预浓缩器进行冷却。经过冷却的气体进入吸收塔，经喷入新水或漂洗水形成再生酸再回到再生酸贮罐。经补加少量新酸，使 HCl 含量达到原酸洗液浓度后送回酸洗线使用。经过吸收塔的废气再送入收水器，除去废气中的水分后通过烟囱排入大气。流化床反应炉中产生的氧化铁到达一定程度后，开始排料，排入氧化铁料仓，再回烧结厂使用。

（2）喷雾焙烧法流程

废酸进入废酸贮罐，用泵提升经废酸过滤器，除去废酸中的杂质，再进入预浓缩器，与反应炉产生的高温气体混合、蒸发。经过浓缩的废酸用泵提升喷入反应炉，在反应炉高温状态下，$FeCl_2$ 与 H_2O、O_2 产生化学反应，生成 Fe_2O_3 和 HCl 气体（高温气体），HCl 气体离开反应炉先经过旋风分离器，除去气体携带的部分 Fe_2O_3 粉，再进入预浓缩器进行冷却。经过冷却的气体进入吸收塔，喷入漂洗水形成再生酸重新回到酸贮罐，补加少量新酸使 HCl 含量达到原酸洗液浓度时用泵送到酸洗线使用。经过吸收塔的废气再进入洗涤塔喷入水进一步除去废气的 HCl，经洗涤塔后通过烟囱排入大气。反应炉产生的 Fe_2O_3 粉落入反应炉底部，通过 Fe_2O_3 粉输送管进入铁粉料仓，废气经布袋除尘器净化后排入大气，Fe_2O_3 粉经包装机装袋后出售，作为磁性材料的原料。

六、主要设备

流化床焙烧法的工艺设备主要有流化床反应炉、旋风除尘器、文氏管循环系统泡罩填料塔、风机以及氧化铁料仓等。

喷雾焙烧法的工艺设备主要有焙烧炉、旋风分离器、预浓缩器、吸收塔、排风设施与氧化铁收储设施等。

七、主要技术经济指标

盐酸酸洗废液主要由 HCl、$FeCl_2$ 和 H_2O 三部分组成。一般含 $FeCl_2$ 为 100～140g/L，游离酸（HCl）30～40g/L，但含量随酸洗工艺、操作制度、钢材品种不同而异，盐酸酸洗液回收技术改变了传统废酸中和处理法对废酸资源的浪费，使盐酸再生回收循环利用。流化床焙烧法处理量大，盐酸回收率高，环保效果好。该法反应温度高（850～890℃），生产的氧化铁含氯量最低（仅0.02%），但氧化铁粒径较大（大于0.3mm的颗粒占98.8%），如经特殊研磨后，可生产硬磁铁氧体。但因该工艺生产氧化铁粒径较大，强度较高，超细磨难度大，因此做磁性材料生产专用氧化铁质量较差，目前大都返用烧结工序，酸与铁的回收率均能达到或接近99%。喷雾焙烧法反应温度较低，反应时间较长，炉容较大，操作比较稳定，氧化铁呈空心球形，粒径较小，能全部用于磁性材料工业，可生产软磁或硬磁铁氧体，被称作磁性材料工业的专用氧化铁，但含氯量较高（一般小于0.2%）。

八、技术应用情况

冷轧工序是钢铁工业生产不可缺少的，随着国民经济的建设发展，对钢材品种多样化和高质量的要求，而日显其重要性。酸洗工序是钢铁成材的必需过程，速度快、不过酸而废酸再生回用既解决环境污染，又带来显著经济效益。1975年武钢冷轧厂从德国引进了流化床焙烧法废盐酸再生成套装置（设备），1985年宝钢从奥地利引进了喷雾焙烧法废盐酸再生装置，之后鞍钢、本钢、攀钢、宝钢三期、上海益昌和天津等钢铁公司先后引进和建成了多套喷雾焙烧法废盐酸再生装置，成都华西化工研究所在武钢硅钢片厂有一套设备。

九、技术使用单位

1975年武钢冷轧厂从德国引进了流化床焙烧法废盐酸再生成套装置（设备），1985年宝钢从奥地利引进了喷雾焙烧法废盐酸再生装置，之后鞍钢、本钢、攀钢、宝钢三期、上海益昌和天津等钢铁公司先后引进和建成了多套喷雾焙烧法废盐酸再生装置，成都华西化工研究所在武钢硅钢片厂有一套设备。世界各国采用直接焙烧法再生盐酸工艺中，喷雾焙烧法约占60%以上，流化床焙烧仅次于前者，在我国已知的引进装置中，前者约有5套。

十、技术推广的建议

酸洗工艺是轧材生产保证产品表面质量的必要手段，其中盐酸法速度快、不过酸，故钢铁生产中采用盐酸酸洗工艺居多，废酸再生回用既解决环境污染，又可获得经济和社会效益。

焙烧法再生盐酸废液是该再生技术的主流，因此适用范围很广，但焙烧法相对投资较高，因此在相关技术应用推广中做到以下几点。

1）应联合现已引进生产设备企业，以联合或工程总承包形式，将国内的设计、科研、设备制作等力量整合，通过技术吸收、消化手段，提高技术装备的国产化率，降低总投资和工程造价。

2）紧密跟踪世界废酸回收技术与新发展，争取多途径技术合作，联合开发与技术支持。

3）通过国家支持的示范工程，完成该技术与设备配套，形成具有自主产权的设计与设备制造的技术队伍。

2.4.3 焦化废水 A/O 生物脱氮技术

一、所属行业 钢铁

二、技术名称 焦化废水 A/O 生物脱氮技术

三、技术类型 环保、节水综合技术

四、适用范围 焦化企业及其他需要处理高浓度 COD、氨氮废水的企业

五、技术内容

1. 技术原理

焦化废水 A/O 生物脱氮是硝化与反硝化过程的应用。硝化反应是指污水处理中，氨氮在好氧条件下，通过好氧菌作用被氧化为亚硝酸盐和硝酸盐的反应；反硝化是在缺氧无氧条件下，脱氮菌利用硝化反应所产生的 NO_2^- 和 NO_3^- 来代替氧进行有机物的氧化分解。

硝化反应是在延时曝气后期进行的，对焦化废水的生物氧化分解，氨氮降解在酚、氰、硫氰化物等被降解之后进行，需要足够的曝气时间，且氨氮的氧化必须补充一定量的碱度。硝化细菌属好氧性自养菌，而反硝化细菌属碱性异养菌，即在有氧的条件下利用有机物进行好氧增殖，在无氧缺氧条件下，微生物利用有机物——碳源，以 NO_2^- 和 NO_3^- 作为最终电子接受体，将 NO_2^- 和 NO_3^- 还原成氮气排出，最终达到脱氮之目的。

2. 工艺流程

A/O 内循环生物脱氮技术即缺氧—好氧处理工艺，其主要工艺路线是缺氧在前，好氧在后，泥水单独回流；缺氧池进行的是反硝化反应，好氧池进行的是硝化反应。焦化废水首先进入缺氧池，在这里反硝化细菌利用原水中的酚等有机物作为电子供体而将回流水中的 NO_3-N、NO_2-N 还原成为气态氮化物（N_2 或 N_2O），反硝化出水流入好氧池；在好氧池内，缺氧池出水残留的有机物被进一步氧化，氨和含氮化合物被氧化成为 NO_3^--N、NO_2^--N。污泥回流的目的在于维持反应器中一定的污泥浓度，即微生物量，防止污泥流失。回流液旨在为反硝化提供电子供体（NO_3^--N、NO_2^--N），从而达到去除硝态氮的目的。该工艺为前置反硝化，在缺氧池以废水中的有机物作为反硝化的碳源和能源，无须补充外加碳源；废水中的部分有机物通过反硝化反应得以去除，减轻了后续好氧池负荷，减少了动力消耗；反硝化反应产生的碱度可部分满足硝化反应对碱度的要求，因而降低了化学药剂的消耗。

六、主要设备

污水处理主要设备包括耐腐蚀泵，液下泵，计量泵，清、污水泵，平流式

气浮净水设备，鼓风机及消音器，旋转布水装置，空气过滤器，组合填料、微孔曝气器，中心传动刮泥机，周边传动刮泥机，折浆式搅拌机，加药搅拌装置和撇油机，带式、螺压污泥脱水机。

七、主要技术经济指标

A/O 生物脱氮技术焦化污水处理效率高：该工艺对污水中的有机物、氨氮等均有较高的去除效果，当总停留时间 HRT 大于 30h，经生物脱氮后，出水各项指标，COD 经 PFS 混凝沉淀后可降至 100mg/L 以下，达到污水排放标准。总氮的去除率受碳氮比的影响，一般在 40% ~60%；技术工艺流程简单，投资省，运行费用较低，降低硝化过程需要的碱耗；缺氧反硝化过程对污染物具有较高的降解效率，如 COD、BOD、SCN^- 的去除率分别为 67%、38%、59%，酚和有机物的去除率分别为 62%、36%；由于硝化段采用强化生化专利技术，反硝化段采用了保持高浓度污泥的膜技术，提高了硝化及反硝化的污泥浓度，具有较高的容积负荷；具有较强的耐负荷冲击能力，操作管理相对简单。

八、技术应用情况

目前，国内焦化行业废水处理主要采用 A/O 生物脱氮技术，该技术对焦化废水处理达标外排及处理后回用起到决定性作用。处理装置出口，除 COD 外各项指标均达到国家综合排放一级标准。污水处理后出水指标如下。

CODcr：100 ~150mg/L；　　酚：0.5mg/L 以下；

CN^-：0.5mg/L 以下；　　油：5mg/L 以下；

氨氮：15mg/L 以下。

焦化废水处理后达标外排，取得了良好的环境效益和社会效益，采用 A/O 生物脱氮技术处理焦化废水污染物的去除率为：CODcr90% ~97.8%、$BOD_5$96% ~99%、酚 99% ~100%、NH_4^+ – N94% ~99.5%、有机氮 90% ~98%、CN^-96% ~99%、SCN^- >99%。

九、技术使用单位

A/O 生物脱氮技术适用于新建、改扩建焦化工程污水处理及其他含高浓度 COD、氨氮的有机废水处理。

目前国内废水处理采用 A/O 内循环工艺的焦化厂有 30 多家，随着钢铁企业焦化工程改扩建及各地对环保要求的提高，焦化行业正陆续进行废水处理装置的新建和改造。在山西省数百座焦化厂中，真正采用脱氮工艺处理污水达标的没有几家。预计未来有 50 多个项目将考虑采用类似技术进行工程建设。

十、技术推广的建议

A/O 生物脱氮技术自开发以来，已被广泛应用于国内焦化行业废水处理工程中，并在未来 3 ~5 年内仍将作为焦化废水处理的主导技术。随着人们环保意识的增强和国家对环保要求的提高，焦化行业正在或将对废水处理进行扩建或改造，市场前景良好。

目前A/O生物脱氮技术的投资、占地、运行费还较高，应继续不断优化技术，使处理设施、投资、占地等进一步减少，使综合处理成本降至4元/m^3以下。建议停止萃取脱酚，采取萃取脱除污水和粗苯中有机氮（吡啶、喹啉、卡唑等）提高污水中COD/TN的比值；改进蒸氨工艺和设备，使蒸氨后污水含$NH_X-N<100mg/L$，耗蒸汽量≯100kg蒸汽量/吨污水；处理后的焦化废水尽可能回用于焦化生产，如作熄焦补充水、除尘补充水、煤场洒水等，也可将处理后的废水送高炉冲渣或泡渣，减少外排水量，采取措施减少对环境及设备的影响。

2.4.4 高炉煤气等低热值煤气高效利用技术

一、所属行业 钢铁

二、技术名称 高炉煤气等低热值煤气高效利用技术

三、技术类型 节能、环保及综合利用技术

四、适用范围 钢铁联合企业

五、技术内容

1. 技术原理

近年来燃气轮机循环热效率得到进一步提高，其循环吸热平均温度高，纯蒸汽动力循环放热平均温度低，把这两种循环联合起来组成煤气—蒸汽联合循环显然可以提高循环热效率。高炉煤气等低热值煤气燃气轮机CCPP技术是充分利用钢铁联合企业高炉等副产煤气，最大可能地提高能源利用效率，发挥煤气—蒸汽联合循环优势的先进技术。

2. 工艺流程

高炉等副产煤气从钢铁能源管网送来后经除尘器净化，再经加压后与空气过滤器净化及加压后的空气混合进入燃气轮机燃烧室内混合燃烧，产生的高温、高压燃气进入燃气透平机组膨胀作功，燃气轮机通过减速齿轮传递到汽轮发电机组发电；燃气轮机作功后的高温烟气进入余热锅炉，产生蒸汽后进入蒸汽轮机作功，带动发电机组发电，形成煤气—蒸汽联合循环发电系统。

六、主要设备

此技术主要由高炉煤气供给系统、燃气轮机系统、余热锅炉系统、蒸汽轮机系统和发电机组系统组成，主要设备有空气压缩机、高炉煤气压缩机、空气预热器、煤气预热器、燃气轮机、余热锅炉、发电机和励磁机等，一般分为单轴和多轴布置形式。

七、主要技术经济指标

高炉煤气综合利用一直是钢铁企业能源利用的难点，过去作为锅炉的燃料

产生蒸汽来驱动汽轮机发电，其热效率只能达25%左右，或者直接焚烧排放到大气中，造成对大气的污染。高炉煤气等低热值煤气燃汽轮机CCPP技术先进，在不外供热时热电转换效率可达40%～45%，已接近以天然气和柴油为燃料的类似燃气轮机联合循环发电水平；比常规锅炉蒸汽转换效率高出近一倍。相同的煤气量，CCPP又比常规锅炉蒸汽多发70%～90%电，而且此发电技术CO_2排放比常规火力电厂减少45%～50%，没有SO_2、飞灰及灰渣排放，NO_x排放又低，回收了钢铁生产中的二次能源，用水量仅为同容量常规燃煤电厂的1/3左右。

八、技术应用情况

低热值煤气燃烧不易稳定，低热值煤气体积庞大，煤气压缩功增加，这些都是此技术的难点。目前，世界上以天然气为燃料的大型CCPP的热电转换效率高达50%～58%，而低热值煤气为燃料的CCPP只有45%～52%。低热值煤气燃烧技术只被少数公司掌握，一种是ABB、新比隆公司及日本川崎成套ABB的单管燃烧室燃气轮机技术，另一种是美国通用电气公司与三菱公司的分管燃烧室的燃机，国内目前已采用此引进或合资联合制造技术设备的有宝山钢铁公司、通化钢铁公司和济南钢铁公司，还有不少大型联合企业在进行技术交流和方案比较。

九、技术推广的建议

采用高炉煤气等低热值煤气燃气轮机CCPP技术前提条件是钢铁企业必须具有完善的煤气平衡计划，避免因煤气流量不足而使机组负荷不足，而影响效能发挥。

由于高炉煤气热值低，需要大流量高效率的煤气压缩机，同时高炉煤气中含尘量大，在进入煤气压缩机之前需要进行除尘。与常规燃气轮机相比，燃料系统增加了压缩机、除尘器，因而其调节系统比较复杂，调节的参数多，调节的精度要求高。如热值、压力、H_2含量、O_2含量、清洁度等，不允许有很大波动。煤气燃烧后产生烟气也要进行后处理，减少对后部烟道和余热锅炉等发电设备的影响。

如果高炉煤气不足而大量使用焦炉煤气补充，经济上是不合算的，没有低成本的副产煤气燃料和较好的上网电价政策支持，企业经济效益会受严重影响。

2.4.5 转炉负能炼钢工艺技术

一、所属行业 钢铁

二、技术名称 转炉负能炼钢工艺技术

三、技术类型 节能技术

四、适用范围 大中型转炉炼钢企业

五、技术内容

1. 技术原理

转炉实现负能炼钢是衡量一个现代化炼钢厂生产技术水平的重要标志，转炉负能炼钢意味着转炉炼钢工序消耗的总能量小于回收的总能量，即转炉炼钢工序能耗小于零。转炉炼钢工序过程中支出的能量主要包括氧气、氮气、焦炉煤气、电和使用外厂蒸汽，而转炉回收的能量主要包括转炉煤气和蒸汽回收。传统“负能炼钢技术”定义是一个工程概念，体现了生产过程转炉烟气节能、环保综合利用的技术集成。

2. 工艺流程

转炉负能炼钢工艺技术在转炉生产流程中实现，能量变化指标从消耗部分与支出部分折算而来。该技术工艺流程包括生产流程和能源支出/回收利用技术工艺流程。

最初提出负能炼钢技术时，转炉炼钢工序定义为从铁水进厂至钢水上连铸平台的转炉生产全部工艺过程。随着炼钢技术发展，炼钢厂增加了铁水脱硫预处理、炉外精炼等新技术，而炉外精炼特别是 LF 炉能耗较高，整体计算，实现负能炼钢难度大大增加，但从提升转炉炼钢整体技术水平出发，评价负能炼钢技术水平应包括炉外精炼等（见图 5-2）。

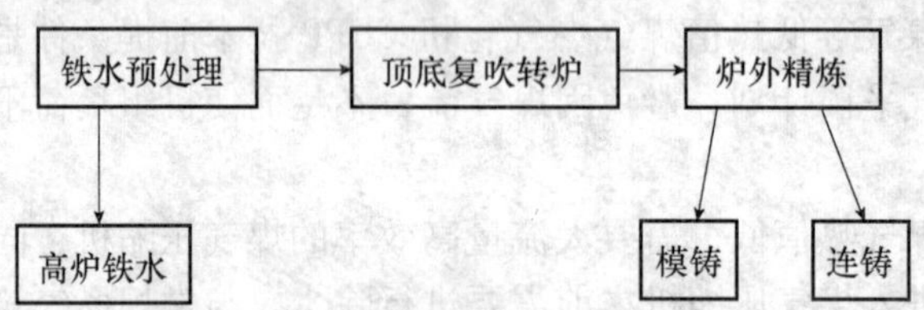

图 5-2 转炉负能炼钢工艺流程

六、主要设备

转炉钢生产工艺必需的生产设备包括铁水预处理炉、顶底复吹转炉、炉外精炼炉等，还应包括转炉煤气净化处理、余热利用及转炉煤气利用等设备。例如，OG 法等湿式除尘设备或 LT 法等干式除尘设备、除尘风机、余热锅炉、回收转炉烟气物理热设备及各种转炉煤气利用技术设备等。

七、主要技术经济指标

转炉负能炼钢技术清洁生产指标：煤气平均回收量达到 $90m^3/t$ 钢；回收煤气的热值应大于 $7MJ/m^3$（CO 含量应大于 55%）；蒸汽平均回收量 80kg/t 钢；排放烟气含尘量 $10mg/m^3$。若按全面推广应用转炉负能炼钢技术，单位产品节能 23.6kg 标准煤/吨钢计算，今后若转炉钢生产 2 亿 t 左右规模时，全年

将节能236万t标准煤。转炉煤气回收率大幅提高，不仅可减少CO排放使之有效地转化为能源，还可减少烟尘等排放，有效改善厂区环境质量。

八、技术应用情况

我国大型转炉负能炼钢技术已日益成熟，宝钢等企业已达到国际领先水平；中型转炉已逐步实现负能炼钢；小型转炉也初步具备相应生产装备条件，通过加强煤气回收也可实现负能炼钢。

相关企业在应用转炉负能炼钢技术过程中取得的经验包括：提高转炉作业率，缩短冶炼周期可降低冶炼电耗；优化二次除尘风机运行参数，实现节电；采用计算机终点控制等技术，降低氧气消耗；加强设备维护，加强煤气回收，减少转炉煤气放散率；采用蓄热燃烧技术烘烤钢包，有效增加转炉煤气用户；缩短冶炼时间，提高生产效率；合理优化工艺流程。

九、技术使用单位

宝钢是我国最早实现负能炼钢的钢铁企业，虽然调整品种结构，增加炉外精炼、电磁搅拌等耗能新工艺装备，转炉工序能耗压力加大，但通过深入挖潜，继续保证了转炉负能炼钢技术有效实施。

近年来武钢三炼钢、马钢-炼钢、鞍钢-炼钢、本钢、唐钢等一批中型转炉也都成功应用负能炼钢技术，在莱钢等小型转炉负能炼钢技术也取得突破。但各技术使用单位在负能炼钢涵盖范围方面还不统一，有些企业未将铁水脱硫预处理、炉外精炼等能耗纳入其中。

十、技术推广的建议

为进一步提高转炉负能炼钢技术应用，在提高煤气回收质量和减少蒸汽放散量方面：应优化锅炉设计，提高蒸汽压力和品质；开发真空精炼应用转炉蒸汽的工艺技术，增加炼钢厂本身利用蒸汽能力；发展低压蒸汽发电技术，提高电能转化效率。在优化转炉工艺方面：可采用高效供氧技术，缩短冶炼时间，加快钢包周转；努力降低铁钢比，增加废钢用量；采用铁水“三脱”预处理技术减少转炉渣；优化复合吹炼工艺，降低氧耗，提高金属收得率；采用自动炼钢技术，实现不倒炉出钢；改善铁钢界面，提高铁水温度；采用单一铁水罐进行铁水运输，降低铁水温降损失等。

“负能炼钢”并未全部涵盖炼钢全工艺过程能量转换与能量平衡，不能作为整体评价炼钢工序能耗水平的唯一标准，但国际先进钢铁企业都把实现转炉负能作为重要指标。我国转炉钢比例超过80%，因此转炉负能炼钢技术全面推广对钢铁行业清洁生产意义重大。

2.4.6 新型顶吹沿没喷枪富氧熔池炼锡技术

一、所属行业 有色金属冶金

二、技术名称 新型顶吹沿没喷枪富氧熔池炼锡技术

三、技术类型 新工艺新设备的开发利用

四、适用领域 金属锡冶炼企业

五、技术内容

1. 基本原理

新型顶吹沿没喷枪富氧熔池炼锡技术是一种典型的顶吹沉没喷枪熔池熔炼技术，其基本过程是将一根经过特殊设计的喷枪，由炉顶插入固定垂直放置的圆筒型炉膛内的熔体之中，空气或富氧空气和燃料从喷枪末端直接喷入熔体中，在炉内形成剧烈翻腾的熔池，经过加水混捏成团或块状的炉料可由炉顶加料口直接投入炉内熔池。

本技术的特点是熔池强化熔炼过程。在熔炼过程开始前必须形成一个有一定深度的熔池。在正常情况下，可以是上一周期留下的熔体。若是初次开炉则需要预先加入一定量的干渣，然后插入喷枪，在物料表面加热使之熔化，形成一定深度的熔池，并使炉内温度升高到 1 150℃左右即可开始进入熔炼阶段。

在正常的锡冶炼过程中一般采用三段熔炼。

（1）熔炼阶段

将喷枪插入熔池，控制一定的插入深度和压缩空气及燃料量，通过经喷枪末端喷出的燃料和空气造成剧烈翻腾的熔池。然后由上部进料口加入经过配料并加水润湿混捏过的炉料团块，熔炼反应随即开始。

随着熔炼反应的进行，还原反应生成的金属锡在炉底部积聚，形成金属锡层。由于作业时喷枪被保持在上部渣层下一定深度（约 200mm），故主要是引起渣层的搅动，从而可以形成相对平静的底部金属层。当金属锡层达到一定深度时，适当提高喷枪的位置，开口放出金属锡，而熔炼过程可以不间断。如此反复，当炉渣层达到一定深度时，停止进料，将底部的金属锡放完，就可以进入渣还原阶段。熔炼阶段需耗时约 6 个小时。渣还原阶段根据还原程度的不同，分为弱还原阶段和强还原阶段。

（2）弱还原阶段

弱还原阶段作业的主要目的是对炉渣进行轻度还原，即在不使铁过还原而生成金属铁，产出合格金属锡的条件下，使炉渣含锡从 10% 降低到 4% 左右。为此，这一阶段作业炉温要提高到 1 200℃左右。这时要把喷枪定位在熔池的顶部（接近静止液渣表面），同时快速加入块煤，促进炉渣中 SnO_2 的还原。弱还原阶段作业时间为 20 ~ 40min。作业结束后，迅速放出金属锡，即可进入强还原阶段。

（3）强还原阶段

强还原阶段是对炉渣进一步还原，使渣中含锡降至 1% 以下，达到可以抛

弃的程度。这一阶段炉温要升高到 1 300℃左右，并继续加入还原煤。由于炉渣中含锡已经较低，因此不可避免地有大量铁被还原出来，所以这一阶段产出的是 Fe-Sn 合金。强还原阶段约持续 2 ~4 个小时。作业结束后让 Fe-Sn 合金留在炉内，放出大部分炉渣经过水淬后丢弃或堆存。炉内留下部分渣和底部的 Fe-Sn 合金，保持一定深度的熔池，作为下一作业周期的初始熔池。残留在炉内的 Fe-Sn 合金中的 Fe 将在下一周期熔炼过程中直接参与同 SnO_2 或 SnO 的还原反应。

$$SnO_2 + 2Fe \xlongequal{} Sn + 2FeO \tag{5-1}$$

$$SnO + Fe \xlongequal{} Sn + FeO \tag{5-2}$$

因此，强还原阶段用于 Fe 的能源消耗最终转化为用于 Sn 的还原。

在特殊情况下，为使炉渣中含锡降至更低的程度，可以继续在同一炉内在强还原阶段结束后放出 Fe-Sn 合金，并将炉温升高到 1 400℃以上，把喷枪深深插入渣池中，同时加入黄铁矿，实际是对炉渣进行烟化处理。

锡精矿还原反应过程主要是 SnO_2 同 CO 之间的气固反应，而控制该反应速度的主要因素是 CO 向精矿表面扩散和 CO_2 向空间的逸散速度和过程。在反射炉熔炼过程中，物料形成静止料堆，不利于上述过程的进行。而在澳斯麦特熔炼过程中，反应表面受到不断的冲刷以及由于燃料在物料表面直接燃烧的高温可形成更高的 CO 浓度，有力地促进了上述的扩散和逸散过程，改善了反应的动力学过程，加快了还原反应的进行。

正如前面的分析那样，由于反射炉熔炼过程中渣相和金属相之间达到平衡，因此要想得到含铁较低的粗锡而大幅度降低渣中含锡是不可能的，渣中含锡量和金属相中的含铁量成负相关关系，即当平衡情况下，炉渣中的含锡量低于 2% 时，粗锡中的含铁量将急剧上升。

在熔炼过程中，由于喷枪仅引起渣的搅动，可以形成相对平静的底部金属相，因此可以在熔炼过程中连续或间断地放出金属锡，破坏渣锡之间的反应平衡，反应式为

$$(SnO)_{渣} + [Fe]_{金属} \longrightarrow (FeO)_{渣} + [Sn]_{金属} \tag{5-3}$$

迫使上述反应向右进行，从而可以降低渣中的含锡量。Mc Clelland 等的渣还原过程热力学模型分析结果表明，在熔池中渣锡之间达到完全平衡和不形成平衡的情况下，锡的还原程度和渣中含锡量出现明显区别。该工艺取得的试验数据已经处于平衡曲线以下，即在相同条件下，可以取得更低的渣含锡指标，已接近理论理想指标。

该工艺可以通过调节喷枪插入熔体的深度、喷入熔体的空气过剩量或加入还原剂的量和加入速度，以及通过多次或分批放出金属等手段，达到控制反应平衡和速度的目的，从根本上解决了传统熔池熔炼过程中渣含锡过高的问题。

这是由于生成的金属及时排出，破坏了反应（B-4）和（B-5）的平衡，迫使两个反应向右进行，除降低了渣含锡之外，还通过单独的渣还原过程，提高温度和快速加入还原剂，使渣表面形成较高的CO浓度，促使反应（B-4）向右进行。尽管随着金属锡的析出会促使平衡反应（B-5）向左进行，但是据有关研究证明该反应相应较慢，因此可以通过加快反应进程和及时放出锡，阻止上述反应的进行。

$$(SnO)_{渣} + CO \xlongequal{} [Sn]_{金属} + CO_2 \tag{5-4}$$

$$[Fe]_{金属} + (SnO)_{渣} \xlongequal{} [Sn]_{金属} + (FeO)_{渣} \tag{5-5}$$

2. 技术评价情况

(1) 熔炼效率高、熔炼强度高

该工艺的核心，是利用一根经特殊设计的喷枪插入熔池，空气和粉煤燃料从喷枪的末端直接喷入熔体中，在炉内形成一个剧烈翻腾的熔池，极大地强化了反应的传热和传质过程，加快了反应速度，提高了热利用率，有极高的熔炼强度。单位熔炼面积的物料处理量（炉床指数）是反射炉的15～20倍。

喷枪由经特殊设计的三层同心套管组成，中心是粉煤通道，中间是燃烧空气，最外层是套筒风。喷枪被固定在可沿垂直轨道运行的喷枪架上，工作时随炉况的变化由DCS系统或手动控制上下移动。熔炼过程中，经润湿混捏的物料从炉顶进料口加入，直接跌入熔池，燃料（粉煤）和燃烧空气以及为燃烧过剩的CO、C和SnO、SnS等的二次燃烧（套筒）风均通过插入熔池的喷枪喷入。当更换喷枪或因其他事故需要提起喷枪保持炉温时，则从备用烧嘴口插入、点燃备用烧嘴。备用烧嘴以柴油为燃料。

(2) 处理物料的适应性强

由于澳斯麦特技术的核心是有一个翻腾的熔池，因此只要控制好适当的渣型和合理的操作工艺，对处理的物料就有极强的适应性。

(3) 热利用率高

由喷枪喷入熔池的燃料直接同熔体接触，直接在熔体表面或内部燃烧，根本上改变了反射炉主要依靠辐射传热，热量损失大的弊病。据初步计算，与反射炉熔炼相比，每年可减少燃料煤10 000t以上。此外，由于取代目前的7座反射炉及电炉等粗炼设备，炉内烟气经一个出口排出，烟气余热能量集中可得到充分利用，与现在的反射炉相比每年可多发电2 500万kW·h以上，将使每吨锡的综合能耗有较大幅度下降。

(4) 环保条件好

由于集中于一个炉子，烟气集中排出，与反射炉相比烟气总量小，容易解决烟气处理问题。因新熔炼炉开口少，整个作业过程处于微负压状态，基本无烟气泄漏，无组织排放大幅度减少；此外，由于烟气集中，可以有效地进行 SO_2 脱除处理，从根本上解决对环境的污染。

（5）自动化程度高

基本实现过程计算机控制，操作机械化程度高，可大幅度减少操作人员，提高劳动生产率。

（6）产品质量提高减少中间返回品占用

通过调节喷枪插入深度、喷入熔体的空气过剩量或加入还原剂的量及加入速度等手段，控制反应平衡，从而控制铁的还原，制取含铁较低的粗锡。这将大大减少返回品数量，进而减少返回品的处理成本、回收损失和占用资金的利息。

（7）占地面积小、投资省

由于生产效率高，一座新熔炼炉可以取代目前的 7 座反射炉及电炉等有关粗炼设备，炉子主体仅占地数 $10m^2$，这为不停产改造提供了可能。而且，主体设备简单，投资省。

3. 技术专利和知识产权情况

该技术属澳大利亚澳斯麦特公司的知识产权。云南锡业集团有限责任公司在引进应用中对“澳斯麦特强化熔炼工艺中二次燃烧方法与装置”和“澳斯麦特炉炼锡工艺中的高铁渣型配方”进行了创新性改进，并已申报国家发明专利并得到受理。

六、技术适用条件

1）适用于处理含锡品位波动范围很广的各类锡精矿以及冶炼过程中产生的各种返回品。

2）燃料可以是煤、天然气或各种燃料油。

3）辅助设备基本上为通用设备，没有特殊要求。

七、主要技术经济指标

1）锡冶炼金属平衡率大于 99.3%。

2）收尘效率大于 99.5%。

3）尾气粉尘排放浓度小于 $100mg/m^3$，SO_2 最终排放浓度≤$660mg/m^3$。

4）燃煤消耗仅为反射炉的 45%。

5）渣含锡仅为反射炉的 40%。

6）炉床指数为反射炉的 20 倍。

八、投资与效益

1. 投资情况

云南锡业集团有限责任公司建设一套新熔炼系统，总投资为 1.7 亿元人民币。

2. 经济效益情况

产生的经济效益，采用相关复合因素合成分离计算法（CSP），通过以下几个方面计算而得。

（1）增量增效

计算公式为

含税增效 = 增产量 × 销价 × 利润率 + 增值税 + 附加税

增量增效如表 5-4 所示。

表 5-4　增量增效

年份	增加产量（t）	销价（万元/t）	利润率（%）	不含增值税增效（万元）	抵扣后的增值税（万元）	附加税（万元）	含税增效（万元）
2002	4 686	3. 987	15. 34	2 865. 98	1 012. 62	101. 27	3 979. 87
2003	6 950	4. 645	16. 97	5 478. 38	1 749. 72	174. 97	7 403. 07
2004	1 0222	8. 132	20. 12	16 724. 81	4 505. 39	450. 54	21 680. 74
合计	21 858			25 069. 11	7 267. 73	726. 78	33 063. 68

（2）提高回收增效

计算公式为

回收增效 = 提高回收率 × 锡单耗 × 锡原料单价

提高回收增效如表 5-5 所示。

表 5-5　回收增效

年份	提高回收率（%）	锡单耗（t/百分点）	锡原料单价（万元/t）	增效（万元）
2002	0. 17	191. 45	3. 243	105. 55
2003	0. 51	418. 94	3. 808	813. 61
2004	1. 22	436. 32	6. 644	3 536. 67
合计				4 455. 83

（3）增发电增效

计算公式为

发电增效 = 增发电量 ×（市价 - 成本）- 电单耗上升增加成本

增加发电增效如表 5-6 所示。

表 5-6　发电增效

年份	增发电量（万 kW · h）	市场价（元/kW · h）	成本（元/kW · h）	电单耗上升增加成本（万元）	增效（万元）
2002	901.48	0.377	0.206	88.04	66.11
2003	2 845.32	0.391	0.231	260.01	195.24
2004	2 703.86	0.408	0.270	213.22	159.91
合计					421.26

（4）粗锡质量提高

计算公式为

粗锡质量提高增效 = 减少熔离析渣量 × 处理熔离析渣的加工成本

粗锡质量提高增效如表 5-7 所示。

表 5-7　粗锡质量提高增效

年份	减少熔离析渣量（t）	处理熔离析渣的加工成本（元/t）	节约成本（万元）
2002	1 873	200.41	37.54
2003	2 397	221.30	53.05
2004	2 874	245.65	70.60
合计			161.19

（5）粉煤代重油增效

计算公式为

增效 = 重油量 × 重油价格 − 粉煤量 × 粉煤价格

粉煤代重油增效如表 5-8 所示。

表 5-8　粉煤代重油增效

年份	重油量（t）	重油价格（元/t）	粉煤量（t）	粉煤价格（元/t）	节约成本（万元）
2002	12 292.40	1 500	19 072.83	290.48	1 290.70
2003	12 923.68	1 550	20 052.33	313.67	1 387.11
2004	15 911.51	1 600	24 688.22	426.78	1 492.20
合计					4 170.01

（6）布袋收尘替代电收尘增效

计算公式为

增效 =（布袋收尘效率 - 电收尘效率）× 多回收锡的价值

布袋收尘替代电收尘增效如表 5-9 所示。

表 5-9　布袋收尘替代电收尘增效

年份	布袋收尘效率（%）	电收尘效率（%）	多回收锡量（t）	多回收锡的价值（万元/吨）	增效（万元）
2002	99.88	99.00	78.94	3.243	256.00
2003	99.89	99.00	97.22	3.808	370.21
2004	99.92	99.00	88.81	6.644	590.05
合计					1 216.26

（7）耐火材料增效

计算公式为

增效 = 反射炉耐火材料成本 - 澳斯麦特炉耐火材料成本

耐火材料增效如表 5-10 所示。

表 5-10　耐火材料增效

年份	2001 年反射炉耐火材料成本（万元）	澳斯麦特炉耐火材料成本（万元）	节约成本（万元）
2002	187.39	172.54	14.85
2003	187.39	78.87	108.52
2004	187.39	122.31	65.08
合计			188.45

（8）人工费降低增效

计算公式为

增效 = 降低的人工费

人工费降低增效如表 5-11 所示。

表 5-11　人工费降低增效

年份	减少人员（人）	人工费降低（万元）	附加费降低（万元）	节约成本（万元）
2002	98	121.06	65.13	186.19
2003	98	151.47	70.93	222.40
2004	98	172.45	75.53	247.98
合计				656.57

以上（1）~（8）项，增创经济效益：2002 年为 5 936.81 万元；2003 年为 10 553.21 万元；2004 年为 27 843.23 万元。3 年合计共增创经济效益 44 333.25万元。

上述测算均依据新熔炼炉生产中产量、消耗、成本、费用以及采供、财务、生产等部门提供的相关数据。

九、技术应用情况

该技术已经成功应用于工业生产。

十、已成功应用该技术的主要用户

1）中国云南锡业集团有限责任公司冶炼分公司。

2）秘鲁明苏公司冯苏冶炼厂。

十一、推广应用的建议

新型顶吹沿没喷枪富氧熔池炼锡技术是一种典型的顶吹沉没喷枪熔化熔炼技术，是目前世界上在冶金方面最先进技术之一，经济和社会效益明显。其突出特点：一是熔炼效率高，是反射炉的 15 ~ 20 倍；二是热利用效率高，每年可节约燃料煤万吨以上；三是环保条件好，烟气总量小，可以有效地进行二氧化硫脱除。该技术具有广泛的适用性，可在有色和黑色冶金行业广泛推广应用。

2.4.7 300kA 大型预焙槽加锂盐铝电解生产技术

一、所属行业 铝电解

二、技术名称 300kA 大型预焙槽加锂盐铝电解生产技术

三、技术类型 节能降耗

四、适用领域 大型预焙铝电解槽

五、技术内容

1. 基本原理

早在 1886 年，霍尔的第一个专利书中，就已提出了锂盐在铝电解上应用的建议，它的主要作用是降低电解质的初晶点，提高电解质导电率，降低电解质密度等，下面从锂盐对电解质体系的影响进行逐一分析。

（1）电解温度

电解温度 t 实际可表示为电解质的初晶温度 t_0 与电解值的过热度 Δt 之和，即

$$t = t_0 + \Delta t$$

电解质中添加锂盐后，可使其初晶温度降低，其对初晶温度的影响如表 5-12 所示。

表 5-12 LiF 对电解质初晶温度的影响

LiF wt%	0	2	4	6	8	19
初晶温度（℃）	955.0	938.5	921.3	905.5	886.7	875.5

锂盐能使电解质初晶温度降低，主要是由于添加锂盐后，在电解质体系中形成了一个稳定的低溶点化合物锂冰晶石（Li_3AlF_6），通过简单的 $LiF-AlF_3$ 二元系相图（见图 5-3）可以看到，锂冰晶石（Li_3AlF_6）的熔点只有 785℃左右，而冰晶石（Na_3AlF_6）的溶点则为 1 010℃，因此用部分锂冰晶石代替钠冰晶石可以显著降低冰晶石-氧化铝二元系的熔点。

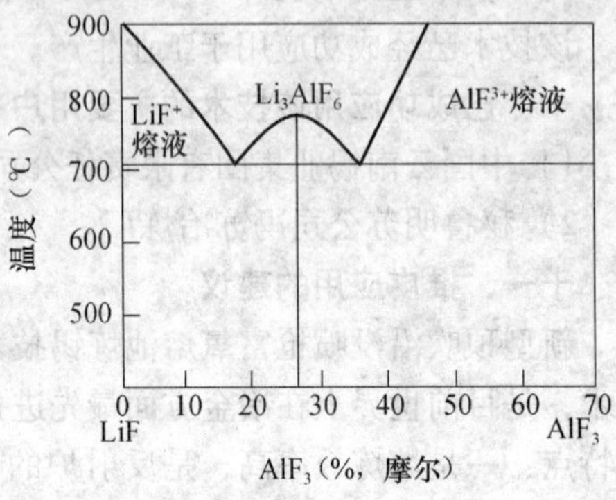

图 5-3 $LiF-AlF_3$ 二元系相图

（2）电解质的电导率

锂盐添加后将使电解质体系得到改善，增加电解质电导率，如图 5-4 所示。

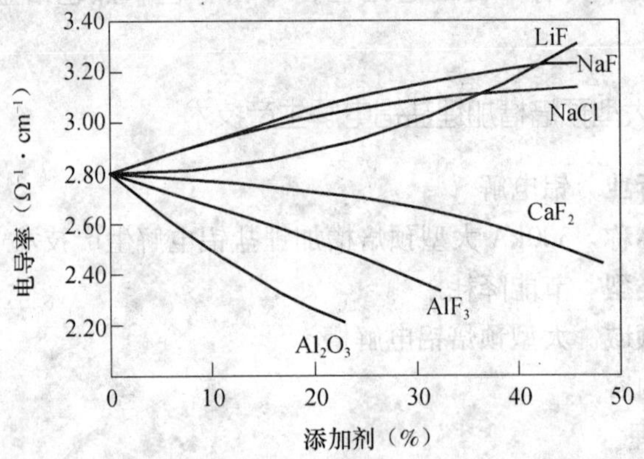

图 5-4 各种添加剂对冰晶石熔液电导率的影响

从图 5-4 可以看出，LiF 对电解质电导率的影响最强，随着电导率的增加，电解质电阻降低，从而可以达到降低电压的目的，因此 LiF 是铝电解生产优良的添加剂。

（3）对密度的影响

从图 5-5 可以看出相对 MgF_2 及 CaF_2，LiF 添加剂能降低电解质密度，可使铝液镜面同电解质界面更好的分层，减少二次反应的概率，达到提高电流效率的目的。

（4）对电解质黏度的影响

从图 5-6 可以看出，LiF 对降低电解质黏度的效果最显著，黏度的降低，促进电解质在电解槽内的流动和 CO_2 气体的排除，提高电流效率。

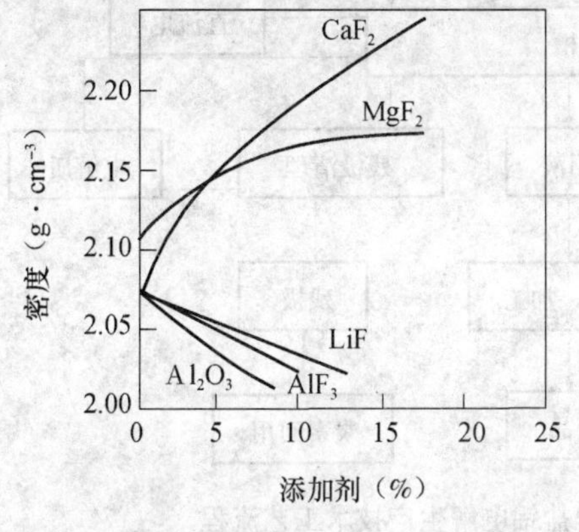

图 5-5　添加剂对冰晶石熔液密度的影响

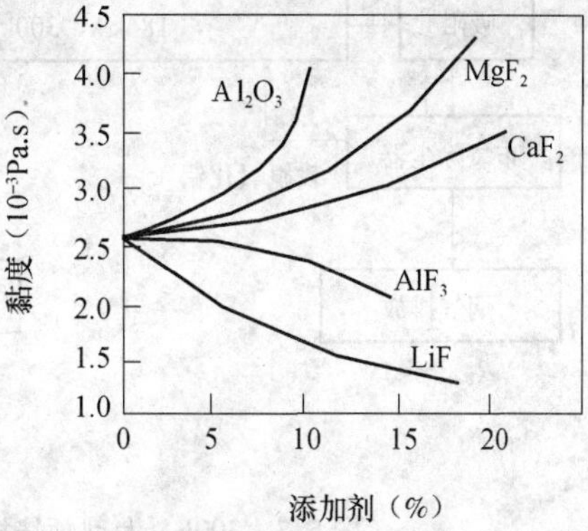

图 5-6　各种添加剂对冰晶石熔液黏度的影响（1 010℃）

从以上分析可以看出，LiF 能够显著改善冰晶石熔液的物理性能。表 5-13 计算了各种添加剂对电解质物理性能的影响。

表 5-13　各种添加剂对电解质物理性能的影响

电解质各种添加剂		初晶温度（℃）	导电率（$\Omega^{-1}\cdot cm^{-1}$）	蒸汽压（Pa）
Na_3AlF_6		1 011	2.874	534
CaF_2	4%	-12	-0.051	-2
	7%	-20	-0.099	-3
AlF_3	4%	-1	-0.171	+1 37
	7%	-24	-0.439	+593
LiF	1%	-9	+0.047	-11
	3%	-27	+0.142	-33
MgF_2	1%	-5	-0.047	-10
	3%			

从表 5-13 可以看出，锂盐在降低电解质初晶温度，提高电导率以及降低氟化盐消耗方面比其他添加剂都好，因此锂盐应该是铝电解生产的良好添加剂。

2. 工艺流程

300kA 大型预焙槽加锂盐铝电解生产技术工艺流程如图 5-7 所示。

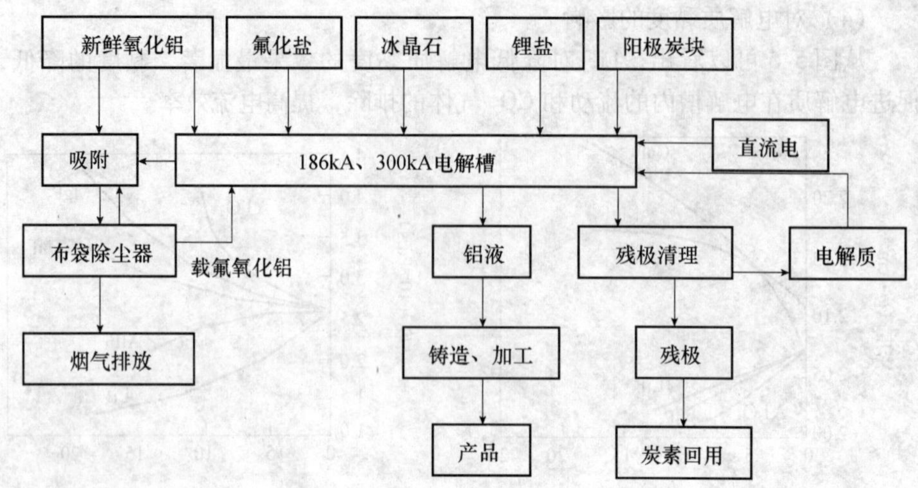

图 5-7　300kA 大型预焙槽加锂盐铝电解生产技术工艺流程

3. 技术特点

(1) 降低电耗

使用该技术后，在极距不变的情况下，电解槽工作电压降低了，从而大大降低了吨铝电耗。在铝产量不减的情况下，节约了用电量，特别在用电紧缺时期，节约的电量可以弥补社会其他行业及生活需要。

(2) 电解温度的降低

使用该技术后，电解槽槽温随着电解质初晶温度的降低而降低，减少了氟化物的挥发，改善了生产作业环境，同时减少了对环境的污染。

(3) 电流效率提高

使用该技术后，由于电解槽槽温的降低，使得电流效率有所提高。

4. 技术评审和知识产权情况

此项技术属于企业技术革新成果，自主知识产权，已应用在企业的大批量生产中，节能降耗明显，适用于所有大型预焙槽铝电解生产。

六、技术适用条件

1. 工艺技术条件

本技术适用于大型预焙槽生产工艺体系，对工艺技术条件无特殊要求。

2. 对原料、材料及设备的要求

本技术要求在大型预焙槽上使用，对满足大型预焙槽生产的原料、材料皆适用，无特殊要求。

七、主要技术经济指标

大型预焙槽在添加锂盐后，电流效率明显提高（槽日产提高了 55.69kg），直流电单耗下降了 368（kW·h）/（t·Al），氟化铝单耗下降了 8.51kg/（t·Al），如表5-14所示。

表5-14　300kA系列添加锂盐主要技术经济指标

	槽日产（kg）	电耗［kW·h/（t·Al）］	AlF_3［kg/（t·Al）］
添加前	2 260	13 400	27
添加后	2 315.69	13 032	18.49
差值	55.69	368	8.51

八、投资与效益

1. 节电：300kA系列添加锂盐后，直流电耗降低368kW·h/（t·Al），根据整流效率98.85%计算出300kA系列吨铝交流电耗为

$$368 \div 0.9885 = 372\text{kW}\cdot\text{h}/(\text{t}\cdot\text{Al})$$

300kA系列年产量20万t，按每千瓦小时电0.279 4元计算，全年可创效

$$372 \times 200\,000 \times 0.279\,4 \div 10\,000 = 2\,078.736(\text{万元})$$

2. 提高产量：300kA系列添加锂盐后，槽日产增加55.69kg，系列248台槽365天可创效（按吨铝利润1 689元计算）

$$55.69 \times 248 \times 365 \div 1\,000 \times 1\,689 \div 10\,000 = 851.43(\text{万元})$$

3. 节约氟化铝消耗部分：300kA系列添加锂盐后，吨铝节约氟化铝8.51kg，按300kA系列年产量20万t计算（氟化铝价格5元/kg）

$$8.51 \times 200\,000 \times 5 \div 10\,000 = 851(\text{万元})$$

4. 锂盐成本：300kA系列单台槽日添加锂盐为8kg（碳酸锂），按28元/kg计算，费用为

$$8 \times 248 \times 365 \times 28 = 2\,027.65(\text{万元})$$

5. 因此，300kA系列每年可多创效：

$$2\,078.736 + 851.43 + 851 - 2\,027.65 = 1\,753.516(\text{万元})$$

九、已成功应用该技术的主要用户

云南铝业股份有限公司300kA系列、186kA系列。

十、推广应用的建议

此项工艺技术是通过加入锂盐铝电介质使预焙槽的生产条件优化，进一步降低了直流电消耗和氧化铝的消耗，技术成熟、先进，已在云南铝业股份有限公司的300kA和186kA大型铝电解预焙槽上应用，使直流电消耗下降了368kW·h/（t·Al），氧化铝单耗下降了8.51kg/（t·Al），节能降耗、减轻污染，经济效益和环境效益显著。对现有满足大型预焙槽电解铝生产的原料、材料皆适用，对工艺条件也无特殊要求。

2.4.8 管—板式降膜蒸发器装备及工艺技术

一、所属行业 有色金属

二、技术名称 管—板式降膜蒸发器装备及工艺技术

三、技术类型 新工艺新设备的开发运用

四、适用领域 氧化铝生产行业

五、技术内容

1. 基本原理

我国氧化铝生产工艺有拜尔法、烧结法、混联法等，平均单位产品汽耗和水耗比国际先进水平要高1倍。蒸发是氧化铝生产的关键工序之一。主要浓缩铝酸钠溶液，平衡生产系统的水量，排出系统中碳酸钠、硫酸钠等盐类物质。蒸发工序能耗占氧化铝生产的40%；蒸汽消耗占氧化铝生产的50%；综合费用占氧化铝生产成本的30%。

我国铝土矿资源主要以一水硬铝石型铝土矿为主，占全部铝土矿资源的99%。其矿物组成复杂，二氧化硅含量、氧化钛含量高，生产技术条件难度大，溶出温度248℃以上，溶出苛性碱浓度250g/L以上，溶出时间45min以上，配料过程中需添加10%左右CaO作为催化剂，以提高溶出速度。造成系统中碳酸盐和铝硅酸盐含量高，溶液在蒸发过程中，换热器生成大量的致密硅酸盐结垢和析出碳酸盐结晶，极大地影响蒸发器的传热效果。这一技术问题已成为我国氧化铝生产技术进步的最大制约环节之一，也是氧化铝生产蒸汽消耗居高不下的根本原因。

目前，我国氧化铝生产蒸发技术主要采用20世纪50年代从前苏联引进消化设计的列管式外加热自然循环蒸发技术，其特点如下。

1）能耗高。每蒸1t水需消耗蒸汽0.4～0.55t。

2）换热面结疤速度快，结疤清理困难，运转率低。蒸发器组运行4～6d水清洗一次，20～30d需要酸洗一次。

3）传热系数低，传热系数低小于1 000W/（m·K·h）；蒸发强度低，四效作业时每小时每平方米换热面积蒸水10.23～11.23kg。

4）自动化水平低，操作劳动强度大。

另一种20世纪90年代初从法国引进的管式降膜蒸发技术。虽然传热系数、蒸发器能力、寿命周期较列管式自然循环蒸发器有较大的进步和提高。但有结构复杂，用材高，依赖进口，投资大等不利因素，况且蒸发能力和传热系数仍处于不理想的水平（汽水比0.32～0.38）。

这两类蒸发技术的致命缺点是，无法满足我国矿石资源特点的混联法氧化

铝生产技术。

此项技术是在自主开发的自流式外循环降膜板式蒸发器用于氧化铝生产并取得了较显著的效果的基础上，系统创新开发了管—板式降膜蒸发器，并实现了产业化应用，主要创新点如下。

（1）开发成功了管排式加热器技术

采取科学的流场和热力场设计，开发应用方管结构，改善了受力状况，提高蒸发效率的同时大幅度降低了制造费用（见图5-8）。

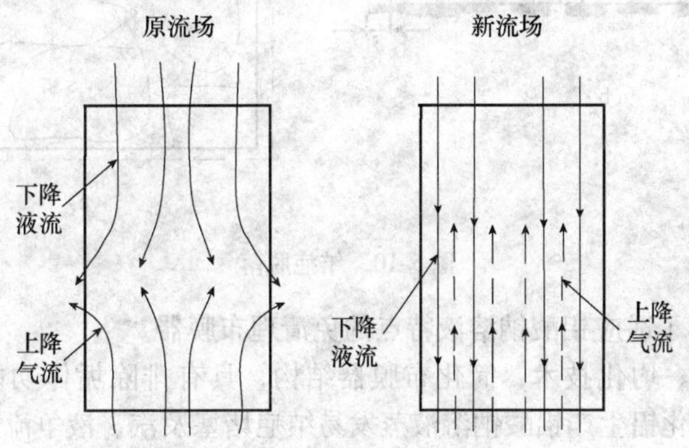

图5-8　二次蒸汽热交换流场

利用碳素钢代替不锈钢，解决了加热器板片在高温下因压力、温度和苛性碱浓度高等恶劣工况条件下使用而产生应力腐蚀破坏且寿命低的重大技术难题（见图5-9）；

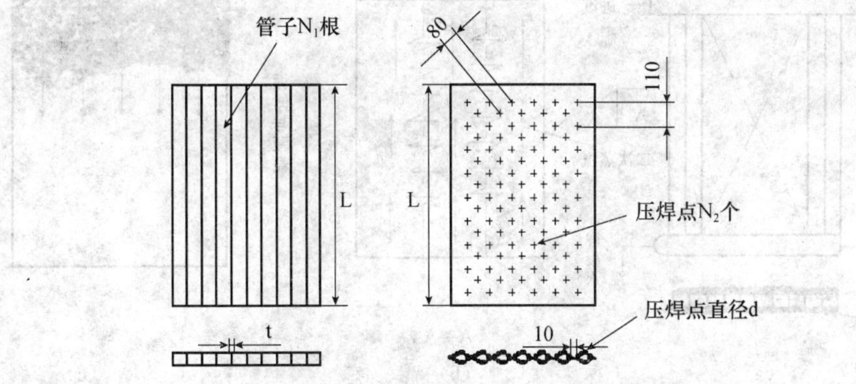

图5-9　管排式与板式结构对比

具有间接加热和二次蒸汽直接加热的双重蒸发过程，增大了液体的自由表面积；在运行过程中加热器结垢能够自动脱落，具有自洁功能（见图5-10）。

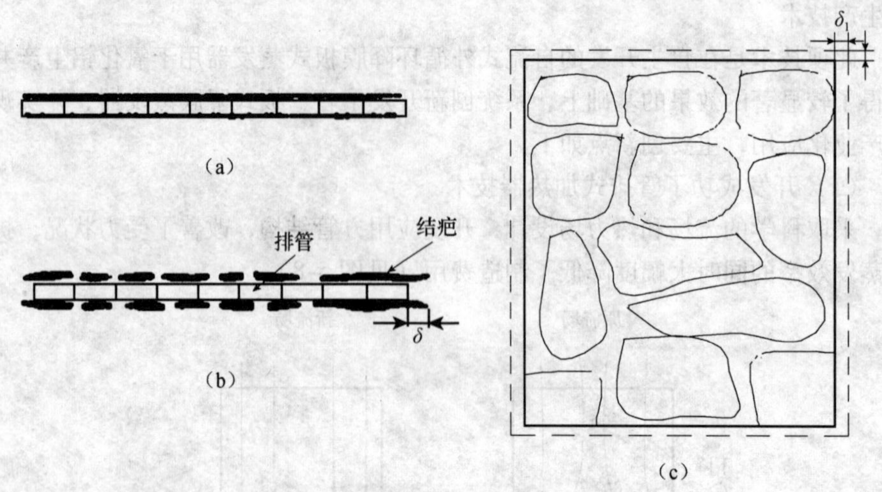

图 5-10　结疤脱落

(2) 发明了适应铝酸钠溶液特点的免清理布膜器

利用分散、均化技术，简化布膜器结构，具有排除垢体功能，实现免清理；解决了氧化铝生产铝酸钠溶液蒸发易结疤堵塞及汽、液争流现象而导致布膜不均的世界性技术难题，提高了蒸发强度（见图 5-11）。

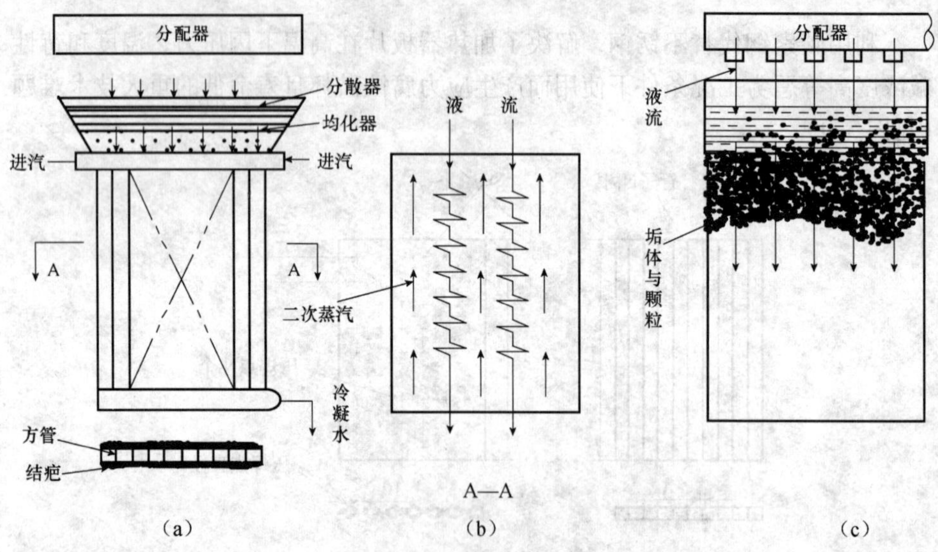

图 5-11　管排式原理及结构

(3) 六效蒸发加四级自蒸发工艺技术

利用蒸发表面积和合理的结构配置，使每效因静压造成的温损在 1℃以内，解决了多级蒸发装置各效间流体阻力引起的温度损失难题，有效温差在3.5～5℃之间能够正常工作，使原有最多五效蒸发工艺实现了六效蒸发；实现了汽水比0.21～0.23的国际领先水平，大幅度降低了系统能耗。

（4）开发应用了避免碳酸钠在蒸发器中结晶析出的新工艺

根据碳酸钠、硫酸钠、铝硅酸钠等盐类物质在铝酸钠溶液中的溶解度特征，创造性地引入外循环系统改变蒸发溶液参数，从而避免了碳酸钠在蒸发器内结晶析出；有效解决了氧化铝混联法生产中蒸发过程的排盐问题，排盐温度低，效果好，提高了蒸发强度，降低了清理劳动强度。

（5）与国内外同行业蒸发技术指标对比

与国内外同行业蒸发技术指标的对比如表5-15所示。

表5-15 国内外同行业蒸发技术指标对比

项目 \ 名称	国内外联合法厂家列管式蒸发器	国内外拜尔法厂家		本项技术
		板式蒸发器	凯斯特拉公司产品	
每吨水蒸汽消耗［t/（t·水）］	0.45～0.55	0.22～0.27	0.32～0.38	0.21～0.24
吨水工艺电耗［kW·h/（t·水）］	4.7～6.4	7.5～7.7	7.1～7.8	7.5～7.7
吨水循环水消耗［t/（t·水）］	16～18	13～15	13.4～14.3	14～17
吨蒸汽蒸发合格水量［t/（t·汽）］	1.2～1.7	3.5～4	3～3.5	4～4.8
使用寿命（Ⅰ效）年	1.8	0.8	5.5	1.5
蒸发传热系数［$W/(m^2 \cdot K \cdot h)$］	700	1 500	1 500	1 550
结疤	重	轻	偏重	轻

2. 技术评审情况

2002年通过轻金属研究所检测。

2004年通过中国有色金属工业协会组织的科技成果鉴定。结论为："该项目技术先进，设备实用性强，具有自主知识产权，在处理一水硬铝石在氧化铝生产行业中，其技术装备水平达到了国际领先，具有很好的推广应用价值。"

3. 技术专利和知识产权情况

避免碳酸钠结晶在蒸发器中析出的新工艺　ZL98 1 12244.2

消除氧化铝生产中蒸发器内碳酸钠结垢的方法　ZL98 1 12243.4

用于氧化铝行业的板式蒸发器　ZL01 2 44981.4

方管式蒸发器加热原件　ZL2004 20033128.X

已授理的专利申请：

板式蒸发器加热原件的加工方法　公布（申请）号：03135613.3

六、主要技术经济指标

管—板式降膜蒸发器装备及工艺技术的主要技术经济指标如表5-16所示。

表5-16 管—板式降膜蒸发器装备及工艺技术的主要技术经济指标

运转率（%）	65	85	92	90
单位投资（万元/组）	1 056	5 947	6 813	3 460
占地面积（m^2/组）	1 800	990	980	990

七、投资与效益

1. 经济效益

这里仅列出与原使用列管式蒸发器相比节能、降耗给中铝贵州分公司创造的直接经济效益。水、电、汽价格基准值如表5-17所示。

表5-17 水、电、汽价格基准值

<table>
<tr><td rowspan="2">项目
名称</td><td colspan="2">回水（t）</td><td rowspan="2">电（kW·h）</td><td rowspan="2">汽（t）</td></tr>
<tr><td>软水</td><td>热能折蒸汽</td></tr>
<tr><td rowspan="2">单价（元）</td><td>7.2</td><td>3.89</td><td rowspan="2">0.28</td><td rowspan="2">49.76</td></tr>
<tr><td colspan="2">11.09</td></tr>
</table>

（1）计算公式

年节约蒸汽费 = 蒸汽价 × 汽水比差 × 年蒸汽水量

年回水增加收入 = 回水价 × 年增加回水量

年增加电费 = 蒸发系统年增加用电量 × 电费价格

年新增直接效益 = 年节约蒸汽费 + 年回水增加收入 − 年增加电费

年新增所得税 = 年新增直接效益 × 税率（0.33）

（2）新增直接经济效益和所得税

根据上述计算公式和生产考核实际指标，本项目成果已取得的直接经济效益和新增上缴所得税如表5-18所示。

表5-18 直接经济效益和新增上缴所得税 （万元）

年份	新增利润	新增税收	节约外汇（万美元）
2002	2 376.00	784.10	0
2003	3 168.00	1 045.46	28
2004	5 297.88	1 748.29	84
累计	10 841.98	3 577.85	112

（3）降低投资（制造）费用和维护费用

1 580m^2 板式加热原件 Incoloy800 材质造价 780 万元/台，SUS316L 材质造

价 380 万元/台；20g 材质管—板式加热原件造价 <100 万元/台，单组板式加热器 6 效全部改造为管—板式加热器可减少费用 2 480 万元/组。

中铝贵州分公司蒸发器在产能由原来的 42 万 t/年增加到 85 万 t/年的条件下，原来的 9 ~ 11 组运行，变到目前的 7 ~ 9 组运行，维修费用由原来的年平均 3 488 万元降到目前的 1 348 万元。

2. 社会环境效益

本项目产业化实施过程中，已给中铝贵州分公司带来了实实在在的社会环保效益。

(1) 降低蒸汽消耗，已减少燃煤用量折合标准煤 28. 25 万 t（见表 5-19）。

表 5-19 减少用煤量

项目＼年份	2002	2003	2004	2005 年一季度	合计
减少燃煤（万 t）	5. 73	8. 02	11. 6	2. 9	28. 25

(2) 提高回水质量和水循环利用率，已减少取水 690 万 t，减少排污水 770 万 t（见表 5-20）。

表 5-20 节约水资源

项目＼年份	2002	2003	2004	2005 一季度	合计
减少取水（万 t）	140	200	280	70	690
减排污水（万 t）	150	220	320	80	770

(3) 实现了国产材料替代进口和制造本地化，制造材质由碳钢替代不锈钢，有效减少了镍、铬等稀缺资源的用量。

八、技术应用情况

此项技术已成功应用于中铝贵州分公司全部蒸发系统技术升级改造。氧化铝产量由原来的 42 万 t/年，增加到 2004 年的 85 万 t/年；氧化铝的单位汽耗由原来的 6. 04t/Al_2O_3 · t 降到了 4. 10t/Al_2O_3 · t。

九、已成功应用该技术的主要用户

中铝山西分公司，中铝山东分公司。

十、推广应用的建议

这是一项成熟的节能降耗生产技术，已经在中铝贵州分公司成功运行 3 年，节能节水效果明显。推广这项技术对促进我国氧化铝清洁生产，缓解资源、能源、环境制约因素，具有重要的现实作用和深远的历史意义。

2.4.9 无钙焙烧红矾钠技术

一、所属行业 化工行业

二、技术名称 无钙焙烧红矾钠技术

三、技术类型 清洁生产技术

四、适用领域 红矾钠生产企业

五、技术内容

1. 基本原理

将铬矿、纯碱与铬渣粉碎至200目后，按配比进入回转窑在高温下焙烧，使 $FeO \cdot Cr_2O_3$ 氧化成铬酸钠。将焙烧后的熟料进行湿磨，再经旋流器分级后过滤，中和再次过滤除去铝酸盐，将滤液加入硫酸酸化，使铬酸钠转化成红矾钠，并排出芒硝渣，然后蒸发（酸性条件）得到红矾钠产品。

2. 工艺流程

无钙焙烧红矾钠技术工艺流程（理解性示意图）如图5-12所示。

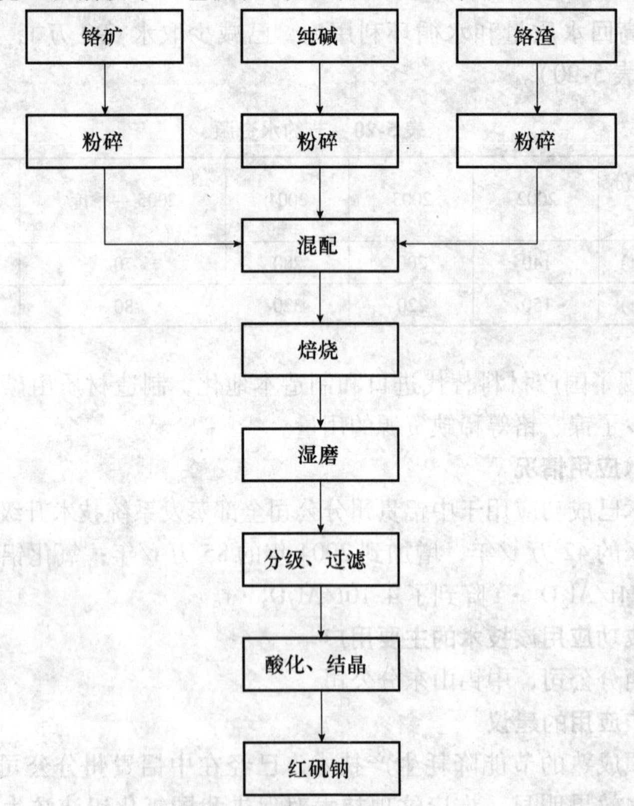

图5-12 无钙焙烧红矾钠技术工艺流程

3. 技术评审情况

20 世纪 70 年代国外工业发达国家就实现了红矾钠无钙焙烧，与有钙焙烧相比，无钙焙烧不产生致癌物铬酸钙，渣中有毒的 Cr^{+6} 只有有钙焙烧的 1/20。但国外对该生产技术严格封锁，因此我国将无钙焙烧生产红矾钠技术列为国家重点攻关项目。天津化工研究设计院经过 20 多年的研究、小试、中试，掌握了浆液旋流分级铬渣、造粒焙烧工艺等关键技术，解决了工程放大、设备结构参数等技术难题。2004 年 2 月在甘肃民乐县建成的年产 1 万 t 生产装置，同年 10 月 22 日通过国家环保总局环评司组织的验收，12 月 18 日通过了中国石油和化学工业协会主持的专家鉴定。

六、技术适用条件

主要生产设备有回转窑、锅炉、磨机、冷却机、反应器、蒸发器等。

七、主要技术经济指标

与传统的有钙焙烧红矾钠相比，无钙焙烧工艺不产生致癌物铬酸钙，每生产 1t 产品排渣量由 2t 左右降低到 0.8t，渣中 Cr^{+6} 含量由 2% 降低到 0.1%。

八、投资与效益

按年产 3 万 t 无钙焙烧红矾钠测算，投资规模为 1.1 亿元。年可实现销售收入 2.2 亿元，税后利润 1700 万元。所得税后财务内部收益率为 17%，投资回收期为 6.7 年。

九、技术应用情况

该项技术已经在天津化工研究院和银河公司建设了 3000t/年和 5000t/年的无钙焙烧红矾钠生产线。2003 年 2 月在甘肃省民乐县建成年产 1 万 t 无钙焙烧红矾钠，至 2004 年底共生产 13000t 红矾钠产品。

十、已成功应用该技术的主要用户

天津化工研究院、银河公司。

十一、推广应用的建议

采用无钙焙烧工艺替代传统的有钙（白云石、石灰石）焙烧工艺，不产生致癌物铬酸钙，使铬渣排放量降低至原工艺的 1/3，渣中 Cr^{+6} 含量只有原工艺的 1/20，是当前国际先进国家大量采用的红矾钠生产工艺。由于技术封锁，国内的铬盐生产大多数均采用落后的有钙焙烧工艺，大量的铬渣堆放和生产排放对环境造成很大危害。目前国内这项技术已成熟，采用这项工艺技术，按年产 1 万 t 的装置估算，企业的直接经济效益约 1000 万元。此项技术适合在铬盐行业推广使用。

2.4.10 节能型隧道窑焙烧技术

一、所属行业 建筑材料

二、技术名称 节能型隧道窑焙烧技术

三、技术类型 节能降耗

四、适用领域 烧结墙体材料行业

五、技术内容

1. 基本原理

此项技术主要以工业废渣煤矸石或粉煤灰为原料制造砖瓦，使用了宽断面隧道窑专利技术、变频技术、“超热焙烧”技术、“快速焙烧”技术和方法；建立快速焙烧制度的方法和“超热焙烧”技术，建立了一套测定坯体在常温至1 100℃升温过程中弹性模量、热传导系数、膨胀系数和抗折强度等参数的实验仪器和方法；创立了一套数据处理和计算抗热冲击值的方法，以及由抗热冲击值计算升温速度的方法。使实际焙烧过程按照设定的程序进行，实现制品焙烧周期由 45 ~55h 降低为 16 ~24h，充分利用置换出来的热量，使热工过程节能效率达 40%，热利用率达 67%。

此项新技术及装备是在实验室基础上提出原料的快速焙烧制度，利用“超热焙烧”技术及其他辅助系统，实现指定原料的快速焙烧，并有效利用焙烧余热。其最终形式表现为应用该项技术装备的节能型隧道窑。

2. 工艺流程

1）窑顶结构形式：从下到上依次为轻质耐火混凝土板，硅酸铝保温材料，高温密封涂层和支持轻质耐火混凝土板的主梁和次梁。这种结构保证了窑顶耐热、保温、密封的性能。

2）窑墙结构形式：从里到外依次为黏土质耐火砖、轻质保温砖、硅酸铝保温材料、红砖外墙。窑墙每隔一定距离设有膨胀缝，保证了窑体的自由伸缩。

3）轻型窑车的结构形式：采用了轻质衬砌材料，降低了窑车的蓄热量；窑车之间采用了双重密封槽盒，两侧与窑体采用了砂封，杜绝了窑车面上与车下的气体流动。

4）密封形式：采用双砂封，即将轻型窑车的 C 型槽钢嵌入窑墙内壁，C 型槽钢下部作为一砂封槽，窑车上的 T 型钢板插入 C 型槽钢内，形成另一个砂封槽。这种双砂封形式大大减少了热空气窜入窑车底部，密封效果良好。

节能型隧道窑焙烧技术工艺流程如图 5-13 所示。

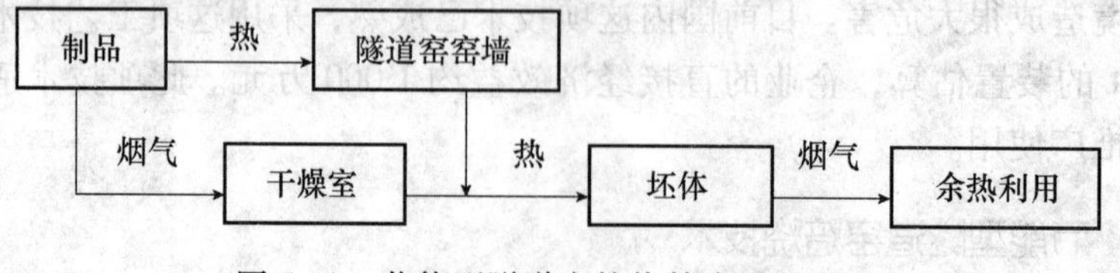

图 5-13 节能型隧道窑焙烧技术工艺流程

3. 技术评价情况

本工艺在研究、开发、推广过程中，创立了“快速焙烧”理论，缩短了焙烧周期，降低了焙烧能耗。主要研究内容如下。

1）建立一套测定影响原料快速焙烧性能参数的实验仪器与方法。

2）创立一套快速焙烧制度的计算方法，确定各原料的快速焙烧制度。

在推广以及产业化中创造了“超热焙烧”技术，使高含能工业废料制砖成为可能，同时使多余能量获得了充分利用，节约了能源，是解决高含能原料快速焙烧的关键技术。

国内外实践表明，采用煤矸石、粉煤灰制砖是大量消耗这种工业废料最彻底、最稳定的途径之一。该项技术及装备的应用，促进了传统砖瓦产业改变生产工艺和产品结构，对于节约能源、保护耕地、保护环境和自然资源、改善建筑物功能、促进建筑和建材工业的技术进步具有重要意义。

4. 技术专利和知识产权情况

本项目属国内自主研究开发的技术，获中国建材协会科技进步奖，不存在知识产权的纠纷。

六、技术适用条件

该项目技术不仅对于含热值工业废料有指导作用，而且同样对于无热值砖瓦原料有指导意义，快速焙烧制度可以精确确定合适的燃料投放点和数量，达到节能的目的。

该技术有待于进一步完善实验方法和计算方法，更有待于在实践中完善和探索实现余热利用和快速焙烧的有效措施。

七、主要技术经济指标

节能型隧道窑焙烧技术工艺流程如表 5-21 所示。

表 5-21 节能型隧道窑焙烧技术主要技术经济指标

项目	使用该成果之前	使用该成果之后
能耗	550kJ/kg	320kJ/kg
焙烧周期（h）	45～55	16～24

八、投资与效益

以建设一条经济规模为年产 6 000 万块煤矸石或粉煤灰砖生产线为例。

1. 节省投资

通常每条煤矸石或粉煤灰生产线，隧道窑及其厂房投资占总投资的 1/3，约 1 000 万元。采用该项技术，焙烧周期由原传统的 45 ~ 55h 降为 16 ~ 24h，即降低了 2/5，相应窑炉及厂房的长度和投资也降低到原来的 2/5，每条生产线可节约建设投资 400 万元。

2. 节约能源

焙烧所需热量 320kJ/kg，干燥所需热量 200kJ/kg 及工厂采暖等所需热量约 150kJ/kg 均来自于余热，含能原料中近 67% 的热量得到充分利用。利用余热 5.25×10^{10}kJ/年，折合标准煤 7 500t/年，价值约 220 万元/年。

3. 降低能耗

对于燃料消耗，传统焙烧能耗为 550kJ/kg，采用该项目技术后，能耗 320kJ/kg，焙烧节能率为 40%，即节约能耗 3.3×10^{10}kJ/年，折合标准煤 4 716t/年，价值约 135 万元/年。企业的投资回收期将减少 1 年时间。

九、技术应用情况

该项目建立起来的快速焙烧制度和超热焙烧技术，已能对大部分原料的快速焙烧起到指导作用。经过多条生产线隧道窑“实践—改进—完善”，其可靠性和实用性更高，该技术在国内外砖瓦生产线上有很多成功的应用。

通过国际招投标，该技术已应用到马来西亚德源有限公司烧结砖生产线上，同时改变原生产工艺中的自然干燥为人工干燥，提高了产品质量，有效利用了余热。

十、已成功应用该技术的主要用户

已应用该项目技术的生产线如下。

1）石家庄市新型建筑材料工程公司年产 28 000 万块粉煤灰空心砖生产线。

2）石家庄冀能环保新材料有限公司年产 12 000 万块粉煤灰烧结砖生产线。

3）山东兖州洁美新型墙材有限公司。

4）山东省田庄煤矿煤矸石空心砖厂。

5）山东裕隆新型墙材有限公司。

6）淄博矿物局埠村煤矿煤矸石空心砖厂。

7）济宁矿业集团科美新型建材有限公司年产 6 000 万块煤矸石生产线。

8）抚顺华强煤矸石烧结砖有限责任公司年产 6 000 万块空心砖生产线。

十一、推广应用的建议

该技术在工业废物资源利用、节能降耗，保护环境上，技术本身已成熟可靠，综合效益明显。以一条年产 6 000 万块砖（煤矸石或粉煤灰）生产线为例，投资为1 800万~2 000万元，节约占地近3万m^2、年利用工业废物煤矸石12万t或粉煤灰7.2万t。焙烧周期比使用此项技术之前缩短2/5，减少窑炉及厂房长度，节约建设资金约400万元，提高了热效率，降低了能耗，可节约用煤量约4 700t标准煤/年，利用煤矸石或粉煤灰的残留碳，减少用煤量约7 500t标准煤/年，两项合计年节约用煤1.22万t左右，经济效益、环境效益和社会效益明显。此项技术在技术改造（仅更新隧道窑）或新建生产线都可应用。

2.4.11 煤粉强化燃烧及劣质燃料燃烧技术

一、所属行业 建材

二、技术名称 煤粉强化燃烧及劣质燃料燃烧技术

三、技术类型 新工艺新设备的开发和利用

四、适用领域 建材、冶金及化工行业回转窑煤粉燃烧

五、技术内容

1. 基本原理

HP强涡流型多通道燃烧器由中心通道、内部的旋流通道、中间的煤流通道、外部的轴流通道构成。煤粉从燃烧器喷出燃烧，除空气输送煤粉本身的预混合外，还要经过三次扰动与混合。三次的扰动与混合都是由于气流的速度、方向和压力的不同造成的，从而使风煤混合更均匀，确保煤粉完全燃烧。改变内外流风的比例，可以调节火焰的形状。

该技术的核心装备——“HP强涡流型多通道燃烧器”紧跟当今世界工业发展的两大主题“节能和环保”。其主要体现在可烧劣质燃料；耐磨损、耐变形；NO_x排放低。该技术采用了目前世界上公认的强化煤粉燃烧的两条有效措施，即热回流技术和浓缩燃烧技术，因此可有效地实现“节能和环保”。节能即意味着减少生产过程中污染物的产生和排放，尤其是减少NO_x排放可减轻对人类健康和环境的危害。由于强化回流效应，使煤粉迅速燃烧，特别有利于烧劣质煤、无烟煤等低活性燃料，因此可采用当地劣质燃料，促进能源合理使用，提高资源利用效率。一次风量小，节能显著。从以上几个方面可以看出该技术对“清洁生产”有着重要意义。

2. 工艺流程

煤粉强化燃烧及劣质燃料燃烧技术工艺流程如图5-14所示。

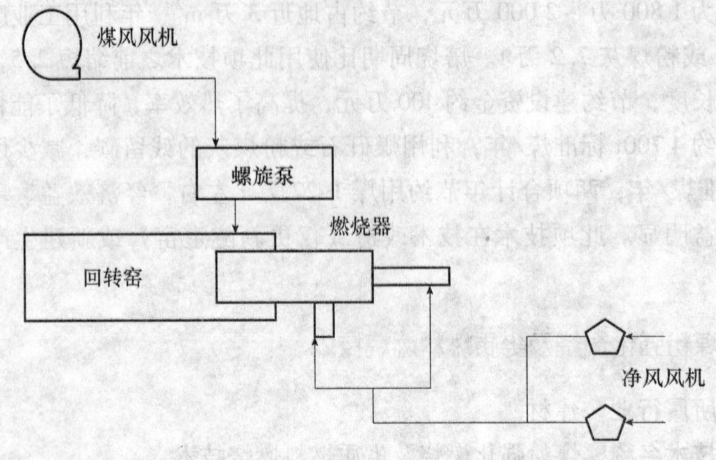

图5-14　煤粉强化燃烧及劣质燃料燃烧技术工艺流程

3. 技术评审情况

1998年12月29日由安徽省建筑材料工业局组织鉴定。鉴定结论为，该结构形式的燃烧器属国内首创；主要技术经济指标属国内领先水平；价格相当于国外同类进口设备的1/8左右，可以替代同类进口设备；具有推广应用价值。

4. 知识产权情况

自主知识产权。

5. 技术工艺的成熟度

HP型燃烧器已在全国各地多家水泥厂、活性氧化钙厂应用100余台(套)，并出口国外。在预分解窑（NSP窑）、预热器窑（SP窑）、余热发电窑、湿法窑（特别是华新窑）上利用当地烟煤、低挥发份煤、无烟煤、褐煤煅烧水泥熟料，在预热器窑上煅烧活性氧化钙，给企业带来十分显著的经济效益，技术工艺十分成熟。

六、技术适用条件

主要设备包括HP强涡流型多通道燃烧器、移动装置、油泵、油枪、油量调节总成、风机、煤粉输送泵。

七、主要技术经济指标

1）结构独特，耐磨损不易变形（使用两年无须任何修理），火焰形状完整不跑偏。

2）火焰稳定，燃烧强度高，调节幅度大。

3）对煤种的适应性强。可烧灰分高达35%的劣质煤，低挥发份的烟煤、无烟煤及水分大、热值低的褐煤。

4）一次风量小。一次风量占燃烧空气量小于7%。

5）NO_x 的排放减少30%以上，有利于环境保护。

八、投资与效益

以2500t/d窑为例，应用该技术投资约50万元。其经济效益如下。

1）采用当地劣质燃料可降低成本。当地劣质燃料与优质烟煤价差100元/t，年节约成本1 100万元。

2）一次风量减少、高温二次风用量增加可节约用煤。一次风量由13%减少到7%（一次风与送煤风之和），吨熟料节煤量为1.3kg，年节煤1 070t（窑运转率90%），劣质煤价150元/吨，年节约成本16万元。

3）一次风机与送煤风机装机功率减少可节约用电。

4）采用HP强涡流型多通道燃烧器，窑况波动时火焰调节方便，窑头提温快，从而提高窑快转率。

5）采用HP强涡流型多通道燃烧器，其煤粉燃烧速度快，燃烧完全，热力强度大，从而有利于熟料质量的提高。

另外，采用HP强涡流型多通道燃烧器，窑皮均匀完整，有利于延长耐火砖寿命，节约运行费用。

由于充分利用当地燃料资源，因此可促进当地经济的发展，并可减少铁路运输压力。其社会效益巨大。

九、技术应用情况

目前该技术已在全国各地多家水泥厂、活性氧化钙厂应用100余台（套），并出口国外。在预分解窑（NSP窑）、预热器窑（SP窑）、余热发电窑、湿法窑（特别是华新窑）上利用当地烟煤、低挥发份煤、无烟煤、褐煤煅烧水泥熟料，在预热器窑上煅烧活性氧化钙，均给企业带来十分显著的经济效益。

十、已成功应用该技术的主要用户

贵州省毕节天工建材总厂、广东省惠阳双新水泥厂、江西省赣江水泥集团有限公司、江苏省南京大连山水泥厂、内蒙古赤峰元宝山水泥厂、海拉尔蒙西水泥有限公司、越南Kienkhe水泥公司、鄂尔多斯市蒙西建材有限公司、四川双马水泥股份有限公司、吉林亚泰集团等。

十一、推广应用的建议

目前国内使用的单通道燃烧器存在一次风量大、燃烧不完全、热损失大等弊病，更不适用烧劣质煤的趋势。现使用的老式三通道燃烧器存在易变形，易磨损，一次风量偏大，对劣质煤的适应性不强等弊病。HP强涡流型多通道燃烧技术先进、成熟、可靠，已经在多个水泥厂和活性氧化钙厂回转炉上应用，煤种适应性强，低品质资源利用率高，减少 NO_x 的形成，与使用该技术之前相比，NO_x 降低30%，有利于环保。建议现有的回转窑改造，采用HP强涡流型燃烧器。

以2 500t/d水泥窑为例，采用该技术需投入50万元，以低品质煤和优质烟煤差价每吨100元计算，可降低生产成本1 000万元，年节煤节电20万元。

2.4.12 少空气快速干燥技术

一、所属行业 无机非金属建筑材料

二、技术名称 少空气快速干燥技术

三、技术类型 节能，环保

四、适用领域 陶瓷、电瓷、耐火材料、木材、墙体材料生产企业

五、技术内容

1. 基本原理

陶瓷坯体中含有3种水分，化学结合水、吸附水、游离水（自由水）。化学结合水在一般的干燥条件（<400℃）下无法排出，所以坯体干燥时排出的是吸附水和游离水，此两种水分一般称为物理水，坯体干燥主要是围绕物理水的排出来进行的。

坯体的水分排出有两种方式，一量由坯体表面蒸发水分扩散到周围介质中去的外扩散；一是从坯体内部排出水分到坯体表面的内扩散。水分的内、外扩散属于传质过程，需要吸收必要的热量。

在坯体的干燥过程中，随着供热过程的进行，坯体受热、排水，直至水分达到干燥要求，一般经过4个阶段：预热、等速干燥、降速干燥、平衡状态。

预热阶段，坯体表面受热较快，表面温度大于内部温度，外扩散速度高，内扩散速度低，此时坯体内外排水速度差距较大，坯体收缩不均，极易造成坯体的开裂，所以常规干燥时，预热阶段一般较长。干燥在等速阶段时，坯体内外温度均匀，外扩散、内扩散速度相等，坯体收缩均匀，不易产生坯裂。降速干燥阶段和平衡状态阶段坯体的水分已经接近或达到干燥要求，坯体的收缩完成，因此不会产生坯裂。

由此可知，坯体干燥过程中影响最大的阶段是预热阶段，由于预热过程的干燥时间占整个干燥时间的一半以上，所以如何缩短预热阶段的干燥时间是提高干燥效率的关键所在。少空气干燥技术即通过采用低温高湿的方法，使得湿坯体在低温段由于坯体表面蒸气压的不断增大，阻碍外扩散的进行，吸收的热量用于提升坯体内部的温度，提高内扩散的速度，使得预热阶段缩短，等速干燥阶段提早进行。等速干燥阶段借助强制排水的方法，进一步提高干燥的效率，最终达到快速干燥的目的。

2. 技术评价情况

该技术已经成熟，并形成系列化产品。2003年7月25日通过了陕西省科技厅组织的鉴定。

六、技术适用条件

配备整体烘干设备。

七、主要技术经济指标

1）干燥器规格：ARD-28；

2）干燥室容积：257.09m^3；

3）设备装机容量：30kW；

4）室内容车数：50 辆（电瓷产品 1 600 件）；

5）干燥周期：9 ~ 11 小时/次；

6）坯体干燥前含水率：14% ~ 17%；

7）坯体干燥后含水率：≤1%；

8）干燥能耗：1 200 ~ 1 500kJ/kg 水；

9）燃料种类：石油液化气。

八、投资与效益

以 ARD-28 型为例。干燥电瓷产品效率为传统间歇式烘房的 5 倍，每周期干燥 1 600 件电瓷悬式绝缘子，干燥水分 1 536kg（见表 5-22）。

表 5-22　少空气干燥器与传统间歇式烘房比较

类别 \ 烘干方式		少空气快速干燥器	传统间歇式烘房	备注
投资比较	设备投资	60 万/台	4 万/台 ×5 = 20 万	相同产量类比
	基建面积（m^2）	110	110 ×5 = 550	
	基建费用（万元）	8.8	44	以 800 元/m^2 计
	一次性投资（万元）	68.8	60	相同产量类比
设备运行成本比较	干燥能耗（kJ/kg 水）	1 200	3 000	
	装机容量（kW）	30	5	
	干燥周期（h）	10	50	
	燃料消耗（元）	614.4	1 536	4 元/kg 液化气
	电力消耗（元）	300	250	1 元/（kW · h）
	运行成本（元/周期）	914.4	1 786	
	年运行次数（次）	660	660	年工作日 330 天，2 次/天
	干燥支出（万元）	60.350 4	117.876 0	
结果分析	由以上比较可以看出，两种烘干方式所用设备一次性投资基本相当，但少空气快速干燥器的运行成本远低于传统间歇式烘房			

九、技术应用情况

少空气快速干燥器自2003年初在大连电瓷厂首度使用后，反映良好，给企业带来了良好经济效益。目前，大连电瓷厂已采用两台ARD-28型少空气快速干燥器，仅每年的节能降耗带来的效益就超过100万元。

大连金州向应电瓷厂采用少空气快速干燥器后，原来的9台烘房拆除，改为成型线，在不增加基建投资的前提下，大大提高了生产能力。

苏州电瓷厂大量采用该干燥器的结果是大大节省了基建投资，为企业搬迁以后控制成本，提升市场竞争力做出了很大贡献。

十、已成功应用该技术的主要用户

1）大连电瓷厂：ARD-28型，2003年使用。

2）苏州电瓷厂：ARD-11型，2004年使用。

3）大连金州向应电瓷厂：ARD-20型，2004年使用。

十一、推广应用的建议

此项技术先进、成熟、可靠，已在电瓷、日用瓷和卫生陶瓷等领域应用，燃料适用性强。以一条年产60万件卫生陶瓷用具生产线为例，年干燥卫生瓷坯体量72万件（25kg/每件）；干燥蒸发水量8.4t/d；创通干燥工艺：干燥周期36~48h，耗能2 400J/kg水；而用少空气快速干燥工艺：干燥周期缩短至6~8h，耗能1 200J/kg水；干燥气缩短2/3，节能50%以上；一次性技术改造投资约60万元，每年可节约柴油300t。在电瓷、日用瓷和木材干燥领域应用这项技术，同样取得良好效果。间接经济效益表现在：干燥占地面积减少1/2，产品合格率提高5%，减少了烟尘排放。建议在日用瓷、卫生陶瓷、木材干燥领域推广。

2.4.13 石英尾砂利用技术

一、所属行业 玻璃原料选矿

二、技术名称 石英尾砂利用技术

三、技术类型 提高矿产资源开采率、共生矿和尾矿利用率

四、适用领域 硅质原料生产企业

五、技术内容

1. 基本原理

浮选药剂研制是本次项目的重中之重，也是难点所在，常规的石英砂浮选一般有氢氟酸法（HF法）与硫酸法，HF法所用的活化剂与pH调整剂为HF酸，虽然选择性较好，但后期的［F^-］离子处理及二次污染问题较难解决，为保证不产生新的环境污染问题，本项目决定采用硫酸法浮选。硫酸法浮选分离石英时所用的活化剂与pH调整剂通常为H_2SO_4与NaOH（碱类）。硫酸法

浮选的选择性一般较 HF 法差，预处理过程比较复杂，目前使用的浮选捕收剂一般为二胺及石钠类混合捕收剂，药剂的耐低温性能较差，水溶性不太好，使用过程中不太方便。

为简化工艺流程中预处理环节，本项目研制了一种耐泥浆性能佳，易溶于水且选择性及耐低温性能均佳的浮选捕收剂，在同等用量的情况下，浮选精砂的产率较低，上浮的杂质较多，但捕收力最强。

2. 工艺流程

分级细砂用装载机给入给料矿仓，经电磁振动给料机及电子皮带称等定量给入高效调浆槽，药剂系统之药剂也经计量泵定量给入调浆槽，石英砂、云母、长石等矿物在此进行表面反应及改性后进入浮选机进行充气浮选，云母、长石及部分杂质矿物以泡沫形式浮出进入云母、长石脱水储存系统，合格精砂经脱水后用皮带运至石英精砂脱水、储存均化库堆存。在此过程中所有含 H_2SO_4 的药剂水进入含 H_2SO_4 水循环处理池循环使用，少量多余（约 5.5m^3/h）的含 H_2SO_4 水进入废水处理池用 $Ca(OH)_2$ 进行处理，处理后的废水进入现有循环水系统循环使用（见图 5-15）。

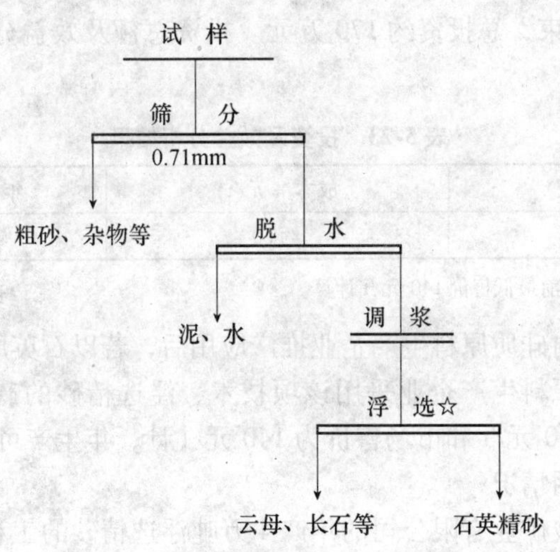

图 5-15 石英尾砂利用技术工艺流程

3. 技术评价情况

国内大多数硅质原料生产厂家基本未对石英尾砂进行有效的综合利用，能够销售的也只是低档产品，经济效益低，大量的石英尾砂被废弃，占用大量农田堆放，造成严重的环境污染。而国外硅质原料生产厂家对石英尾砂的综合利用进行了深入研究，石英尾砂经深加工后得到了广泛的综合利用，能满足不同行业的质量要求；产品附加值高，经济效益好（大部厂商将此作为主要的经济来源)；极少量废弃，不污染环境。此项技术的关键在于以适当的工艺处理石英细砂，去除杂质矿物，提高石英细砂的内在品质。采用浮选工艺时，应注意泥质胶结物对浮选性能的影响。应用新的“无氟浮选技术”对石英尾砂进行提纯，解决了石英尾砂综合利用的问题，其产品应用前景广阔。

4. 技术专利和知识产权情况

自主知识产权，已申请了发明专利“一种石英尾砂的浮选方法及其专用浮选捕收剂”（申请日 2004 年 9 月 16 日，申请号：200410074458.8）。

六、主要技术经济指标

本项目应用新的“无氟浮选技术”对石英尾砂进行提纯，解决了石英尾砂综合利用的问题，其产品应用前景广阔。经 ATM 公司石英尾砂浮选生产线的生产实践证明：该工艺线生产稳定，浮选药剂水溶性、耐低温性能极佳，最终精砂制造成本约为 60 元/t，而售价最低 140 元/t，经济效益、环境效益和社会效益好，市场竞争力强。

七、投资与效益

以该项目为例：在原有老厂中建设，建厂工作从 2003 年 6 月中旬开始，到同年 10 月底结束，总投资约 170 万元。投资总额及效益分析结果如表 5-23 所示。

表 5-23　投资及效益分析结果

投资额（万元）	成本（元/t）	年创利税（万元）
170	约 60	320 + 40 = 360

注：精砂产品以目前最低售价 140 元/t 计算。

该项目在国内硅质原料生产企业推广应用后，若以石英尾砂年产量 300 万吨、60% 的硅质原料生产企业采用该项技术、浮选精砂的产率为 85%、浮选精砂生产成本为 60 元/t 和市场售价为 140 元/t 计，年生产可创利税约 1 亿元。

八、技术应用情况

安徽凤阳台玻矿业有限公司的年产 4 万吨浮选精砂的工程于 2003 年 11 月 11 日一次投产成功。随后的生产实践证明：该生产线工艺设计合理，产品质量稳定、可靠，实际生产能力达到了 7 ~ 8t/h（原设计生产能力为 5t/h），生产成本也满足立项时的要求，甲方对此十分满意，并于 2003 年 12 月 26 日通过验收。

九、已成功应用该技术的主要用户

安徽凤阳台玻矿业有限公司。

十、推广应用的建议

该技术利用石英尾砂为原料生产市场上急需的精制石英精砂（粉），可广泛应用于无碱电子玻纤、真空电子管、高白料器皿及装饰玻璃、高级泡花碱和电子级硅微粉等行业，既解决了硅质原料加工企业的石英尾砂综合利用问题，又解决了石英尾砂占用大量农田和随风飞砂所造成的严重环境污染问题。此项技术成熟可靠，不产生二次污染，生产成本低，可大幅度提高石英尾矿的综合利用价值，有利于资源综合利用和保护环境，投资回报率高，有广泛的推广应用价值。

2.4.14　水泥生产粉磨系统技术

一、所属行业　建筑材料

二、技术名称　水泥生产粉磨系统技术

三、技术类型　节能降耗

四、适用领域　水泥原料、熟料、矿渣、钢渣、铁矿石等物料粉磨工艺

五、技术内容

1. 基本原理

用两个尺寸相同的压辊各自由电机驱动做等速相向转动，其中一个压辊为浮动压辊，其两轴承座可在机架上进行横向滑动；而另一压辊为固定压辊，其两轴承座固定在机架上，不能做横向滑动。加压油缸与浮动压辊的两轴承座的端面相连接，向浮动辊加压，把浮动压辊推向固定压辊。喂入两辊之间的物料就受到挤压，并随着两压辊的相向转动而排出，从而实现对物料的连续挤压粉碎。其工作原理示意图如图 5-16 所示。

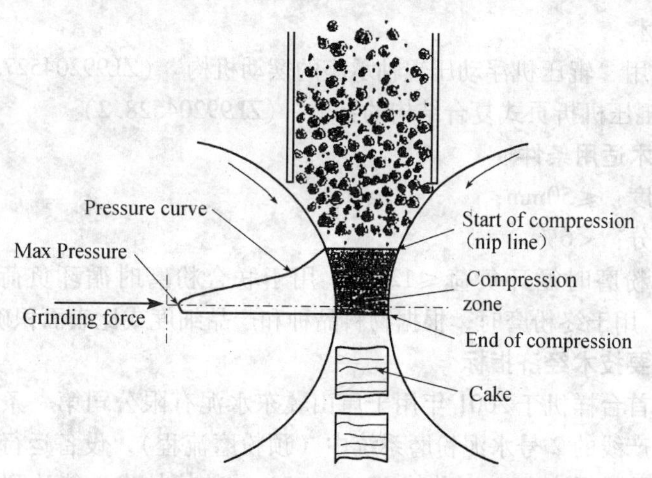

图 5-16　水泥生产粉磨系统技术工作原理

2. 工艺流程

辊压机粉磨系统工艺流程如图 5-17 所示。

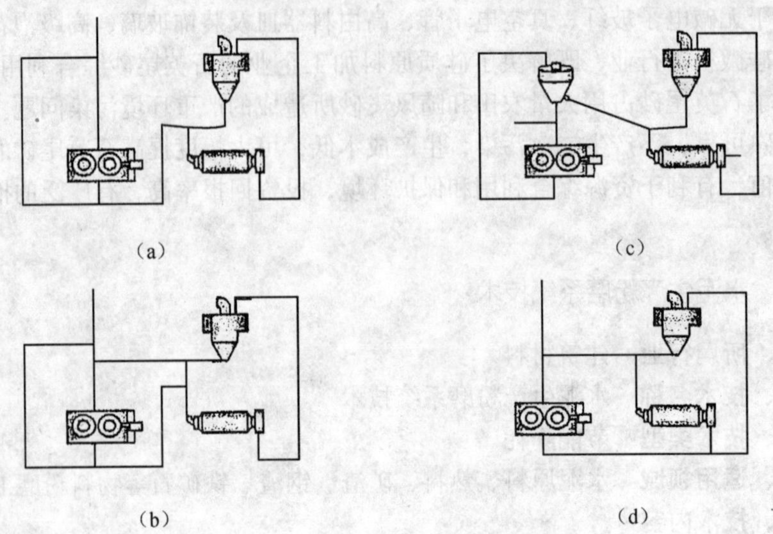

图 5-17　辊压机粉磨系统工艺流程

(a) 辊压机预粉磨；(b) 辊压机混合粉磨；

(c) 辊压机联合粉磨；(d) 辊压机部分终粉磨

3. 技术评审情况

2003 年通过天津市科学技术委员会鉴定。

4. 技术专利和知识产权情况

自主知识产权。

专利技术：

(1) 采用“辊压机浮动压辊轴承座的摆动机构”(ZL99204527.4)；

(2)“辊压机折页式复合结构的夹板”(ZL99204528.2)。

六、技术适用条件

入料粒度：≤50mm；

入料水分：<6%。

用于预粉磨时循环负荷≤120%，用于联合粉磨时循环负荷在 200% ~ 400%之间，用于终粉磨时，根据物料品种和产品细度或比表面积确定。

七、主要技术经济指标

同规格首台样机于 2001 年用于唐山冀东水泥有限公司第一条 4 000t/d 熟料的水泥生产线的 2 号水泥粉磨系统中（预粉磨流程），设备运行稳定，增产节能效果显著：提产 50%，节能 10% ~ 15%。整体技术性能达到国际同类设备的先进水平，其性能参数如下：

1) 型号：TRP140-100；

2) 能力：400t/h（通过量）；

3）压辊公称直径：1 400mm；

4）压辊公称宽度：1 000mm；

5）有效功率：960kW；

6）装机功率：2×630kW 或 2×560kW；

7）允许的喂料粒度：50mm。

八、投资与效益

以台时产量 160t/h P·O42.5 的水泥粉磨系统为例，如表 5-24 所示。

表 5-24　圈流球磨系统与联合粉磨系统比较

类别＼系统	Φ4.2×13m 圈流球磨系统	Φ1.4×1.4m 辊压机 + Φ4.2×13m 球磨机组成的联合粉磨系统
总投资（万元）	约 1 600	约 2 700
产量（t/h）	80	160
提产幅度（%）	—	100
年产水泥（万 t/年）	56	112
单位产品系统电耗（kW/h）	40	32
节电幅度（%）	—	20
年节约用电（万度）	—	896
年节电费用（万元）	—	约 350

九、技术应用情况

冀东水泥磨规格 Φ4.5×15.11m（管磨）、装机功率 4 200kW、装球量 299。增设 TRP140-100、2×560kW 辊压机改成预粉磨系统以后产量由原来的 120t/h 提高到 180t/h 以上，单位电耗下降 5（kW·h）/t。

十、已成功应用该技术的主要用户（见表 5-25）

表 5-25　已成功应用该技术的主要用户一览表

型号	规格（mm）	电极功率（kW）	数量	使用方
TRP100-60	1 000×600	2×300	2	双阳水泥厂、北京琉璃河水泥厂
TRP120-45	1 200×450	2×220	1	江西万年青
TRP140-140	1 400×1 400	2×800	8	华新水泥、天津振兴、巴基斯坦
TRP140-100	1 400×1 000	2×630	1	太行邦正
TRP140-100	1 400×1 000	2×560	1	冀东水泥
TRP120-80	1 200×800	2×450	4	河南天瑞
TRP120-80	1 200×800	2×500	1	老挝

十一、推广应用的建议

该技术设备主要用于新型干法水泥生产线配套的大型水泥粉磨系统和原料粉磨系统，也可用于其他物料如矿渣、钢渣或铁矿石的粉磨，可大幅度降低粉磨电耗，节约能源，改善产品性能。直接经济效益主要体现在节电降低成本上，以一条4 000t/d熟料水泥生产线、建设TRP140-100、2×560kW辊压机组成联合为例，水泥产量提高50%，单位电耗下降5（kW·h）/t以上，幅度约20%，年节电1 000万kW·h。

采用该设备时既可以设计为预粉磨系统，也可以设计为联合粉磨系统，比较而言，联合粉磨系统节电效果更明显。该装置整体技术性能达到国际同类设备的先进水平，可完全替代进口产品，节省了投资和维护费用。

2.4.15 水泥生产高效冷却技术

一、所属行业 建筑材料

二、技术名称 水泥生产高效冷却技术

三、技术类型 节能降耗

四、适用领域 水泥生产企业

五、技术内容

1. 基本原理

将篦床划分成便于冷却的足够小的区域，每个区域又由若干封闭式篦板梁和盒式篦板组成的冷却单元（通称“充气梁”）组成，再用管道供以相应风量、风压的冷却风。这种配风工艺使冷却效率大为提高，可显著降低单位冷却风量和大幅度提高单位篦面积产量。高效的冷却效果还使篦冷机设备薄弱环节篦板的寿命大大延长，从而显著提高了篦冷机的运转率。第三代篦冷机的另一工艺原理是提高篦床阻力，从而降低料层阻力的影响，以达到冷却风合理分布而提高冷却效率的目的。

2. 技术评审情况

2002年通过中国建材协会组织的行业鉴定。

3. 技术专利和知识产权情况

自主知识产权。

专利技术：

1）采用“充气篦板”（ZL99205461.3）；

2）“阻力篦板”（ZL99205460.5）。

六、技术适用条件

该项块状物料冷却技术装备可适用于水泥厂的水泥熟料生产；电解铝厂氧化铝烧结生产线上的氧化铝冷却；以及发电厂锅炉烧煤炉渣的冷却等，对应用煤、重油、天然气等为燃料的生产线均能适用。

七、主要技术经济指标

整体技术性能应达到国际同类设备的先进水平。应用于水泥熟料生产线的热熟料冷却机的性能参数如下：

1）产量：5 000t/d（最大 5 500t/d）；

2）有效篦面积：119.3m^2；

3）进料温度：1 371℃；

4）出料温度：65℃ + 环境温度；

5）出料粒度：≤25mm；

6）最大料层厚度：700 ~ 800mm；

7）冲程次数：18 ~ 20 次/min（冲程：130mm）；

8）三次风温：850 ~ 950℃；

9）二次风温：1 050 ~ 1 100℃；

10）单位篦面积产量：42 ~ 46t/（m^2·d）；

11）单位冷却风量：1.9 ~ 2.2Nm^3/（kg·cl）；

12）热回收率：72% ~ 74%。

八、投资与效益

应用于水泥熟料生产线，与二代篦冷机相比使系统热耗降低 25 ~ 30kJ/（kg·cl）（熟料）；使熟料总能耗下降约 3%（冷却系统热耗约占熟料总能耗 15%；每公斤熟料能耗为 720 ~ 750J），年节标煤近 4 000 ~ 8 000t，约合 120 万 ~ 150 万元。篦冷机性能达到国际先进水平，可代替进口产品，其价格为进口同类产品的 1/2。

九、已成功应用该技术的主要用户

国内近 200 家大中型水泥厂采用；国外（第三世界）近 10 家中小型水泥厂应用。此外，在山东铝业集团所属的氧化铝生产厂中也得到成功使用。自 2002 年至今已售出约 65 台，销售产值达 4.29 亿元，取得了显著的经济效益和社会效益。并已进入国际市场，如越南、巴基斯坦、伊朗等第三世界国家。

十、推广应用的建议

该技术成熟可靠，已经被国内多家大中型水泥厂采用。与第二代篦冷机相比使系统热耗降低 25 ~ 30kJ/（kg·cl）（熟料）；使熟料总能耗下降约 3%（冷却系统热耗约占熟料总能耗的 15%）。以一条 5 000t/d（150 万 t/年）水泥生产线为例，投资约 620 万元，年节煤近 4 000 ~ 4 500t。篦冷机性能达到国际先进水平，可代替进口产品，其价格为进口同类产品的 1/2。此项技术装备主要适用于水泥生产厂。

2.4.16 水泥生产煤粉燃烧技术

一、所属行业 建筑材料

二、技术名称 水泥生产煤粉燃烧技术

三、技术类型 节能降耗

四、适用领域 新型干法水泥生产线

五、技术内容

1. 基本原理

煤粉燃烧系统是水泥熟料燃烧生产线的热能提供装置，主要用于回转窑及分解炉内的煤粉燃烧。当水泥窑内温度加热到800℃以上时，开始启用燃烧器燃煤系统，此时，煤粉输送空气携带煤粉从煤风道喷出，在输送过程中实现风、煤的混合，同时，位于煤风道外层的轴流风道、旋流风道及位于煤风道内层的中心风道同时喷出具有不同风速的轴流风、旋流风和中心风。实际生产中，调节中心风和旋流风的强度变化比例关系，可调整和控制中心回流烟气流的强弱，将煤粉气流压缩在一个薄层，使之在内外两个方向上同时被中心风和旋流风引起的烟气回流扰动分散，形成浓淡相对分离状态，达到离开燃烧器后的第一次风煤混合。在旋流风迅速衰减后，煤风道中喷出的含半焦煤粉的气流继续与外层高速轴流风及轴流风携带的卷吸气流——高温二次风进行进一步的风、煤的混合，已被良好预热的煤粉气流和高温二次风的混合保证了煤粉的充分燃烧。燃烧器利用不同风道层间射流强度的变化可以控制在煤粉燃烧不同阶段燃烧用空气的加入量，确保煤粉燃烧在低而平均的过剩系数条件下进行完全燃烧，有效地控制一次风用风量，同时也减少了有害气体氮氧化物的产生。

2. 技术评审情况

2003年通过天津市科学技术委员会鉴定。

3. 技术专利和知识产权情况

自主知识产权。国家知识产权局于2005年1月26日授权“一种降低水泥窑氮氧化物排放的方法”发明专利，专利号：ZL03129932.6。

六、技术适用条件

1）专门用于新型干法水泥熟料生产线。

2）适用于低品位的煤质，其挥发分≥3%，热值≥18 841kJ/（kg·煤）×4.18kJ/（kg·煤）。要求送煤系统配置误差最大不超过10%。送煤粉的空气中不得含有大颗粒的异物或棉纱等物。

3）相关工艺系统正常，窑头二次风湿约1 000℃。生料成分波动限在1%，喂料波动量限制在1.5%以内，生料水分低于1%。

七、主要技术经济指标

100余条水泥生产线的使用证明，在生产线其他配置基本相同的情况下，采用此种技术具有以下优点。

1）可提高水泥熟料产量5%～10%。

2）可提高水泥熟料早期强度3～5MPa。

3）可以减少5%左右的一次风量。

4）可以降低热耗，节约用煤量。

5）降低有害物质NO_x排放，降低幅度30%，减少环境污染。

八、投资与效益

1）可以取代具有同样技术的进口燃烧器产品，节省设备购置成本。例如，一条5 000t/d生产线需备两套燃烧器（50万元/套），使用国产燃烧器可节约近百万美元。

2）煤耗节省估算：单位熟料节省热耗15×4.1816kJ/kg（约2%），一条5 000t/d生产线节省标煤约3 300吨/年。加上低品位煤替代优质烟煤节约的用煤的支出近400万元，合计约为500万元。

3）水泥熟料的产量和质量得到提高后，增加了熟料利润，燃烧器的贡献率若只按5%计算，则一条5 000t/d生产线可增加利润约500万元。

4）降低NO_x的排放量360t。

九、技术应用情况

具有水泥生产煤粉燃烧节能降耗技术的多通道煤粉燃烧器开发至今仅7年，已在100余条水泥熟料生产线上得到应用，且运行情况良好。该煤粉燃烧器性能可靠，设计符合国情特点，节约能源，降低有害物质的排放，且价格远低于国外同类产品，它的大面积推广使用对推动我国水泥新型干法生产线的技术进步、生产规模大型化、产业及产品结构合理化等方面都有着重要意义，而且可以获得可观的经济效益和社会效益。

十、已成功应用该技术的主要用户

5 000t/d水泥熟料生产线主要用户有：广东塔牌集团蕉岭鑫达水泥厂、广东亨达利水泥制品有限公司、吉林亚泰明城水泥有限公司、建德红狮水泥股份有限公司、安徽海螺集团广西桂林水泥厂、安徽海螺集团中国水泥厂、浙江三狮集团建德水泥厂、浙江锦龙水泥公司、浙江尖峰登城水泥公司、湖北华新集团阳新水泥厂。

十一、推广应用的建议

水泥生产煤粉燃烧节能降耗技术主要适用于新型干法水泥生产线，技术先进、成熟、可靠，对煤质适应性较强，不仅适用于普通烟煤的燃烧，也可使用于各种低品位煤种，如低挥发分煤和无烟煤的燃烧，低品位资源利用率高。采用此项技术需投入约 100 万元（一条 5 000t/d 生产线的两套燃烧器的投资），直接经济效益和降低生产成本约 1 000 万元（包括低品质煤替代优质煤的差价和 2% 年节煤与一次风的节电等）。在环境保护方面，可减少 NO_x 的形成，降低 NO_x 的排放。

实施建议：此技术的主要应用对象是现有回转窑燃烧系统的改造。

2. 4. 17 玻璃熔窑烟气脱硫除尘专用技术

一、所属行业 玻璃制造

二、技术名称 玻璃熔窑烟气脱硫除尘专用技术

三、技术类型 工业污染和消费污染的无公害环保处理技术

四、适用领域 浮法玻璃、普通平板玻璃、日用玻璃生产企业

五、技术内容

1. 基本原理

湿法烟气脱硫的基本原理主要是利用 SO_2 在水中有中等的溶解度，溶于水后生成 H_2SO_3，然后与碱性物质发生反应，在一定条件下生成稳定的盐，从而脱去烟气中的 SO_2。

烟气脱硫常用的脱硫剂有氧化钙、氧化镁、氢氧化钠、氨水等，本项目经过技术经济比较，脱硫剂采用氧化镁粉，其脱硫反应机理如下：

$$MgO + H_2O \longrightarrow Mg(OH)_2$$

$$SO_2 + Mg(OH)_2 \longrightarrow MgSO_3 + H_2O$$

$$2MgSO_3 + O_2 \longrightarrow 2MgSO_4$$

烟气中的烟尘，借助于雾滴表面的化学作用，在紊流状态下，尘粒相互碰撞、凝结和凝集沉降，并被洗涤液带走而使烟气净化。

2. 工艺流程

工艺流程示意图如 5-18 所示。

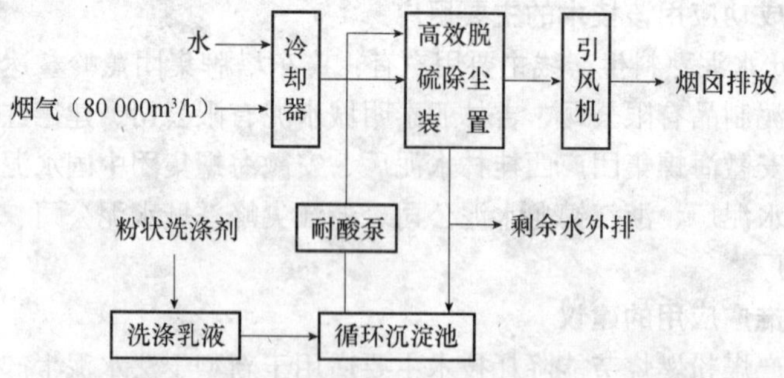

图 5-18 玻璃熔窑烟气脱硫除尘专用技术工艺流程

脱硫除尘装置要求进入装置的烟气温度低于250℃，由于来自熔窑的烟气温度较高（410℃），因此来自熔窑的烟气先进入冷却器进行冷却，在烟气温度低于250℃时进入脱硫除尘装置进行脱硫除尘处理。烟气在脱硫除尘装置内与来自洗涤液循环系统的碱性洗涤液接触，在一系列复杂的化学、物理作用下，使烟气中的 SO_2 被洗涤液吸收，同时烟气中的烟尘凝集沉降而被洗涤液带走，达到脱硫除尘的目的。经净化后的烟气，在脱硫除尘装置内进行有效的脱水，脱水后的烟气，不会造成引风机的带水、积灰或腐蚀。烟气通过引风机进入烟囱排放。

通过冷却系统和脱硫除尘装置后，烟气的温度已经降低到大约70～80℃，烟囱的抽力明显降低，加上冷却系统和脱硫除尘装置的阻力，对于窑压产生很大的影响，因此使用变频调速引风机来增加抽力，以抵消上述的不利影响；为了确保窑压系统的稳定，在原有窑压控制系统的基础上，增设了烟道闸板、高质量的执行机构和后备手操系统，与变频调速引风机结合构成了二级窑压稳定系统。

含有烟尘的洗涤液进入洗涤液循环沉淀池，分离出其中的烟尘等沉淀物，洗涤液循环使用。在其与烟气中 SO_2 的反应过程中，洗涤液的pH值不断发生变化，系统自动控制洗涤乳液的流量，维持洗涤液的pH值在一定的范围内，以保证反应的正常进行。系统正常工作时，该脱硫除尘装置的循环水量（pH≥7）为90～110t/h，脱硫除尘装置的阻力损失为1 000Pa，脱硫效率>70%，除尘效率>90%。

脱硫除尘系统的主要特点如下。

1）脱硫除尘系统的运行不对玻璃熔窑的正常生产产生不良影响。

2）脱硫除尘系统投入运行后，经处理后排放的烟气达到国家标准《工业炉窑大气污染物排放标准》（GB 9078—1996）中二级标准的要求：SO_2 浓度<850mg/m^3，烟尘浓度<200mg/m^3，烟气黑度（林格曼级）一级。

3）脱硫除尘系统布置紧凑，占地面积小。

4）脱硫副产物易于处理，无二次污染。

5）投资省、运行成本低。

6）采用先进的自动控制系统，对脱硫除尘系统进行实时监控，根据pH值的变化自动控制洗涤液的补加，确保脱硫效率，提高操作水平。

3. 技术评审情况

2003年4月，玻璃熔窑烟气脱硫除尘技术通过鉴定，并列入国家科技部应用类科技成果，登记编号：9312003Y0551。

4. 技术专利和知识产权情况

中国凯盛国际工程公司自主开发了玻璃熔窑烟气脱硫除尘技术，具有自主知识产权。其中的脱硫装置和窑压控制系统已经申请了实用新型专利并获得授权（一种玻璃熔窑烟气脱硫除尘装置 ZL200320102943.2，一种玻璃熔窑的窑压控制系统 ZL200320129735.1）。

六、技术适用条件

1）玻璃熔窑的熔化能力为 300～700t/d。

2）总成品率为 78% 以上，玻璃中 SO_3 含量为 0.3%。

3）熔窑燃料为重油，耗油量为 70～100t/d，重油含硫量为～3.18%。

4）芒硝用量为 2～3t/d，纯度为 98%。

5）烟气排放量为 60 000～90 000m^3/h，烟气温度为～410℃。

七、主要技术经济指标

采用玻璃熔窑烟气脱硫除尘技术的广东浮法玻璃有限公司的 550t/d 浮法玻璃熔窑烟气脱硫除尘项目已于 2002 年 6 月通过深圳市环境监测站的验收监测，其监测结果如表 5-26 所示。

表 5-26　深圳市环境监测站的验收监测结果

项　目	处理前	处理后	去除效率	排放标准
烟气量	77 400m^3/h	77 400m^3/h	—	—
二氧化硫	3 000mg/m^3	513mg/m^3	82.9%	850mg/m^3
烟尘	400mg/m^3	26mg/m^3	93.5%	200mg/m^3
林格曼黑度	—	一级	—	—
出口烟气温度	—	70℃	—	—

应用了该技术后，使用变频调速引风机系统替代了该公司原有的喷射风机系统，每小时节约近 80kW 的电耗，每年可节约电费 55 万元。

八、投资与效益

湿法烟气脱硫除尘工艺的主要特点是烟气在高效脱硫除尘装置内与碱性洗涤液接触，使 SO_2 被吸收，而烟尘则凝集沉降被洗涤液带走。其优点是脱硫效率高、建设费用低、操作容易，但如处理不当，将产生腐蚀、结垢等问题。而湿法烟气脱硫除尘专用技术采用氧化镁为脱硫剂，则既具有脱硫效率高、建设费用低、操作简便等优点，同时又避免了湿法脱硫除尘易腐蚀、结垢的缺点，投资的环境效益和社会效益明显。

国内外玻璃熔窑烟气脱硫除尘技术的比较如表 5-27 所示。

表 5-27　国内外玻璃熔窑烟气脱硫除尘技术比较

项　目	欧洲某 600t/d 浮法玻璃生产线	我国某 550t/d 浮法玻璃生产线
技术来源	国外	中国凯盛
脱硫除尘工艺	半干法	湿法
废气排放量（m^3/h）	80 000	77 400

续表

项　目	欧洲某600t/d 浮法玻璃生产线	我国某550t/d 浮法玻璃生产线
处理前的 SO_2 浓度（mg/m^3）	3 500	3 000
处理后的 SO_2 浓度（mg/m^3）	1 800	513
SO_2 脱除率（%）	48.57	82.9
处理前的烟尘浓度（mg/m^3）	350	400
处理后的烟尘浓度（mg/m^3）	50	26
烟尘的脱除率（%）	85.71	93.5

从上表中可以看出，我国企业开发的玻璃熔窑烟气脱硫专用技术已经达到国际先进水平。

九、技术应用情况

广东浮法玻璃有限公司采用玻璃熔窑烟气脱硫除尘技术获得成功后，深圳南方超薄浮法玻璃有限公司浮法二线的熔窑烟气脱硫除尘项目和深圳华晶玻璃厂玻璃熔窑烟气脱硫除尘工程，均通过了深圳市环境监测站的监测，烟气和废水都达标排放，取得了良好的社会效益和经济效益。

十、已成功应用该技术的主要用户

1）广东浮法玻璃有限公司。

2）深圳南方超薄浮法玻璃有限公司浮法二线。

3）深圳华晶玻璃厂。

4）威海玻璃有限公司浮法一线。

十一、推广应用的建议

此项技术成熟可靠，主要特点是：采用氧化镁作为脱硫剂，烟气在高效脱硫除尘装置中，与碱性洗涤液接触，SO_2 被吸收，而烟尘则凝集沉降被洗涤液带走，脱硫效率高、建设费用低、操作简便、不易腐蚀和结垢。以广东浮法玻璃有限公司浮法玻璃生产线为例，使用该技术后，每年可减少烟尘排放量252t、减少 SO_2 排放量 1 483t，对减轻本地区小环境的酸雨危害、改善环境空气质量，提高健康水平，改善人居环境的作用明显。采用这项技术，对推动我国玻璃行业科技进步、清洁生产和可持续发展具有重要意义。此外，此项技术还可用于其他行业的烟气脱硫，如陶瓷、水泥以及锅炉等。

2.4.18　干法脱硫除尘一体化技术与装备

一、所属行业　环保行业

二、技术名称　干法脱硫除尘一体化技术与装备

三、技术类型　新工艺新设备的开发和利用

四、适用领域　燃煤锅炉和生活垃圾焚烧炉的尾气处理

五、技术内容

1. 基本原理

该技术把烟气的除尘和脱硫在同一工艺过程中完成，是通过对袋式除尘器的改进和创新来实现的，因此称之为除尘脱硫一体化袋式除尘器。

在此项目中研发的袋式除尘器已不单单是用来解决除尘问题，而是作为气体反应器，用以处理工业废气中的有害物质；最为典型的应用是：袋式除尘器作为处理垃圾焚烧及干法脱硫的主机设备来用。袋式除尘器作为一种装置，主要依靠其所采用的滤料来除去工业废气中的粉尘，应属固—气分离技术原理。而现在用于燃煤发电厂锅炉和垃圾焚烧袋式除尘器，不仅仍保留有除去工业废气中粉尘（即固—气分离）的功能，还用作气体反应器除去废气中的有害气体（属气—气分离技术原理），从这点来看，用于燃煤发电厂锅炉和垃圾焚烧及干法脱硫的袋式除尘器兼具固—气分离及气—气分离的功能，不同于一般的袋式除尘器，其创新点在于该项目集脱硫、脱有害气体和除尘于一体处理含尘、含毒废气，满足严格的排放要求。煤中的硫燃烧后主要是以 SO_2 的形态存在，这种呈气态的 SO_2 是无法用任何其他种类除尘器收集和捕捉的。此项技术是通过向含有粉尘和 SO_2 的烟气中喷射熟石灰干粉和反应助剂来实现脱硫的。SO_2 和熟石灰在反应助剂的辅助下充分发生化学反应，形成固态硫酸钙（$CaSO_4$），附着在粉尘上或凝聚成细微颗粒随粉尘一起被袋式除尘器收集下来。这是一种干法脱硫工艺，其反应式如下：

$$Ca(OH)_2 + SO_2 \longrightarrow CaSO_4 + H_2O$$

2. 工艺流程

该技术工艺流程图如图 5-19 所示。

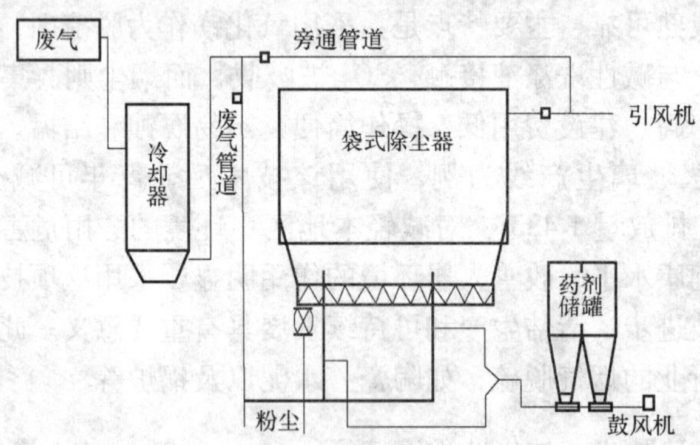

图 5-19　干法脱硫除尘一体化技术与装备工艺流程

3. 技术评审情况

该项目于 2004 年 11 月 22 日通过安徽省科学技术厅鉴定。

六、技术适用条件

主要设备由脱硫专用反应器、袋式除尘器本体及气体自动监测仪构成。反应器配有药剂的计量、喂料装置和提高分散度的分散装置。袋式除尘器本体由上部箱体、袋室、排灰装置及脉冲喷吹清灰系统以及喷吹清灰控制系统组成。气体自动检测仪由 SO_2 含量自动测定装置，自动调节装置控制。脱硫专用反应器是本项目的主要任务。

七、主要技术经济指标

1）粉尘排放浓度：$<50mg/Nm^3$。

2）SO_2 排放浓度：$<200mg/Nm^3$。

3）NO_x 排放浓度：$<300mg/Nm^3$。

4）HCl 及重金属：满足国家排放标准。

5）滤袋平均使用寿命：2 年以上。

八、投资与效益

按年产 100 套计，根据产品方案、生产消耗和有关规定对项目的成本进行估算，其销售收入为 5.5 亿元/年。投资回收期：形成规模后一年。

环境和社会效益：目前，国内各类燃煤锅炉排放的烟气中含有大量的粉尘和 SO_2 等有害气体。烟气的含尘浓度达 $30\sim40g/Nm^3$，每年排入大气的烟尘量达 3 000 万 t 以上，燃用煤中的硫含量为 2% ~5% 以硫氧化物的形式排入大气，主要形态表现为 SO_2，是造成酸雨的罪魁祸首。资料显示，1999 年我国燃煤产生和排入大气的 SO_2 多达 1 800 万 t 以上，严重污染了大气，恶化了人们的生存环境，酸雨在我国几十座城市蔓延，对国民经济造成的损失越来越大。此项技术不仅可用于新上项目的排污，也可应用于现有袋式除尘器的技术改造。

九、技术应用情况

2000 年开始参与浙江温州第一套国产化的，日处理 150t 生活垃圾焚烧发电厂尾气处理的设计和调试工作；2001 年参与了绍兴日处理 400t 生活垃圾焚烧发电厂尾气处理的技术和调试工作以及广东南海卫生发电厂生活垃圾焚烧发电厂尾气处理的设计和调试工作。从 2003 年开始在垃圾焚烧发电的锅炉上试验这一技术，通过一年多的试验，已摸索出宝贵的经验，取得了明显的效果。

十、已成功应用该技术的主要用户

贵州盘县发电厂、江西九江发电厂。

十一、推广应用的建议

此项技术在九江、绍兴、广东等地的发电厂燃煤锅炉和生活垃圾焚烧炉的尾气处理系统中应用，有效降低了烟气有害气体浓度，粉尘、SO_2、NO_x、低于国家排放标准。每小时处理 20 万 m^3 烟气（相当于日燃煤 75t 锅炉或日焚烧生活垃圾 300t 产生的烟气量），效果良好。

2.4.19 煤矿瓦斯气利用技术

一、所属行业 煤矿，城镇民用燃气

二、技术名称 煤矿瓦斯气利用技术

三、技术类型 资源综合利用

四、适用领域 煤矿瓦斯气丰富的大型矿区

五、技术内容

1. 基本原理

煤矿瓦斯气的主要成分是甲烷，属清洁能源。将民用燃煤改为燃气，不但可以顶替大量原煤、减少燃煤产生的环境污染，而且可以有效减少矿井瓦斯爆炸的机会，同时减少直接排入大气的温室气体量。从技术上讲，都是采用成熟的工业技术，将矿井中抽出的瓦斯气收集存储（过去是向大气直排）、铺设管道系统、调压输送到城镇居民区，为居民生活提供燃气。

2. 工艺流程

煤矿瓦斯气利用技术工艺流程如图 5-20 所示。

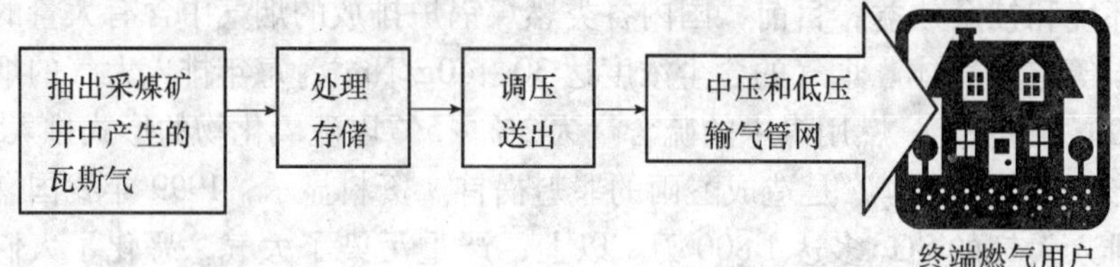

图 5-20 煤矿瓦斯气利用技术工艺流程

3. 技术评审情况

属于成熟工业技术的新应用。

六、技术适用条件

该技术适用于矿井瓦斯气抽排管网和设备，储气罐，调压泵站，输气管网，控制系统，相关市政服务设施等。

七、主要技术经济指标

应根据当地矿井瓦斯气的生产成本和协议供气价格、工程规模和民用燃气的销售价格进行测算。以阳泉市煤矿瓦斯气综合利用项目为例，阳泉市 2000 年每立方米矿井瓦斯气（含甲烷 40.8%）的协议购气价格为 0.2 元，燃气价格民用是 0.6 元、公共建筑用户 0.7 元、工业用户 0.8 元。

八、投资与效益

需要根据项目所在地的具体情况进行分析。例如，山西阳泉市投资 18 880 万元，可建成新增储气容积 10 万 m^3、调压站 41 座、中压输气管道 79km、低

压输气管道41km，年燃气销售收入6 000万元。

九、技术应用情况

煤矿瓦斯气的抽排、储存和输送都是成熟的工业技术。

十、已成功应用该技术的主要用户

安徽淮南矿业集团、山西阳煤集团。

十一、推广应用的建议

在煤矿瓦斯气丰富的地区，将矿井抽排瓦斯气与城镇民用燃气工程建设结合起来，既可提高煤矿的清洁生产水平和经济效益，又可减少矿井瓦斯爆炸的机会、提高矿井安全生产水平，同时还可使城镇居民使用清洁燃料，改善大气环境。应用这项工程涉及的范围较大，应周密规划，以保证煤矿与城镇之间的衔接。

2.4.20 柠檬酸连续错流变温色谱提纯技术

一、所属行业 发酵工业柠檬酸行业

二、技术名称 柠檬酸连续错流变温色谱提纯技术

三、技术类型 工业色谱分离技术

四、适用领域 柠檬酸生产企业

五、技术内容

1. 基本原理

本清洁生产工艺是采用弱酸强碱两性专用合成树脂吸附分离柠檬酸的错流色谱分离技术。工艺中采用的柠檬酸专用吸附树脂对柠檬酸有很强的专一吸附能力，而且温度越低吸附容量越大。不同于通常的酸、碱及有机溶剂的解吸洗脱，该树脂是采用热水洗脱。因为水在不同温度时离解度将产生显著变化，当温度从25℃上升到85℃时，H^+和OH^-的浓度可增大30倍，热水就代替了酸、碱，起到了改变离子交换平衡的推动作用，因此可以用80℃左右的热水轻而易举地从吸附了柠檬酸的饱和树脂上将柠檬酸洗脱下来，而且无任何酸、碱污染。

本工艺具有如下特点。

1）实现清洁化生产。

①分离过程中使用热量差作为洗脱动力，不使用任何石粉、酸、碱等化学品。

②消除了二氧化碳废气排放。

③消除了硫酸钙、活性炭等废渣排放。

④废糖水循环发酵，提高柠檬酸产率，基本消除了废水排放。

2）缩短生产工艺流程，节省生产场地，减少操作人员，降低生产成本。

3）固定相利用率提高 2 ~ 5 倍。

4）柠檬酸收率（发酵过滤液至浓缩结晶前）大于 98%。

5）产品浓度较通常色谱高。

6）可实现全自动连续化生产，适合进行大规模工业化生产。

2. 工艺流程图

图 5-21 所示为本工艺流程图。

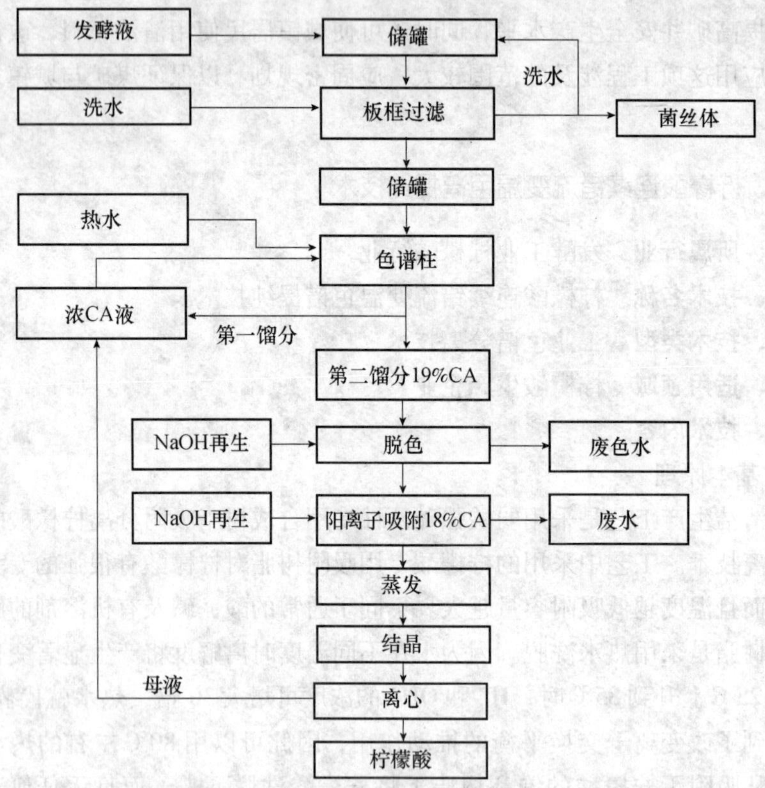

图 5-21　柠檬酸连续错流变温色谱提纯技术工艺流程

具体技术路线为：发酵液过滤去除菌丝体→室温下两性树脂吸附柠檬酸（发酵废液回发酵罐循环发酵）→高温热水脱附柠檬酸→树脂脱色→浓缩、结晶。

3. 技术评审情况

该成果于 2001 年 12 月通过中国轻工业联合会科技成果鉴（中轻科　鉴字〔2001〕第 010 号），专家一致认为“该技术是柠檬酸生产的重大革新，系国内外首创，居国际领先水平”。

4. 技术专利和知识产权情况

该成果已于 2004 年 3 月 10 日获得中国发明专利（授权公告号 CN 1141289），并在 2002 年申请了国际发明专利（申请号 PCT/CN02/00336）。

六、技术适用条件

工艺主要设备为色谱系统和自动控制系统。

七、主要技术经济指标

本新工艺与现工艺、技术和装备对比分析，本新工艺可缩短生产流程，提高产品收率（达 10% 以上），提取收率将大于 98%；减少生产用地、生产厂房；节省人员编制；减少运输工作量；削减三废排放（每吨柠檬酸产生的废水由 40t 下降为 4t，且无固体废渣，废气产生），并使生产成本大幅度降低。表 5-28、表 5-29、表 5-30 为具体比较数据。

表 5-28　柠檬酸后提取工艺生产消耗对比（每吨柠檬酸）

	硫酸（t）	石粉（t）	树脂（元）	活性炭（kg）	烧碱（kg）	盐酸（kg）	蒸汽（t）	水（t）	电（kW）	收率（%）
现工艺	0.8	0.83	20	13	120	180	0.5	40	200	88～93
新工艺	—	—	50	—	10	5	3.7	7	40	>98

表 5-29　柠檬酸生产中三废产生比较（每吨柠檬酸）

	二氧化硫	硫酸钙	废水	活性炭
现工艺	480kg	2t	40t	13kg
新工艺	—	—	4t	—

表 5-30　1 万 t/年柠檬酸生产后提取工序生产成本比较

	建筑面积（m^2）	占地面积（m^2）	生产成本（元/t）	人员
现工艺	5 700	6 500	1 100	40
新工艺	800	450	750	9

八、投资与效益

以年产 5 万吨柠檬酸后提取装置投资计算，本清洁生产工艺（色谱法）投资约 2 800 万元，比现行工艺（钙盐法）增加投资约 1 900 万元；本新工艺每年可节约成本 1 800 万元（尚未包括节省的硫酸、石粉等物料的运输费用和三废处理费用），一年半内便可收回投资（见表 5-31）。另外本新工艺还可减少排放二氧化碳 2.4 万 t，废水 180 万 t，硫酸钙废渣 10 万 t。具有很大的经济效益与社会效益。

表 5-31　色谱法投资测算和投资回收期

项目	具体情况
色谱工艺总投资（连浓缩）	3 400 万元/套
钙盐法设备和土建投资	1 500 万元/套
色谱法比钙盐法增加投资	1 900. 0 万元
色谱法比钙盐法节约成本	1 800 万元/年
增加投资费用回收时间	1. 06 年

钙盐法和色谱法消耗不同，对生产成本影响也有很大不同。以年产 5 万 t 柠檬酸为例，不同工业的消耗、成本比较见表 5-32 和表 5-33。

表 5-32　普通钙盐法

项目	单耗	单位	年耗	单价（元/t）	费用（万元/年）
碳酸钙	0. 83	t/t	41 500	95. 00	394. 3
硫酸	0. 8	t/t	40 000	600. 00	2 400. 0
发酵清液总酸费用	—	—	—	—	14 510. 6
电	200	（kW · h）/t	10 000 000	0. 50	500. 0
蒸汽	0. 5	t/t	25 000	100. 00	250. 0
年设备折旧费用	1 500 万元/10 年				150
人工费用	80 个 ×2 万元/个 =160 万元/年				160
石膏处理费用	2	—	100 000	假设为 0	0
钙盐法物料消耗费用合计	18 365. 9				

表 5-33　色谱法

项目	单耗	单位	年耗	单价（元/t）	费用（万元/年）
硫酸	0	t/t	0	600	0
树脂消耗	0. 3	L/t	15 000	50. 00	75
发酵清液总酸费用					13 932. 3
去离子水	7	t/t	350 000	5. 00	175. 0
人工费用	9 个 ×2 万元/个 =18 万元/年				18
第 1 次蒸发成本（浓缩发酵清液）	1 984. 4				
第 2 次蒸发成本（浓缩发酵清液）					
年设备折旧费用	3 400 万元/10 年				340
人工费用	20 个 ×2 万元/个 =40 万元/年				40
色谱法物料消耗费用合计	16 565. 7				
每年可以节约成本（未含节省的运输费用和三废处理费用）					1 800. 2

九、技术应用情况

应用此项工艺在无锡分离应用技术研究所的高 5m 直径 0.4m 的分离柱、年产 200t 规模的装置上，进行了中试试验，在 7 个月的中试运行时间中，用新工艺提取柠檬酸共 106t，产品质量经检测达到国家标准 GB/T 8269—1998 的优级和 FCC 的标准。

十、已成功应用该技术的主要用户

宜兴协联生化有限公司，使用本技术建设 6 000t/年柠檬酸母液色谱分离工程。

十一、推广应用的建议

此项新工艺可缩短生产流程，产品收率将大于 98%；减少生产用地、生产厂房；大量削减三废排放（每吨柠檬酸产生的废水由 40t 下降为 4t，大量减少固体废渣、废气产生），并使生产成本大幅度降低。本工艺可首先在柠檬酸行业进行推广，然后在乳酸以及糖醇等发酵制品生产中应用。实施时，对现有生产装置进行局部改造，增添部分设备，通过节能降耗、降低成本、减少污染物处理费用等，可在 1 ~2 年内回收改造投入的资金。

2.4.21 香兰素提取技术

一、所属行业 轻工行业

二、技术名称 香兰素提取技术

三、技术类型 资源综合利用

四、适用领域 香兰素生产

五、技术内容

1. 基本原理

香兰素在国外的应用领域很广，大量用于生产医药中间体，也用于植物生长促进剂、杀菌剂、润滑油消泡剂、电镀光亮剂、印制线路板生产导电剂等。国内香兰素主要用于食品添加剂，近几年在医药领域的应用不断拓宽，医药领域已成为香兰素应用最有潜力的领域。目前国内香兰素消费：食品工业占 55%，医药中间体占 30%，饲料调味剂占 10%，化妆品等占 5%。

在压力作用下，利用纳滤膜不同分子量的截止点，使化学纤维浆废液中的低分子量的香兰素（152 左右）几乎全部通过，而使大分子量（5 000 以上）的苏质素磺酸钠和树脂绝大部分留存，把香兰素和木质素分开，进而使香兰素产品纯度提高。

2. 工艺流程

本工艺流程如图 5-22 所示。

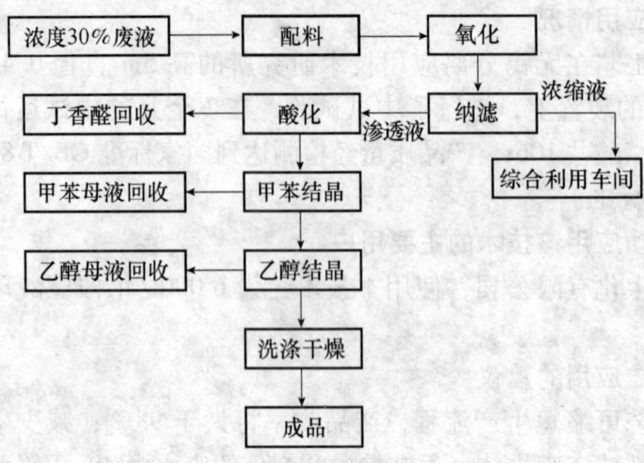

图5-22 香兰素提取技术工艺流程

3. 技术评审情况

吉林亚松实业股份有限公司与清华大学合作，开发研制运用纳滤膜技术处理化学纤维浆废液提取香兰素的生产新工艺，经过一年多的时间，进行了小试和中试，并于2000年4月通过了吉林省科学技术委员会的科技成果鉴定。

4. 技术专利和知识产权情况

自主知识产权。

六、技术适用条件

各种原料的储罐、氧化反应器、纳滤装置、萃取塔、蒸发器、冷凝器、甲苯结晶锅、乙醇结晶锅、真空干燥机等。

七、主要技术经济指标

该技术使原提取、纯化工艺由传统工艺的18道简化为9道，香兰素提取率从80%提高到95%以上，香兰素半成品纯度由65%提高到87%。

八、投资与效益

按年产1 000t香兰素测算，投资规模约为1.5亿元。年可实现销售收入1.3亿元，税后利润2 000万元。所得税后财务内部收益率为20%，投资回收期为4年。

九、技术应用情况

吉林亚松实业股份有限公司采用了该技术。

十、推广应用的建议

该技术利用化学纤维浆的废液生产香兰素，有利于化学纤维浆生产企业的清洁生产，有利于资源综合利用和环境保护，市场前景好。

2.4.22 木塑材料生产工艺及装备

一、所属行业 轻工行业

二、技术名称 木塑材料生产工艺及装备

三、技术类型 资源综合利用

四、适用领域 木塑型材、板材的生产

五、技术内容

1. 基本原理

木塑材料生产工艺主要是将单组分废旧塑料和木质纤维（木屑、竹粉、稻壳、秸秆等）按一定比例混合，添加特定的助剂，经高温、挤压、成型等工艺生产出木塑复合材料。

生产的木塑复合材料具有同木材相类似的良好加工性能，握钉力明显优于其他合成材料；具有与硬木相当的物理机械性能；可抗强酸碱、耐水、耐腐蚀、不易被虫蛀、不长真菌，其耐用性明显优于普通木质材料。木塑复合材料用途十分广泛，可用于制作托盘、包装箱、集装器具、底铺板、枕木、室外护栏、园林椅、指示牌等产品。

2. 工艺流程

该工艺流程如图5-23所示。

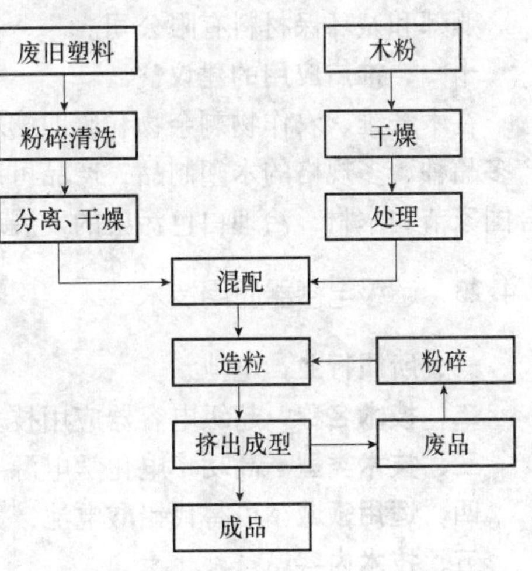

图5-23 木塑材料生产工艺及装备工艺流程

3. 技术评审情况

该技术通过中国包装总公司组织的科技成果鉴定。

4. 技术专利和知识产权情况

该项技术是在引进和吸收国外木塑材料技术的基础上，通过不断创新与改进，形成的具有自主知识产权的一系列技术，这些技术主要包括：设备设计及改进技术、模具设计及加工技术、添加剂配方技术。该项目从混料至挤出成型各个环节所采用的技术，全部经引进后进行了创新，并具有完全的自主知识产权，技术所有权所属关系明确，并已申报获得发明专利：

1）木塑型材挤出成型工艺及设备（专利号：ZL00132561.2）；

2）实用新型专利：环保型工业托盘（专利号：ZL00245867.5）。

六、技术适用条件

主要生产设备有挤出机组、注塑机组、模压机组等，辅助生产设备主要有

粉碎机、造粒机、干燥机、空压机、模具等。

七、主要技术经济指标

采用的原料95%以上为废旧材料，实现废物利用和资源保护，所加工的产品也可以回收再利用。

八、投资与效益

此项技术是利用废物生产高附加值环保型产品，主要特点如下。

1）低耗性：用0.8t木粉和0.2t塑料，可生产出1t木塑产品，替代木材，节省资源。

2）低投资：年产2 000t就可达到规模效应，国产设备需要投资200万元，进口设备需投入2 000万元左右。

3）资源和环保意义大：生产所需的塑料新旧皆可，而木粉则可用灌木枝条、小径木、木材边角料和废弃杂木，这些可再生资源都可回收利用。

九、技术应用情况

该项技术已经在河北燕郊经济技术开发区建有生产线。

十、已成功应用该技术的主要用户

燕郊和诚环保材料有限公司。

十一、推广应用的建议

在木纤维、农作物剩余物和废旧塑料来源丰富的地区，可采用此项技术生产多品种、多规格的木塑制品，产品可广泛用于包装、建筑、装饰等行业。符合国家节约木材，治理白色污染的发展政策。

2.4.23 超级电容器应用技术

一、所属行业 电池

二、技术名称 超级电容器应用技术

三、技术类型 高功率电化学电源-清洁型动力电源

四、适用领域 可替代铅酸电池，为电动车辆提供动力电源

五、技术内容

1. 基本原理

混合型超级电容器可作为城市公交电车的牵引型和启动型电源，也可以替代铅酸电池为货场电动车提供动力电源（见图5-24）。

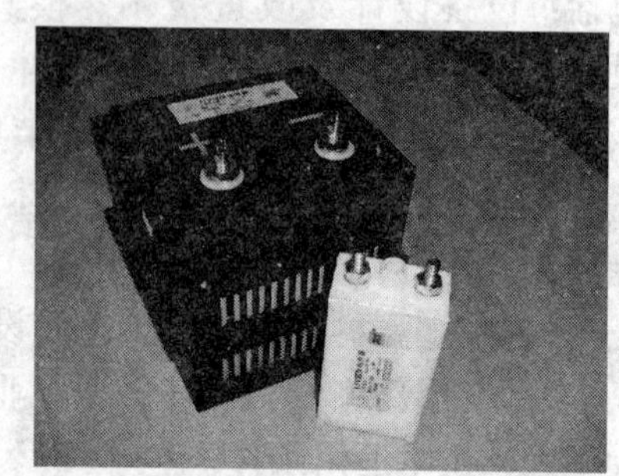

图5-24 混合型超级电容器

混合型超级电容器是利用电容器充放电快、寿命长、无环境污染的特性，采用现代电化学技术，提高电容器的比能量

（Wh/kg）和比功率（W/kg）而制成的高功率电化学电源。

2. 工艺流程

（1）非极化电极制作工艺流程（见图 5-25）

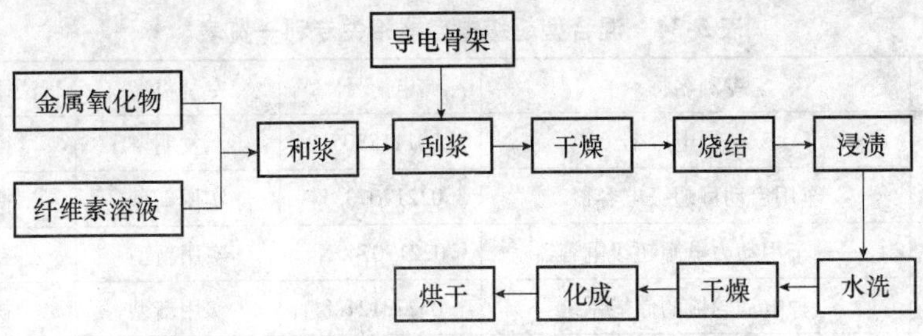

图 5-25　非极化电极制作工艺流程

（2）极化电极制作工艺流程（见图 5-26）

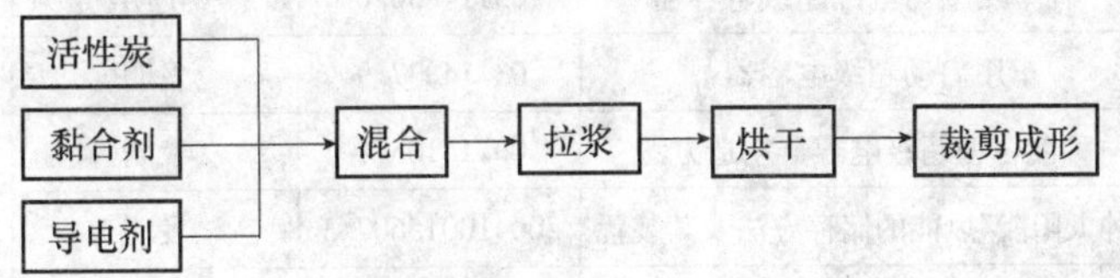

图 5-26　极化电极制作工艺流程

（3）超级电容器制作工艺流程（见图 5-27）

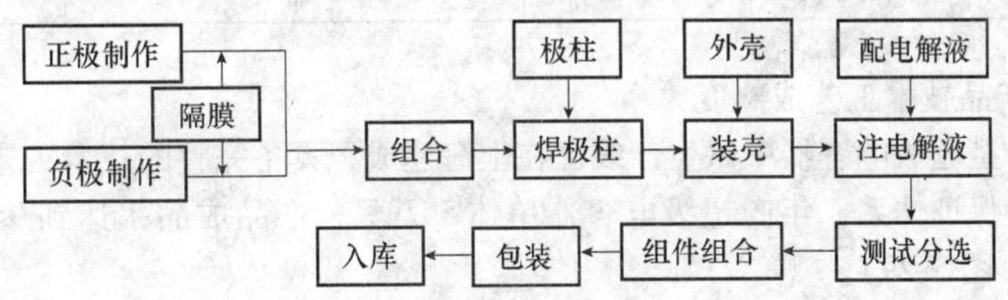

图 5-27　超级电容器制作工艺流程

3. 技术评价情况

2002 年 12 月，国家 863 计划电动汽车重大专项项目“车用动力超级电容器及其管理模块”课题通过科技部验收。

2004 年 7 月，“车用超级电容器”课题通过上海市科委鉴定，达到国际先进水平。

2004 年 9 月，专利技术二次开发项目“电动公交车用超级电容器”通过上海市科委验收。

2004 年 12 月，863 计划电动汽车重大专项“燃料电池客车用超级电容器”项目通过国家科技部验收。

4. 技术专利和知识产权情况

已申请混合型超级电容器相关专利 13 项，其中发明专利 8 项，如表 5-34 所示。

表 5-34　混合型超级电容器相关专利一览表

序号	专利名称	申请号	专利类型	法律状态
1	双电层电容器	ZL01118705. 0	发明	授权
2	车用启动型超级电容器	02217073. 1	实用新型	授权
3	一种车用动力电源超级电容器	02217074. X	实用新型	授权
4	一种电动轮椅的储能系统	03228121. 8	实用新型	初审
5	一种小型电动车的储能系统	03228119. 6	实用新型	初审
6	一种太阳能道钉	03228120. X	实用新型	授权
7	一种车用动力电源超级电容器	03114836. 0	发明	实审
8	车用启动超级电容器	03114837. 9	发明	实审
9	一种混合型超级电容器制造方法	03115105. 1	发明	待公开
10	一种太阳能/风能的储存方法及其装置	200410015607. 3	发明	初审
11	一种电器遥控器	200410015606. 9	发明	初审
12	一种新型节能电梯	200410054284. 9	发明	初审
13	无轨电车脱线运行的新方法	200410054285. 3	发明	初审

5. 产品技术工艺成熟度

混合型超级电容器中试生产线已在上海建成，具备完整的技术工艺保证文件和质量保证体系，年产超级电容器单体 5 万只，产品成品率达到 95%（见图 5-28、图 5-29）。

图 5-28　电极生产线

图 5-29　装配生产线

经信息产业部化学物理研究所产品质量监督检验中心、上海技术监督局上海测试中心的检测，产品性能和产品质量符合技术标准的要求。截至 2004 年，超级电容器产品已在公交电车和小型电动车中进行了实际运行考核，超级电容器性能没有衰减现象。

六、技术适用条件

用户应用超级电容的主要设备：超级电容器阵列组及其承载固定装置，专用充电设备、测试和维护工具等。

七、主要技术经济指标

1. 主要技术指标

1）牵引型电容器：比能量：10W·h/kg；
比功率：600W/kg；
循环寿命：大于 50 000 次；
充放电效率：大于 95%。

2）启动型电容器：比能量　3W·h/kg；
比功率：1 500W/kg；
循环寿命：大于 20 万次；
充放电效率：大于 99%。

2. 经济指标

目前超级电容的销售价格约为每瓦时 20 元［20 元/（W·h）］。

八、投资与效益

超级电容器与胶体铅酸电池作为电车电源的应用比较，如表 5-35 所示。

表 5-35　超级电容器与胶体铅酸电池比较

项目	超级电容器	胶体铅酸电池
充电时间	2 分钟	6 小时左右
每次输出能量（kW·h）	3.5	30.72
一次充电的行驶里程（km）	3.3	27.9
充放电循环寿命（次）	30 000	400
累计放出能量（kW·h）	105 000	12 288
总行驶里程（km）（每千米耗能 1.1kW·h）	95 455	11 160
重量（kg）	864	992
一次投入成本（万元）	20	2.69
使用成本［元/（kW·h）］	1.90	2.19
维护性	少维护或免维护	常维护
对环境影响	无污染	报废时有铅酸污染物

九、技术应用情况

已应用在公交无轨电车（主电源）（见图5-30）、电动高尔夫球车（主电源）（见图5-31）、电动叉车（辅助启动电源）、港口起重机械（辅助启动电源）。

图5-30　公交无轨电车中的超级电容器

图5-31　超级电容器驱动的高尔夫球车

十、已成功应用该技术的主要用户

主要用户有公交电车制造厂、城市电车公司、港口机械制造商、电瓶车制造商、电动叉车制造商、军事工程车辆制造商等。

十一、推广应用的建议

超级电容器是一种清洁的储能器件，充电快、寿命长，全寿命期的使用成本低，维护工作少，对环境不产生污染，可取代铅酸电池作为电力驱动车辆的电源，提高城市公交电车和港口、站场内短距离运输车辆的清洁生产水平。

2.4.24　对苯二甲酸的回收和提纯技术

一、所属行业　印染行业

二、技术名称　对苯二甲酸的回收和提纯技术

三、技术类型　资源回收

四、适用领域　涤纶织物碱减量工艺

五、技术内容

1. 基本原理

碱减量工艺是以涤纶为主要原料的重要工艺，它是以8%碱液在80℃处理45min，使涤纶表面不均匀剥落而达到丝绸或毛型感觉的工艺。但碱减量废水COD高达20 000mg/L～80 000mg/L，这类印染厂碱减量废水的水量仅占5%，而COD负荷却占55%，甚至更高。若这类印染厂废水COD在1 400mg/L～2 400mg/L，且废水中对苯二甲酸能回收，那么就可以做到一方面资源回收，一方面废水COD可下降至1 000mg/L左右，有利于处理达标。

酸析法可以回收对苯二甲酸，但由于所生成晶粒太细，分离困难。本法采用在一体化设备内，二次加酸方法达到容易分离，经离心分离后，生成粗对苯二甲酸。粗对苯二甲酸含杂质12% ~18%，经提纯后，含杂量低于1.5%，可以直接与乙二醇合成制涤纶切片。

2. 工艺流程

粗提、精提技术工艺流程如图5-32所示。

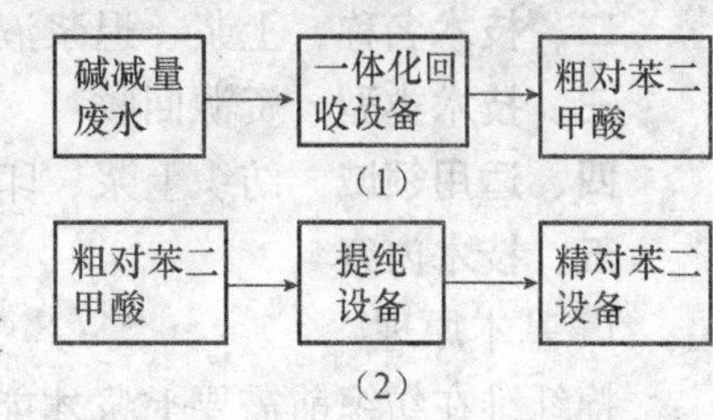

图5-32 粗提、精提技术工艺流程

3. 技术评审情况

自主开发技术。已通过上海市科委的技术鉴定。

4. 技术专利和知识产权情况

精提、粗提两种技术专利申请书，申请号分别为：200510023356.2和200510023357.2。

六、技术适用条件

一体化对苯二甲酸回收设备，粗对苯二甲酸提纯设备。

七、主要技术经济指标

对苯二甲酸的回收率大于95%（当浓度以COD计大于20 000mg/L时）。

处理每吨废水电耗1 ~1.5kW·h。

处理后尾水酸性，可以中和大量印染废水（碱性）。

八、投资与效益

以规模为100t/d碱减量回收设备为例，设备费用40万元，每天处理废水100t，回收粗对苯二甲酸约2t，目前市场价为1 000元/t，扣除电耗、人工费等，约收益1 600元/天，投资回收年限为不到一年。每天COD削减约3t，而且印染废水的处理将容易，环境效益、社会效益十分明显，并有很大的经济效益。对苯二甲酸的提纯应另外开设工厂集中提纯。

九、技术应用情况

中试成功，已通过鉴定和申请专利，正在浙江恒美实业集团实施。

十、已成功应用该技术的主要用户

浙江恒美实业集团。

十一、推广应用的建议

碱减量废水是印染行业最重要污染源之一，以涤纶仿真丝为例，一般碱减量废水水量占全厂废水量的5%，而COD负荷却高达55%，甚至更高。由于对苯二甲酸难以生物降解，处理难度高，已成为目前我国印染行业老大难问题。此项技术可回收资源、减少污染，并可生产产品，回用于涤纶，资源环境效益和经济效益良好。

2.4.25 上浆、退浆液中 PVA（聚乙烯醇）回收技术

一、所属行业 纺织、印染行业

二、技术名称 上浆、退浆液中 PVA（聚乙烯醇）回收技术

三、技术类型 资源回收

四、适用领域 纺织上浆、印染退浆工艺

五、技术内容

1. 基本原理

棉纤维在纺织前需要上浆才能织布；在印染前需要退浆，然后才能染色。上浆废水和退浆废水都是高浓度有机废水，其化学需氧量（COD）高达 4 000mg/L ~ 8 000mg/L,严重污染水体。目前主要浆料是 PVA（聚乙烯醇），它是涂料、浆料、化学浆糊等物料的主要原料，此项技术利用陶瓷膜“亚滤”设备，浓缩、回收 PVA 并予以利用，同时减少废水的污染，具有明显的环境效益、社会效益，也有一定经济效益。

2. 工艺流程

该工艺流程如图 5-33 所示。

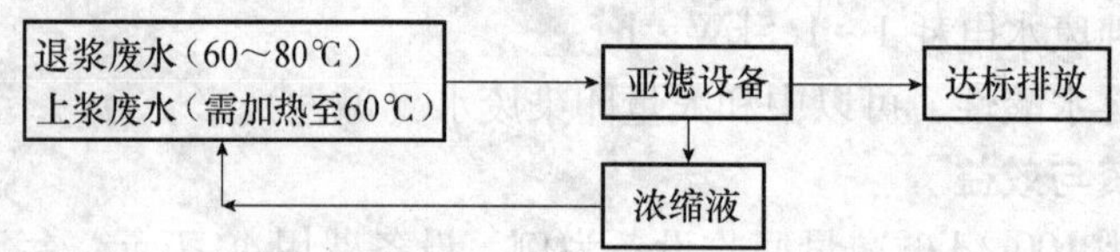

图 5-33 上浆、退浆液中 PVA（聚乙烯醇）回收技术工艺流程

浓缩液含 PVA 3% ~5% 时（若是含淀粉的混合浆料需加适量防腐剂），即可成为半成品，按配方添加适量 PVA、色素等既成涂料；也可制成化学浆糊等产品。

3. 技术评审情况

1997 年和 1998 年两次获原中国纺织总会科技进步奖。

4. 技术专利和知识产权情况

此项技术获得两项发明专利证书，专利号分别为 ZL 91 1 07448.1 和 ZL 92 1 08307.6

六、技术适用条件

“亚滤”设备，包括陶瓷膜过滤设备；气、水反冲设备；浓缩液槽等，上浆废水另外增加一套加温设备。

七、主要技术经济指标

处理每吨废水电耗 1 ~3kW · h（根据浓缩比而定）；

处理能力0.5~10.0t/h；

处理后尾水可达到“污水综合排放标准（GB 8978—1996）一级标准中COD≤100mg/L。

八、投资与效益

以规模为5t/h设备为例，设备费用30万元（上浆废水用加热设备另计），每天处理废水120t，排放处理达标尾水110t，得到浓缩液约10t，电耗每天约300kW·h。COD削减率大于98%，环境效益和社会效益十分明显，并可制成14t左右涂料，有一定经济效益。

九、技术应用情况

在上海原国棉21厂应用，对上浆废水处理及回收浆料，并申请了发明专利。对印染退浆废水在多家印染厂进行中试，已获成功，对于浓缩液制备产品及市场开发正在进行中。

十、已成功应用该技术的主要用户

上海国棉21厂等多家印染厂。

十一、推广应用的建议

浆料废水是纺织、印染行业重要污染源之一，以棉印染为例，一般浆料废水量只占全厂废水量的3%，而COD负荷却高达15%~18%，由于PVA难以生物降解，处理难度很高，是一大难题，而该技术的应用，可以大幅削减COD负荷，使印染厂废水处理难度大为降低，容易处理达标，且回收资源同时可以生产产品，达到了清洁生产和资源回收目标，具有重要意义。

2.4.26 气流染色技术

一、所属行业 纺织印染行业

二、技术名称 气流染色技术

三、技术类型 节水、节能、节材、环保型新工艺新设备

四、适用领域 织物印染

五、技术内容

1. 基本原理

有别于常规喷射溢流染色机的水力原理，气流染色技术采用的是气体动力系统。其工作原理是织物被湿气、空气与蒸气混合的气流带动在单独的管路中运行，由入布开始至过程终结，当中无须特别注液，故此织物可在无液体的情况下在机内完成染色过程，功能效果如下：

1）气体动力驱动保证织物运行顺畅，从而防止皱纹或折痕产生；

2）具有织物速度控制可减少速差，方便检查织物移动速度，以达至最佳清洗效果；

3）独特的连续喷淋清水的冲洗方法，只需很短的时间就能达至清洗的效果；

4）无须液体的气体动力织物运行和染料在饱和蒸气的环境之下，保证色牢度；

5）摇折装置确保织物输送流畅；

6）由铁佛龙片及棒组成的滑溜底部，令织物表面得到最妥善的处理，并能于储布槽内运行畅顺；

7）因染色工艺过程的困难度而需配置较大集水槽时，织物仍会保持在染液之上运行。

2. 技术专利和知识产权情况

国外具有气流染色技术和设备的技术专利。目前可提供技术设备的有多家公司，如德国 THEN-AIRFLOW 系列气流染色机等。

六、技术适用条件

1）颜料助剂应在缸底集液槽预先溶解，以保证染色质量，节省颜料助剂。

2）滑溜的铁佛龙铺面。

3）配置铁佛龙部件的特殊喷嘴。

4）变频控制提升装置。

5）于注料与空气管路设置大型过滤筛，以确保主泵及鼓风机运作顺畅。

6）织物运行特制鼓风机。

7）机身与染液接触的部分需用高度抗腐蚀不锈钢材料。

七、主要技术经济指标

1）水消耗低：染棉的浴比是 1∶3.5，染化纤的浴比是 1∶2，水消耗量减少。

2）高效节能：风扇马达拥有标准的频率控制，能对过程控制提供灵敏的调控以节省能源消耗。

3）减少污染：浴比低同时可节省染料、化学助剂及辅助物料等污染物的使用。另外，污水中活性染料的盐成分可减少 1/3 或更多。相对地可减少除泡剂的使用，达至环保效益。

4）节省时间：冷水热水清洗过程可连接进行，不需任何时间的停顿。另外，配备高效热交换器或直接蒸气加热装置，大大缩短升温时间。

八、投资与效益

气流染色机与传统喷射染色机进行成本效益比较，更节水、节能、节省助剂、提高工效。表 5-36，图 5-34 是德国 THEN-AIRFLOW 系列气流染色机的一些技术经济指标。

表 5-36　传统机型与 THEN-AIRFLOW 比较

成本计算	传统机型	THEN-AIRFLOW	比率（%）
生产/小时	69.23kgs/h	112.50kgs/h	+62.50
生产/日	1 662kgs/d	2 700kgs/d	+62.45
水量	58ltrs/kg	27ltrs/kg	-53.44
电量	0.24kW·h/kg	0.25kW·h/kg	+4.17
加热能量	3.9kgs/kg	2.6kgs/kg	-33.33

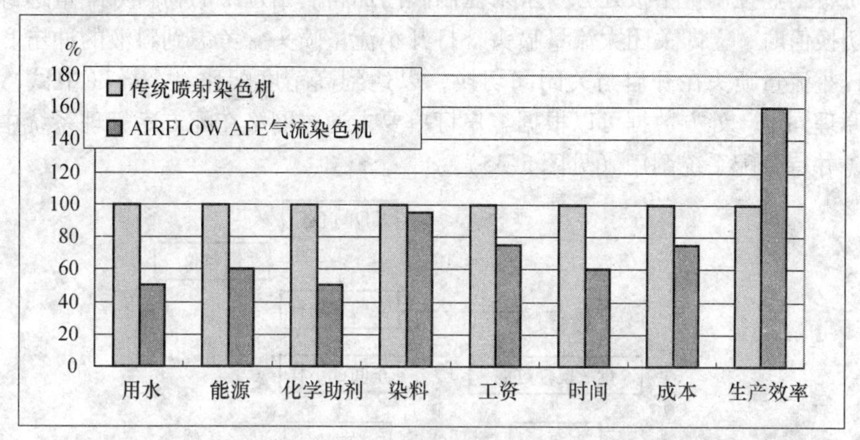

图 5-34　气流型与传统型的效益比较

九、技术应用情况

江苏 AB 针织集团、宁波申州针织有限公司、俐马工业（苏州）、上海三枪集团有限公司、余姚银河印染有限公司、湖北多佳织染有限公司、福建凤竹纺织科技有限公司等多家企业采用了这项技术。

十、推广应用的建议

气流染色技术具有超低浴比，大大减低水的消耗量，减少化学品和化学助剂用量，节省颜料运用；能够高温排放，大幅缩短染色时间，节省能源；可提高印染企业的清洁生产能力和成本效益，适合在纺织染整行业应用。

2.4.27　印染业自动调浆技术和系统

一、所属行业　纺织印染行业

二、技术名称　印染业自动调浆技术和系统

三、技术类型　节能降耗，减轻印染污染物的排放

四、适用领域　纺织印染企业

五、技术内容

1. 基本原理

本项目产品研究计算机技术、自动控制技术、色彩技术、精密称量技术，

结合染整工艺，主要研究色彩空间理论、范例推理、色光－黏度数学模型、数据库、全闭环控制及精密称量技术，应用于印染调浆，N 种母色（如 20 种，数量可根据客户的需要制定）分别储存于 N 只储罐中。根据确定的处方要求（如颜色、黏度、碱含量、尿素、防染盐等），项目产品通过计算和自动配比，来得到所需的物料及相应的用量，启动浆泵给料，同时开启大流量喷头，实现称料。当选中某种色浆时，工业控制机会自动将对应的阀门定位到电子称上，此时，工业控制机会按处方要求来控制阀门加料。当选中的物料分配量达到预定切换值时，立即关闭大流量喷头，打开小流量喷头。考虑到料液的冲击和落差，小流量喷头在开启与关闭间切换，以达到高精度配比。小样（中试）工作原理同上。处方数据可以根据客户订单要求通过网络在配方库管理系统中建立，并待分配系统调用（见图 5-35）。

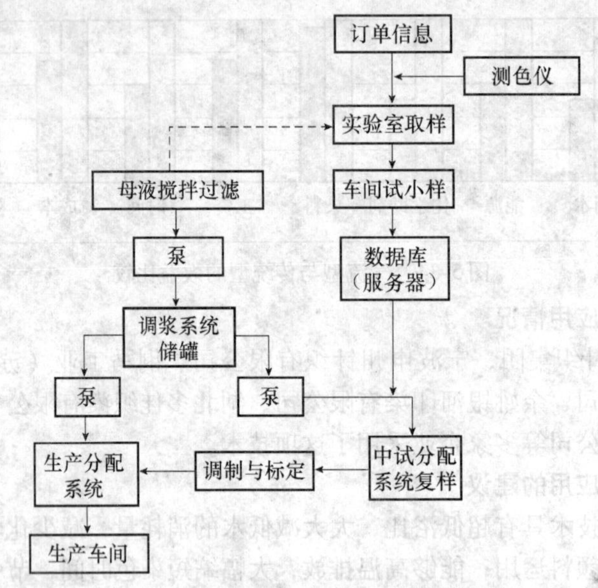

图 5-35　印染业自动调浆技术基本原理

（1）色彩空间理论和范例推理制定工艺配方

纺织印染企业获得颜色配方的传统做法是得到一个布样或颜色后，依靠工艺员的经验来判断应该由哪些染料来组合生成原色，然后测试，若不合规格则再调整调色或改色，再测试……在这一过程中人为因素和经验非常重要，可能需要来回多次才得到满意的配方。传统的配色方法严重依赖于工艺员的经验，造成产品质量不稳定，且没有依据，无法确保配方能在规定时间内完成。

在纺织印染自动调浆软件及系统中，将色彩空间理论应用于印染调浆的颜色分析，利用测色仪（如分光光度仪）将样品的颜色转化为 LAB 颜色数据，通过 LAB 颜色空间与 CYMK 颜色空间之间的相互转换，从光颜色系统转换到染料颜色系统；并利用范例推理、比较等算法，对每种颜色的历史配方数据进行自动化筛选，从而辅助人工准确、快速地制订工艺和染料配方方案。

（2）研究影响配方关键因素，提高配方的准确度

在纺织印染业中，由于影响颜色变化的因素太多，使得颜色失真问题一直成为困扰企业的老大难问题。纺织印染自动调浆软件及系统根据染料的发色理论，研究了影响配方的多种因素，包括染料上染特性、坯布组织状态、退煮漂后坯布特性变化、后整理过程对颜色发色、染液、糊料、碱、增稠剂、尿素、防染盐的组分等。根据这些影响因素调整配方，使配方的准确度有显著提高。这既提高了作业的工作效率，也大幅度提高了配方生成算法的收敛速度，减少了上机试生产的次数。

（3）利用数据库技术、颜色理论、CBR 技术（基于范例的推理）、NET 技术开发了功能齐备的配方库管理系统

根据国内纺织印染企业工艺条件和染化料特性多变的现状，本项目产品采用小样（中试）与生产系统相配套的工艺思路，将小样（中试）与生产系统数据库通过网络实现共享，保证打样与生产的一致性，提高配方的附样率。

该项目通过利用数据库（SQL）技术，在线记录每次实发配方，并保存到历史数据库中，作用于实时改色、重复补浆、辅助新配方的调制等；项目产品具有染化料的消耗统计和成本核算功能，可对配方按订单、面料、颜色处方等指标进行管理；具有残浆回用功能，对由于过程消耗多配的浆料或者对印网等残浆实行了管理，在制作下一订单时对残浆进行查找并优先选用；利用数据库系统进行配方库的管理，采用网络技术实现数据库的管理与数据资源的共享。

（4）利用精确称量技术保证分配精度

色浆的精确称量直接决定调浆配方颜色的准确性，但传统手工调浆工艺中使用人工称量方法，色浆配方的准确性较低。本项目产品采用了自主研发的分配系统和高精度的电子称，实现了精确称量、高速调浆。

（5）利用通信技术、设备驱动技术、NET 技术开发了系统控制软件

系统控制软件对上连接数据库服务器，对下连接电气控制部件。从数据库读取订单、配方数据、工艺参数、环境参数进行计算，根据计算结果通过电气控制元件来控制硬件系统完成相应功能。控制软件可执行数据库操作、配方计算、关键工艺辅助参数设置、经验参数修正、机器控制、电子秤数据处理等功能，从而实现高精度和快速调浆。

2. 工艺流程

该工艺流程如图 5-36 所示。

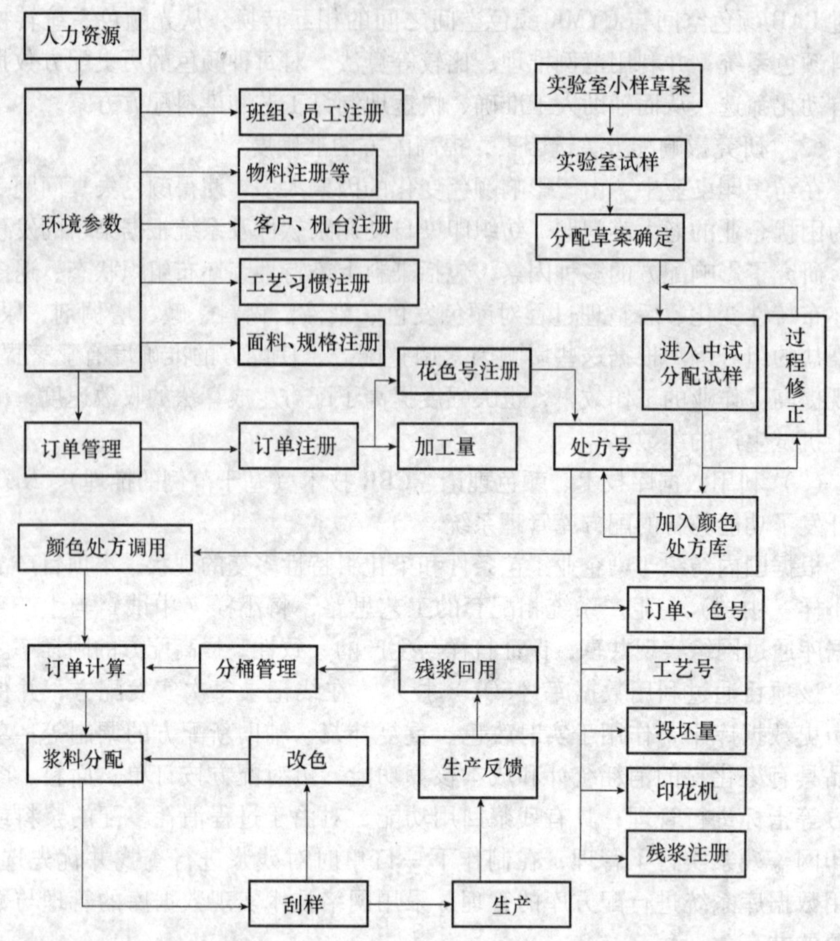

图 5-36　印染自动调浆技术和系统工艺流程

3. 技术评审情况

产品通过了浙江省技术监督检测研究院的检验，《检验报告》结论是："依据企业标准 Q/KYP 03—2002，对样品进行检验，所检项目的检验结果均符合标准要求"。产品还于 2003 年 6 月通过浙江省科技厅的科技成果鉴定，《科学技术成果鉴定证书》的鉴定意见认为："整体性能处于国内领先水平，达到国际同类系统先进水平"。项目产品获中国纺织总会的 2004 年科技进步一等奖。

目前样机已经用户试用，并出口到伊朗、巴基斯坦、印度尼西亚，用户试用后认为产品的性能达到了设计要求，可以很好地满足用户的需要。

4. 技术专利和知识产权情况

拥有自主知识产权，目前已获得 3 项计算机软件著作权：爱丽调浆产品数据库管理系统 V2000、爱丽调浆系统控制软件 V1.0.0、曼赛龙印染调浆系统软件 V1.0；两项实用新型专利：印染调浆机、印染调浆分配头。

六、技术适用条件

适用进口和国产染化料的自动调浆配液，适用于任何类型的印花机、染色机和其他前后工序的生产设备。

七、主要技术经济指标

1）小样分配精度：±0.01g。

2）生产分配精度：±0.1g。

3）生产分配速度：34L/min。

4）配方修正次数：≤2 次。

5）具备染化料消耗统计、成本核算，印花残浆、染色残液的回用功能。

八、投资与效益

项目产品的每套价格 150 万元，生产成本 98 万元，预计随着项目进一步研究开发、技术改进和规模化生产，项目产品的单位成本将下降 20% 以上，随着系统销售量的上升，该项目产品的净利润将稳定或略有增长。

从已经使用项目产品的印染企业看，使用染整自动调浆系统后，可明显提高生产效率、降低生产成本、提高产品质量，并可明显减少调浆对环境造成的影响。

1）提高机台开机效率。按传统方式进行调色配方时，由于调浆效率较低，致使后续的生产设备处于待机状态，使用本系统后，由于调色配方都通过调浆配方数据库管理软件进行配方库管理，可提高机台生产效率 30% 左右。

2）提高生产效率。使用本项目产品后，与传统手工方式相比，每打 1 个小样，至少可以减少 1 次打样过程；传统手工方式打 500kg 的浆料需 3h，使用本系统后则即调即用，极大提高了企业生产效率，使企业更适合于小批量多品种的生产模式。

3）降低打样成本。国内一家中等规模的纺织印染企业年加工品种在 2 000 个左右，使用本项目产品后，可节省水、能源、染化料等消耗，降低打样成本 500 元/次，年节约成本 100 万元左右。

4）降低残浆损耗成本。国内一家中等规模的纺织印染企业年产量 2 000 万米左右，使用本项目产品后，由于调浆配色的准确度大幅度提高，可节省残浆损耗约 200 元/万米，即可节省成本 40 万元/年。

5）新增产值。国内一家中等规模的纺织印染企业年产量 2 000 万米左右，使用本项目产品后，由于机台开台效率及产品质量的大幅度提高，已有能力承接以前无法完成的订单。

6）提高产品品质和竞争力。本项目产品保证了颜色在小样、中试与生产过程中的一致性，极大提高了纺织印染产品品质和档次，扩大了加工品种，增强了国内纺织印染产品的国际竞争力。

九、技术应用情况

已在国内一些大中型印染企业使用，并出口到伊朗、巴基斯坦、印度尼西亚等国，用户试用后认为产品的性能达到了设计要求，可以良好地满足用户的需要。

十、已成功应用该技术的主要用户

主要用户有海城中新印染有限公司、深圳海润实业有限公司、湖州美欣达印染集团股份有限公司、永新印染厂（深圳）有限公司、佛山南方纺织印染股份有限公司、无锡洛社印染有限公司、绍兴海神印染制衣有限公司、普宁丽达纺织有限公司、山东魏联印染有限公司、杭州一棉有限公司、江阴市被单厂、浙江富润印染有限公司、开平奔达纺织有限公司、辽宁华福印染股份有限公司、通州华润印染有限公司、福建协盛协丰印染实业有限公司、华纺股份有限公司、山东嘉达纺织有限公司、大升（赤壁）印染有限公司、山东孚日家纺股份有限公司、无锡市天幕特阔印染有限公司等。

十一、推广应用的建议

此项技术可用于印花、染色，可明显提高产品质量和生产效率，同时节水、节能并降低了染化料消耗量，改善生产环境，具有推广应用价值。

2.4.28 畜禽养殖及酿酒污水生产沼气技术

一、所属行业 环境保护

二、技术名称 畜禽养殖及酿酒污水生产沼气技术

三、技术类型 资源综合利用技术

四、适用领域 大型畜禽养殖场，发酵酿酒厂废水处理

五、技术内容

1. 基本原理

在畜禽（如猪、牛、鸡等）养殖场和发酵酿酒厂的生产过程中产生大量含有机物的生产废水，为了保护环境、节约用水，许多企业都需要建设污水处理装置。为达到国家规定的排放批准，污水处理需采用厌氧处理工艺，随之产生富含甲烷的沼气。将沼气收集起来，经处理后储存在储气柜内，通过管网引入用户，可作为工业或民用燃料使用。

2. 工艺流程简介

经固液分离的畜禽养殖废水、发酵酿酒生产中产生的废水在污水处理场通过沉淀后，进入厌氧装置进行厌氧处理（一般为一级处理，也有二级处理，可以是大型混凝土池式结构，也可以是钢罐式结构），副产沼气，然后经耗氧

处理（或氧化塘、沟自然氧化）后，达标排放。沼气经气水分离，以及脱硫处理后送储气柜，通过管网供用户使用。

3. 技术评审情况

该技术的基础原理和基本流程是成熟可靠的，在国内工程设计资料中都有详细论述和介绍，可以参照使用，并已有部分定型设备（如厌氧发酵罐等）可供选择。但需结合企业的具体情况，经良好设计、施工建设、日常管理，才能获得良好的经济效益和社会效益。

六、技术适用条件

可与相应的畜禽养殖场或发酵酿酒企业的废水处理装置同步设计、施工、投产；或结合废水治理，以及为适应高排放标准，改造现有废水处理装置时实施。

七、主要技术经济指标

1）进水 COD 最低浓度：≥1 000mg/L；

2）池容产气率：0.6～0.8m^3/（m^3·d），常温；

1.0～2.0m^3/（m^3·d），中温。

八、投资与效益

1）单位气量投资：2 200 元/（m^3·d），（规模达 8 000m^3·d），

500 元/（m^3·d），（规模在 500m^3·d 左右）；

2）以甲烷当量计算：1m^3 沼气相当于 0.83m^3 天然气。

九、技术应用情况

目前国内厌氧发酵产生沼气技术已应用于酿造、食品、屠宰、木材加工、化工等行业的废水处理工程中，最大的厌氧罐群总体积已超过 11 000m^3，日产沼气超过 30 000m^3。在西藏地区成功应用该技术，改变了该地区数千年烧柴、烧牛粪的历史。

十、已成功应用该技术的主要用户

主要有杭州西子养殖场、江苏太仓酒精厂、河南南阳酒精厂、四川鸿志酒业有限公司、海南金椰林酒业有限公司、西藏扎襄中学等。

十一、推广应用的建议

该项技术可用于大型畜禽养殖场和发酵酿酒厂的废水处理，减少由于废水处理过程中产生的沼气对大气环境的影响，同时也可变废为宝，并作为工业和民用燃料使用，具有推广价值。

参考文献

[1] 国家环境保护总局科技标准司. 清洁生产审核培训教材 [M]. 北京：中国环境科学出版社，2001.

[2] 国家经贸委资源节约与综合利用司. 企业清洁生产审核指南 [M]. 北京：中国检察出版社，2000.

[3] 杨建初. 清洁生产案例分析 [M]. 北京：中国环境科学出版社，2005.

[4] 林伯强. 节能减排是中国经济可持续的保证 [J]. 财经. 2007. 9 (11).

[5] 郭启民. 大力推进重点企业清洁生产审核 [N]. 中国环境报. 2007-11-17.